"十二五"职业教育国家规划教材修订版

高等职业教育新形态一体化教材

数控加工程序编制及操作（第3版）

主 编 顾 京 王 骏 王振宇

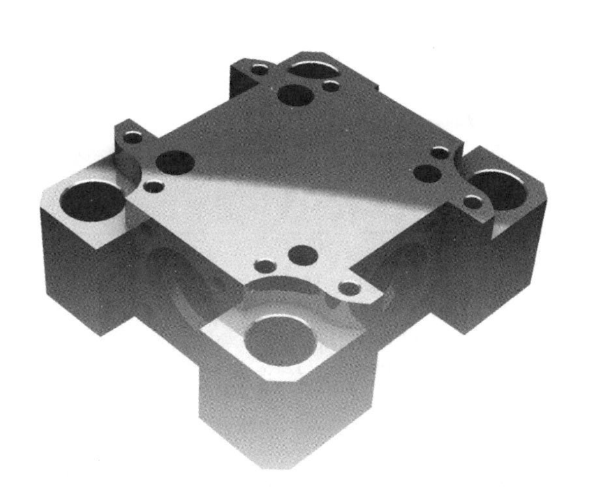

高等教育出版社·北京

内容提要

本书是"十二五"职业教育国家规划教材的修订版，也是高等职业教育数控模具大类新形态一体化教材，是在普通高等教育"十一五"国家级规划教材的基础上修订而成的，是根据"高职高专教育专业人才培养目标及规格"的要求，结合教育部"高职高专教育机电类专业人才培养规格和课程体系改革与建设的研究与实践"课题的研究成果编写的。本书针对数控机床的使用技术，较全面地介绍数控编程的基础知识，数控加工工艺设计，数控车床、数控铣床、加工中心、数控电火花线切割机床等的工艺和编程方法，自动编程及 CAD/CAM 软件应用等内容。

本书在内容选择上，突出实用性、综合性、先进性；在编写方式上，强调通俗易懂，由浅入深，并力求全面、系统和重点突出；在表现形式上，除纸质教材外，还配有数字化学习资源，来提高学生学习效率，增强学习效果。

本书可作为高职高专院校、成人教育学院和高职本科数控技术、机电一体化技术、机械制造与自动化等专业的教材，也可供有关工程技术人员作为参考资料。

授课教师如需要本书配套的教学课件资源，可发送至邮箱 gzjx@pub.hep.cn 索取。

图书在版编目(CIP)数据

数控加工程序编制及操作/顾京，王骏，王振宇主编. --3版. --北京：高等教育出版社，2021.8

ISBN 978-7-04-056507-2

Ⅰ.①数… Ⅱ.①顾… ②王… ③王… Ⅲ.①数控机床-程序设计-高等职业教育-教材②数控机床-操作-高等职业教育-教材 Ⅳ.①TG659

中国版本图书馆 CIP 数据核字(2021)第 145583 号

策划编辑 吴睿韬　　责任编辑 吴睿韬　　封面设计 张 志　　版式设计 马 云
插图绘制 于 博　　责任校对 陈 杨　　责任印制 存 怡

出版发行	高等教育出版社	网　址	http://www.hep.edu.cn
社　址	北京市西城区德外大街4号		http://www.hep.com.cn
邮政编码	100120	网上订购	http://www.hepmall.com.cn
印　刷	大厂益利印刷有限公司		http://www.hepmall.com
开　本	787mm×1092mm 1/16		http://www.hepmall.cn
印　张	16.5	版　次	2003年8月第1版
字　数	360千字		2021年8月第3版
购书热线	010-58581118	印　次	2021年8月第1次印刷
咨询电话	400-810-0598	定　价	49.90元

本书如有缺页、倒页、脱页等质量问题，请到所购图书销售部门联系调换

物 料 号　56507-00

资源目录

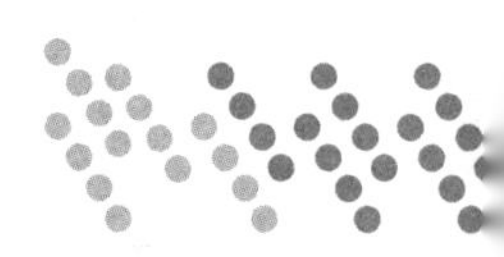

续表

序号	所在页面	资源名称	资源类型
26	93	内轮廓铣削加工	视频
27	93	行切加工法	视频
28	93	三坐标联动加工	视频
29	108	*X* 轴对刀操作	视频
30	109	刀具半径补偿设置	视频
31	110	底座零件的铣削编制	视频
32	127	底座正面程序仿真	视频
33	127	底座背面程序仿真	视频
34	142	加工中心换刀过程	视频
35	143	孔加工固定循环	视频
36	183	对刀仪对刀	视频
37	184	立式加工中心保养项目指导	视频
38	193	线切割操作	视频
39	224	曲面 CAD 建模操作过程	视频
40	231	曲面 CAM 编程操作过程	视频

第三版前言

本教材出版以来，进行了三次再版修订，先后被评为普通高等教育“十一五”国家级规划教材、“十二五”职业教育国家级规划教材。

在多年的教材建设过程中，始终紧密协同课程建设与改革。作为课程配套教材，有力支撑了国家级精品资源共享课程“数控编程及零件加工”的教学；作为数控技术专业核心课程配套教材，有效支持了国家级数控技术专业教学资源库的转型升级建设，获得职业教育专业教学资源库首批奖励。同时，作为重要成果材料，课题“‘两级跨界互动模式’的高职专业教学资源库建设与应用”获职业教育国家级教学成果二等奖。

本次再版修订的主要思路是在保持原教材的基础知识全面、应用案例典型、实操指导扎实等优势的基础上，首先更新数控技术应用发展进步的内容，再重点考虑更好地服务以任务引领展开课堂教学的需求，并进一步提升数字化教学资源的使用便捷性。具体如下所述：

首先，根据世界技能组织对世界技能大赛数控技术应用的技术标准说明，重新定义了典型零件复杂程度的描述，科学区分了编程技术的难易程度。同时，收集生产一线加工案例，依据技术应用层次进行内容重组，考虑 CAD/CAM 应用软件的升级，更新了相关内容，使教材内容进一步符合技术标准、贴近岗位需求。

其次，依据国际工程教育认证组织的工程教育标准，服务深化成果导向、任务引领的课程教学改革，将教材内容按任务进行重新排列组合，在每一项任务前，增加了对任务的客观描述。同时，按照教材设计的教学目标分类学理论，梳理了知识、理解、应用、分析、综合、评价六个类别教学目标的设置，为学习者提供了学习指南。学习指南从学习者的视角，指出了清晰的学习思路、明确的学习成果要求，精准服务课程教学目标的达成。

最后，贯彻《国家职业教育改革实施方案》精神中的“运用现代信息技术改进教学方式方法”。在数控技术专业教学资源库、国家级精品资源共享课的基础上，整理、关联了教材内容相对应的数字化资源，增加了便捷的资源获取方法，提供了更周全的学习服务，提高了教材的实用性。

本次教材修订工作，由无锡职业技术学院顾京、王骏、王振宇主持，杨飞、苗盈、陆忠华参加了具体工作。

由于编者水平所限，教材中还存在不尽如人意之处，恳请读者批评指正。

编者
2020 年 1 月

第一版前言

本书是普通高等教育“十一五”国家级规划教材，是根据“高职高专教育专业人才培养目标及规格”的要求，结合教育部“高职高专教育机电类专业人才培养规格和课程体系改革与建设的研究与实践”课题的研究成果，并总结了编者在数控机床应用领域的教学和工程实践经验而编写的。

随着科学技术的进步，现代机械产品日趋精密复杂，改型换代频繁，发展现代数控机床是当前机械制造业技术改造、技术更新的必由之路。数控技术是现代机械系统、机器人、FMS、CIMS、CAD/CAM 等高新技术的基础，是采用计算机控制机械系统实现高度自动化的桥梁，是典型的机电一体化高新技术。目前，社会对数控技术应用人才的需求也越来越高，同时也对高等职业技术教育提出了新要求。

本书在内容选择上，突出实用性、综合性、先进性；在编写方式上，强调通俗易懂，由浅入深，并力求全面、系统和重点突出；在表现形式上，除文字内容外，还附有助学光盘，为重点、难点内容设计了动画、录像、声音等。同时，还提供了典型机床和有关工艺工装设备制造企业的网址，以便读者获得更丰富的信息，有效地提高学习效率。通过本书的学习，读者可掌握较完整的数控机床程序编制的知识，并具备对各类数控机床进行程序编制和加工调试的能力，从而更好地适应现代制造业发展的需求。

本书针对数控机床的使用技术，较全面地介绍了数控编程的基础知识和数控加工工艺设计的基本方法，着重讲述数控车床、数控铣床、加工中心、数控电火花线切割机床和数控板料折弯机床的程序编制方法、加工调整及操作，还详细介绍了自动编程及 CAD/CAM 软件应用、FMS 系统与数控加工技术等内容。

本书由无锡职业技术学院顾京主编。第 1 章由无锡职业技术学院徐安林编写，第 2 章由无锡职业技术学院倪森寿编写，第 3、7、8 章由无锡职业技术学院王振宇编写，第 6 章由常州机电职业技术学院吴新腾编写，第 4、5、9 章由顾京编写。

本书承蒙东南大学汤文成教授审稿，为本书提供了宝贵的意见和建议；南通纵横国际股份有限公司数控机床制造分公司总工程师张芳言、江苏省常州机床厂副总工程师龚仲华、上海第二机床厂高级工程师张仲益等均对本书给予了大力支持，编者在此表示衷心感谢。

由于编者的水平有限，书中难免存在一些缺点和不足，恳请读者批评指正。

编者

2008 年 3 月

目录

第1章 数控机床加工程序编制基础

【学习指南】

首先，学习数控程序的编制步骤、功能字和格式，对数控程序有一个初步认识；然后，学习机床坐标系、编程坐标系、加工坐标系的概念及其相互关系，具备实际动手设定机床坐标系的能力；在此基础上，学习常用编程指令的含义、编程格式和作用，能够运用常用编程指令编写简单的程序段；最后，学习零件图样的数学处理方法，能够计算出数控编程所需的各点坐标值。重点是能够编写简单的数控程序段。

【内容概要】

数控机床是一种高效的自动化加工设备，它严格按照加工程序，自动对工件进行加工。从数控系统外部输入的直接用于加工的程序称为数控加工程序，简称数控程序，它是机床数控系统的应用软件。与数控系统应用软件相对应的是数控系统内部的系统软件，系统软件是用于数控系统工作控制的，它不在本书的研究范围内。

数控系统的种类繁多，它们使用的数控程序语言规则和格式也不尽相同，本书以ISO国际标准为主来介绍加工程序的编制方法。当针对某一台数控机床编制加工程序时，应该严格按机床编程手册中的规定进行程序编制。

任务一 数控程序编制入门

【任务描述】

了解数控加工程序的编制方法和步骤，理解字与字的功能以及程序格式。

【任务目标】

熟悉数控加工程序编制过程，掌握程序字与字的功能。

在编制数控加工程序前,应首先了解数控程序编制的主要工作内容、程序编制的工作步骤、每一步应遵循的工作原则等,最终才能获得满足要求的数控程序(如图 1.1 所示的程序样本)。

```
%
O0000
(PROGRAM NAME - HY10)
(DATE=DD-MM-YY - 27-02-02 TIME=HH:MM - 12:50)
((UNDEFINE) TOOL - 1 DIA. OFF. - 41 LEN. - 1 DIA. - 10.)
N100G21
N102G0G40G49G80G90
N104T1M6
N106G0G90G54X-19.305Y-15.6S1200M3
N108G43H1Z60.M8
N110Z34.8
N112G1Z29.8F2.
N114X19.305
N116G0Z50.
N118X24.248Y-5.2
```

图 1.1 程序样本

1.1.1 数控程序编制的定义

编制数控加工程序是使用数控机床的一项重要技术工作,理想的数控程序不仅应该保证加工出符合零件图样要求的合格零件,还应该使数控机床的功能得到合理的应用与充分的发挥,使数控机床能安全、可靠、高效地工作。

1. 数控程序编制的内容及步骤

数控编程是指从零件图样到获得数控加工程序的全部工作过程。如图 1.2 所示,编程工作主要包括:

(1) 分析零件图样和制定工艺方案

这项工作的内容包括:对零件图样进行分析,明确加工的内容和要求;确定加工方案;选择适合的数控机床;选择或设计刀具和夹具;确定合理的走刀路线及选择合理的切削用量等。这一工作要求编程人员能够对零件图样的技术特性、几何形状、尺寸及工艺要求进行分析,并结合数控机床使用的基础知识,如数控机床的规格、性能、数控系统的功能等,确定加工方法和加工路线。

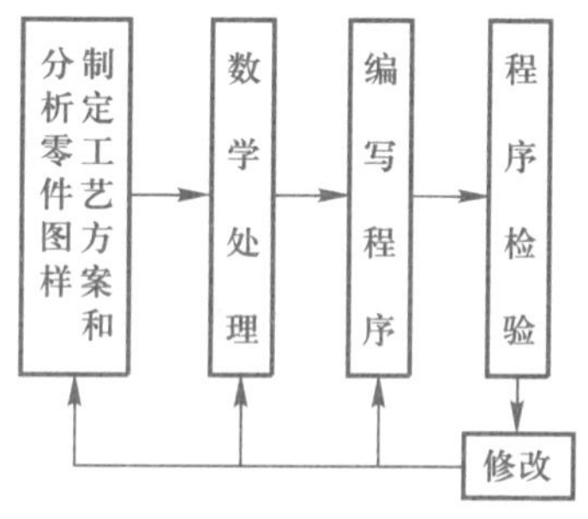

图 1.2 数控程序编制的内容及步骤

(2) 数学处理

在确定了工艺方案后,就需要根据零件的几何尺寸、加工路线等,计算刀具中心运动轨迹,以获得刀位数据。数控系统一般均具有直线插补与圆弧插补功能,对于加工由圆弧和直线组成的较简单的平面零件,只需要计算出零件轮廓上相邻几何元素交点或切点的坐标值,得出各几何元素的起点、终点、圆弧的圆心坐标值等,就能满足编程要求。当零件的几何形状与控制系统的插补功能不一致时,就需要进行较复杂的数值计算,一般需要使用计算机辅助计算,否则难以完成。

(3) 编写程序

在完成上述工艺处理及数值计算工作后,即可编写零件加工程序。程序编制人员使用数控系统的程序指令,按照规定的程序格式,逐段编写加工程序。程序编制人员只有对数控机床的功能、程序指令及代码十分熟悉,才能编写出正确的加工程序。

(4) 程序检验

将编写好的加工程序输入数控系统,就可控制数控机床的加工工作。一般在正式加工之前,要对程序进行检验。通常可采用机床空运转的方式,来检查机床动作和运动轨迹的正确性,以检验程序。在具有图形模拟显示功能的数控机床上,可通过显示走刀轨迹或模拟刀具对工件的切削过程,对程序进行检查。对于形状复杂和要求高的零件,也可采用铝件、塑料或石蜡等易切材料进行试切来检验程序。通过检查试件,不仅可确认程序是否正确,还可知道加工精度是否符合要求。若能采用与被加工零件材料相同的材料进行试切,则更能反映实际加工效果,当发现加工的零件不符合加工技术要求时,可修改程序或采取尺寸补偿等措施。

2. 数控程序编制的方法

数控加工程序的编制方法主要有两种:手工编制程序和自动编制程序。

(1) 手工编制程序

手工编制程序指主要由人工来完成数控编程中各个阶段的工作,如图 1.3 所示。

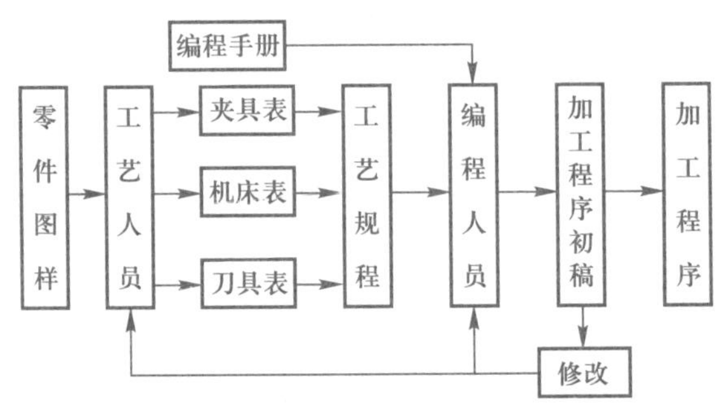

图 1.3　手工编程

一般对几何形状不太复杂的零件,所需的加工程序不长,计算比较简单,用手工编程比较合适。

手工编程的特点是:耗费时间较长,容易出现错误,无法胜任复杂形状零件的编程。据国外资料统计,当采用手工编程时,一段程序的编写时间与其在机床上运行加工的实际时间之比,平均约为 30 : 1,而数控机床不能开动的原因中有 20%~30%是由于加工程序编制困难,编程时间较长。

(2) 自动编制程序

自动编制程序是指在编程过程中,除了分析零件图样和制定工艺方案由人工进行外,其余工作均由计算机辅助完成。

采用计算机自动编程时,数学处理、编写程序、检验程序等工作是由计算机自动完成的,由于计算机可自动绘制出刀具中心运动轨迹,使编程人员可及时检查程

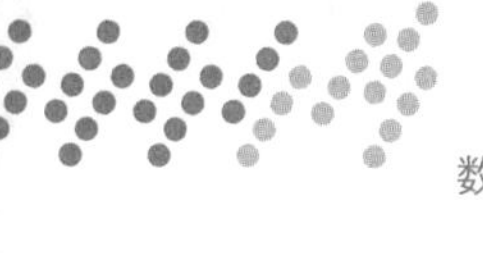

序是否正确,需要时可及时修改,以获得正确的程序。又由于计算机自动编程代替程序编制人员完成了烦琐的数值计算,可提高编程效率几十倍乃至上百倍,因此解决了手工编程无法解决的许多复杂零件的编程难题。因而,自动编程的特点就在于编程工作效率高,可解决复杂形状零件的编程难题。

根据输入方式的不同,可将自动编程分为图形数控自动编程、语言数控自动编程和语音数控自动编程等。图形数控自动编程是指将零件的图形信息直接输入计算机,通过自动编程软件的处理,得到数控加工程序。目前,图形数控自动编程是使用最为广泛的自动编程方式。语言数控自动编程指将加工零件的几何尺寸、工艺要求、切削参数及辅助信息等用数控语言编写成源程序后,输入到计算机中,再由计算机进一步处理得到零件加工程序。语音数控自动编程是采用语音识别器,将编程人员发出的加工指令声音转变为加工程序。

1.1.2 字与字的功能

1. 字符与代码

字符是用来组织、控制或表示数据的一些符号,如数字、字母、标点符号和数学运算符等。数控系统只能接收二进制信息,所以必须把字符转换成 8 bit 信息组合成的字节,用“0”和“1”组合的代码来表达。国际上广泛采用两种标准代码:

1) ISO(国际标准化组织)标准代码。

2) EIA(美国电子工业协会)标准代码。

这两种标准代码的编码方法不同,在大多数现代数控机床上这两种代码都可以使用,只需用系统控制面板上的开关来选择,或用 G 功能指令来选择。

2. 字

在数控加工程序中,字是指一系列按规定排列的字符,作为一个信息单元进行存储、传递和操作。字是由一个英文字母与随后的若干位十进制数字组成,这个英文字母称为地址符。

如:“X2500”是一个字,“X”为地址符,数字“2500”为地址中的内容。

3. 字的功能

组成程序段的每一个字都有其特定的功能含义,以下是以 FANUC-OM 数控系统的规范为主来介绍的,实际工作中,可遵照机床数控系统说明书来使用各个功能字。

(1) 顺序号字 N

顺序号又称程序段号或程序段序号。顺序号位于程序段之首,由顺序号字 N 和后续数字组成。顺序号字 N 是地址符,后续数字一般为 1~4 位的正整数。数控加工中的顺序号实际上是程序段的名称,与程序执行的先后次序无关。数控系统不是按顺序号的次序来执行程序,而是按照程序段编写时的排列顺序逐段执行。

顺序号的作用:对程序的校对和检索修改;作为条件转向的目标,即作为转向目的程序段的名称。有顺序号的程序段可以进行复归操作,这是指加工可以从程序的中间开始,或回到程序中断处开始。

一般使用方法:编程时将第一程序段冠以 N10,以后以间隔 10 递增的方法设置顺序号,这样,在调试程序时,如果需要在 N10 和 N20 之间插入程序段时,就可

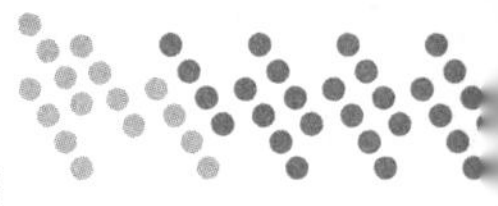

以使用 N11,N12 等。

(2) 准备功能字 G

准备功能字的地址符是 G,又称为 G 功能或 G 指令,是用于建立机床或控制系统工作方式的一种指令。后续数字一般为 1~3 位正整数,见表 1.1。

表 1.1　G 功能字含义表

G 功能字	FANUC 系统	SIEMENS 系统	G 功能字	FANUC 系统	SIEMENS 系统
G00	快速移动点定位	快速移动点定位	G65	用户宏指令	—
G01	直线插补	直线插补	G70	精加工循环	英制
G02	顺时针圆弧插补	顺时针圆弧插补	G71	外圆粗切循环	米制
G03	逆时针圆弧插补	逆时针圆弧插补	G72	端面粗切循环	—
G04	暂停	暂停	G73	封闭切削循环	—
G05	—	通过中间点圆弧插补	G74	深孔钻循环	—
G17	*XY* 平面选择	*XY* 平面选择	G75	外径切槽循环	—
G18	*ZX* 平面选择	*ZX* 平面选择	G76	复合螺纹切削循环	—
G19	*YZ* 平面选择	*YZ* 平面选择	G80	撤销固定循环	撤销固定循环
G32	螺纹切削	—	G81	定点钻孔循环	固定循环
G33	—	恒螺距螺纹切削	G90	绝对值编程	绝对尺寸
G40	刀具补偿注销	刀具补偿注销	G91	增量值编程	增量尺寸
G41	刀具补偿——左	刀具补偿——左	G92	螺纹切削循环	主轴转速极限
G42	刀具补偿——右	刀具补偿——右	G94	每分钟进给量	直线进给率
G43	刀具长度补偿——正	—	G95	每转进给量	旋转进给率
G44	刀具长度补偿——负	—	G96	恒线速控制	恒线速度
G49	刀具长度补偿注销	—	G97	恒线速取消	注销 G96
G50	主轴最高转速限制	—	G98	返回起始平面	—
G54~G59	加工坐标系设定	零点偏置	G99	返回 *R* 平面	—

(3) 尺寸字

尺寸字用于确定机床上刀具运动终点的坐标位置。

其中,第一组 X,Y,Z,U,V,W,P,Q,R 用于确定终点的直线坐标尺寸;第二组 A,B,C,D,E 用于确定终点的角度坐标尺寸;第三组 I,J,K 用于确定圆弧轮廓的圆心坐标尺寸。在一些数控系统中,还可以用 P 指令确定暂停时间、用 R 指令确定圆弧的半径等。

多数数控系统可以用准备功能字来选择坐标尺寸的制式,如 FANUC 诸系统可用 G21/G22 来选择米制单位或英制单位,也有些系统用系统参数来设定尺寸制式。采用米制时,一般单位为 mm,如 X100 指令的坐标单位为 100 mm。当然,一些数控系统可通过参数来选择不同的尺寸单位。

(4) 进给功能字 F

进给功能字的地址符是 F,又称为 F 功能或 F 指令,用于指定切削的进给速

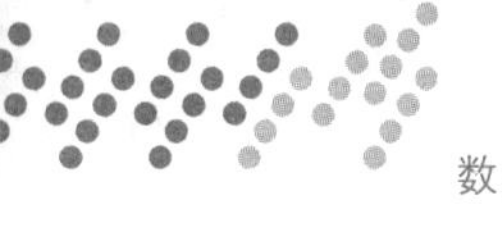

度。对于车床,F可分为每分钟进给和主轴每转进给两种,对于其他数控机床,一般只用每分钟进给。F指令在螺纹切削程序段中常用来指令螺纹的导程。

(5) 主轴转速功能字S

主轴转速功能字的地址符是S,又称为S功能或S指令,用于指定主轴转速,单位为r/min。对于具有恒线速度功能的数控车床,程序中的S指令用来指定车削加工的线速度数。

(6) 刀具功能字T

刀具功能字的地址符是T,又称为T功能或T指令,用于指定加工时所用刀具的编号。对于数控车床,其后的数字还兼作指定刀具长度补偿和刀尖半径补偿用。

(7) 辅助功能字M

辅助功能字的地址符是M,后续数字一般为1~3位正整数,又称为M功能或M指令,用于指定数控机床辅助装置的开关动作,见表1.2。

表1.2 M功能字含义表

M功能字	含　义
M00	程序停止
M01	计划停止
M02	程序停止
M03	主轴顺时针旋转
M04	主轴逆时针旋转
M05	主轴旋转停止
M06	换刀
M07	2号冷却液开
M08	1号冷却液开
M09	冷却液关
M30	程序停止并返回开始处
M98	调用子程序
M99	返回子程序

1.1.3 程序格式

1. 程序段格式

程序段是可作为一个单位来处理的、连续的字组,是数控加工程序中的一条语句。一个数控加工程序是若干个程序段组成的。

程序段格式是指程序段中的字、字符和数据的安排形式。现在一般使用字地址可变程序段格式,每个字长不固定,各个程序段中的长度和功能字的个数都是可变的。地址可变程序段格式中,在上一程序段中写明的、本程序段里又不变化的那些字仍然有效,可以不再重写。这种功能字称之为续效字。

程序段格式举例：

N30 G01 X88.1 Y30.2 F500 S3000 T02 M08

N40 X90(本程序段省略了续效字“G01,Y30.2,F500,S3000,T02,M08”,但它们的功能仍然有效)

在程序段中,必须明确组成程序段的各要素：

移动目标：终点坐标值 X,Y,Z；

沿怎样的轨迹移动：准备功能字 G；

进给速度：进给功能字 F；

切削速度：主轴转速功能字 S；

使用刀具：刀具功能字 T；

机床辅助动作：辅助功能字 M。

2. 加工程序的一般格式

(1) 程序开始符、结束符

程序开始符、结束符是同一个字符,ISO 代码中是%,EIA 代码中是 EP,书写时要单列一段。

(2) 程序名

程序名有两种形式：一种是英文字母 O 和 1~4 位正整数组成;另一种是由英文字母开头,字母数字混合组成的。一般要求单列一段。

(3) 程序主体

程序主体是由若干个程序段组成的。每个程序段一般占一行。

(4) 程序结束指令

程序结束指令可以用 M02 或 M30。一般要求单列一段。

加工程序的一般格式举例：

```
%                                        // 开始符
O1000                                    // 程序名
N10 G00 G54 X50 Y30 M03 S3000   ⎫
N20 G01 X88.1 Y30.2 F500 T02 M08 ⎪
N30 X90                          ⎬        // 程序主体
…                                ⎪
N300 M30                         ⎭
%                                        // 结束符
```

任务二　建立数控机床的坐标系

【任务描述】

根据机床结构认识机床坐标系,能够根据零件图样建立编程坐标系,在机床上选择合适位置装夹工件,并设定加工坐标系。

【任务目标】

建立机床坐标系、编程坐标系、加工坐标系的概念，并能够正确使用。

在数控编程时，为了描述机床的运动，简化程序编制的方法及保证记录数据的互换性，数控机床的坐标系和运动方向均已标准化，ISO 和我国都拟定了命名的标准。通过这一部分的学习，能够认识机床坐标系、编程坐标系、加工坐标系并明确三者之间的关联，最终具备实际动手设定机床加工坐标系的能力。

1.2.1 机床坐标系

1. 机床坐标系的确定

(1) 机床相对运动的规定

在机床上，始终认为工件静止，而刀具是运动的。这样编程人员在不考虑机床上工件与刀具具体运动的情况下，就可以依据零件图样，确定机床的加工过程。

(2) 机床坐标系的规定

标准机床坐标系中 X,Y,Z 坐标轴的相互关系用右手笛卡儿直角坐标系决定。

在数控机床上，机床的动作是由数控装置来控制的，为了确定数控机床上的成形运动和辅助运动，必须先确定机床上运动的位移和运动的方向，这就需要通过坐标系来实现，这个坐标系被称之为机床坐标系。

例如铣床上，有机床的纵向运动、横向运动以及垂直运动，如图 1.4 所示。在数控加工中就应该用机床坐标系来描述。

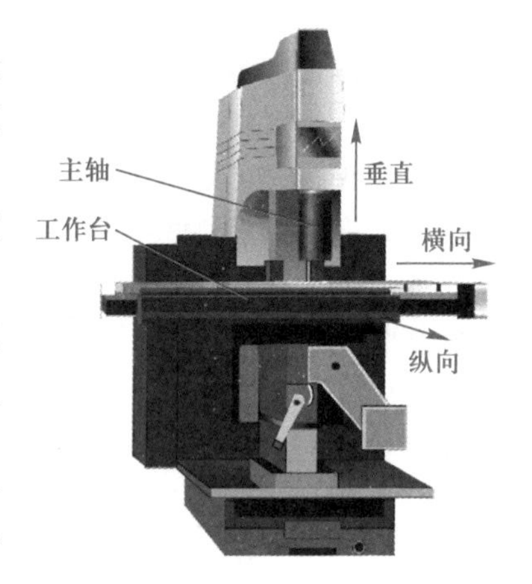

图 1.4 立式数控铣床

标准机床坐标系中 X,Y,Z 坐标轴的相互关系用右手笛卡儿直角坐标系决定：

1) 伸出右手的大拇指、食指和中指，并互为 90°。则大拇指代表 X 坐标，食指代表 Y 坐标，中指代表 Z 坐标。

2) 大拇指的指向为 X 坐标的正方向，食指的指向为 Y 坐标的正方向，中指的指向为 Z 坐标的正方向。

3) 围绕 X,Y,Z 坐标旋转的旋转坐标分别用 A,B,C 表示，根据右手螺旋定则，大拇指的指向为 X,Y,Z 坐标中任意轴的正向，则其余四指的旋转方向即为旋转坐标 A,B,C 的正向，如图 1.5 所示。

数控车床的坐标系

(3) 运动方向的规定

增大刀具与工件间距离的方向即为各坐标轴的正方向，如图 1.6 所示的箭头为数控车床上两个运动的正方向。

2. 坐标轴方向的确定

(1) Z 坐标

Z 坐标的运动方向是由传递切削动力的主轴所决定的，即平行于主轴轴线的

坐标轴即为 Z 坐标，Z 坐标的正向为刀具离开工件的方向。

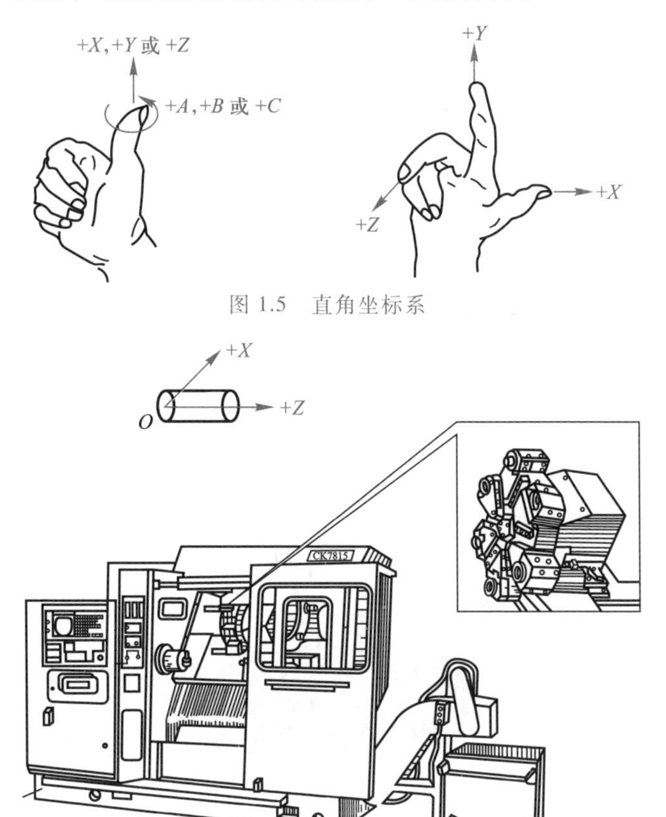

图 1.5　直角坐标系

图 1.6　机床运动的方向

如果机床上有几个主轴，则选一个垂直于工件装夹平面的主轴方向为 Z 坐标方向；如果主轴能够摆动，则选垂直于工件装夹平面的方向为 Z 坐标方向；如果机床无主轴，则选垂直于工件装夹平面的方向为 Z 坐标方向，如图 1.7 所示。

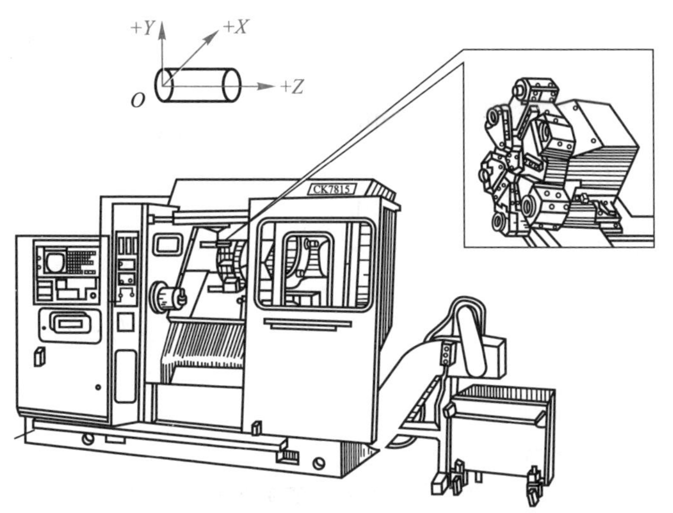

图 1.7　数控车床的坐标系

数控铣床的坐标系

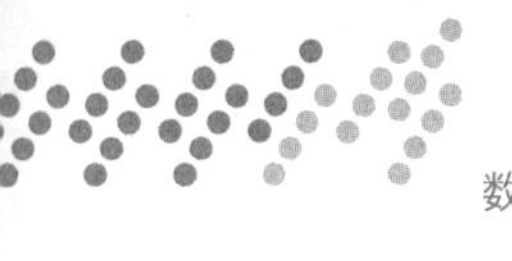

(2) X 坐标

X 坐标平行于工件的装夹平面,一般在水平面内。确定 X 轴的方向时,要考虑两种情况:

1) 如果工件做旋转运动,则刀具离开工件的方向为 X 坐标的正方向。

2) 如果刀具做旋转运动,则分为两种情况:Z 坐标水平时,观察者沿刀具主轴向工件看时,$+X$ 运动方向指向右方;Z 坐标垂直时,观察者面对刀具主轴向立柱看时,$+X$ 运动方向指向右方。如图 1.7 所示。

(3) Y 坐标

在确定 X 和 Z 坐标的正方向后,可以用根据 X 和 Z 坐标的方向,按照右手直角坐标系来确定 Y 坐标的方向。如图 1.7 所示。

例:根据如图 1.8 所示的数控立式铣床结构图,试确定 X,Y,Z 直线坐标。

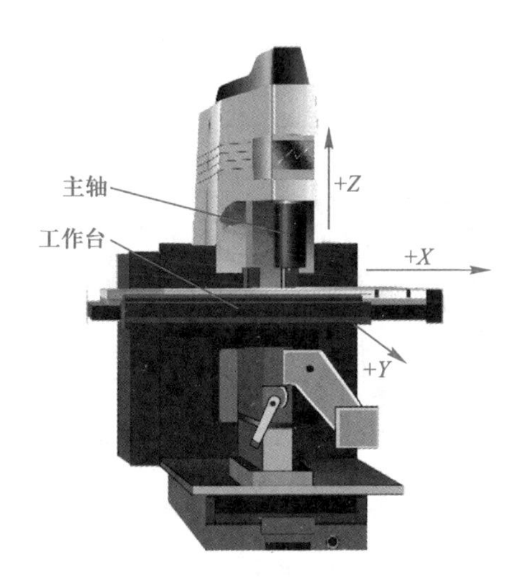

图 1.8 数控立式铣床的坐标系

1) Z 坐标:平行于主轴,刀具离开工件的方向为正。

2) X 坐标:Z 坐标垂直,且刀具旋转,所以面对刀具主轴向立柱方向看,向右为正。

3) Y 坐标:在 Z,X 坐标确定后,用右手直角坐标系来确定。

3. 附加坐标系

为了编程和加工的方便,有时还要设置附加坐标系。

对于直线运动,通常建立的附加坐标系有:

(1) 指定平行于 X,Y,Z 的坐标轴

可以采用的附加坐标系:第二组 U,V,W 坐标,第三组 P,Q,R 坐标。

(2) 指定不平行于 X,Y,Z 的坐标轴

也可以采用的附加坐标系:第二组 U,V,W 坐标,第三组 P,Q,R 坐标。

4. 数控机床的坐标简图

如图 1.9~图 1.13 所示是 5 种有代表性的数控机床的坐标简图。图中,字母表示运动的坐标,箭头表示方向。当考虑刀具移动时,用不加“′”的字母表示运动的

正方向；当考虑工件移动时，则用加“′”的字母表示。加“′”的坐标和不加“′”的坐标运动方向是相反的。

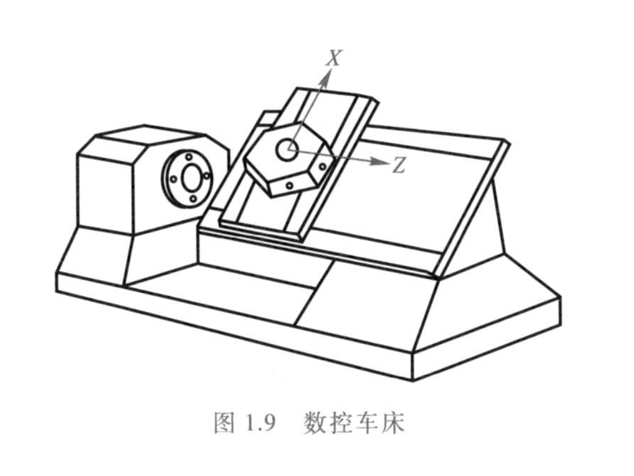

图 1.9　数控车床

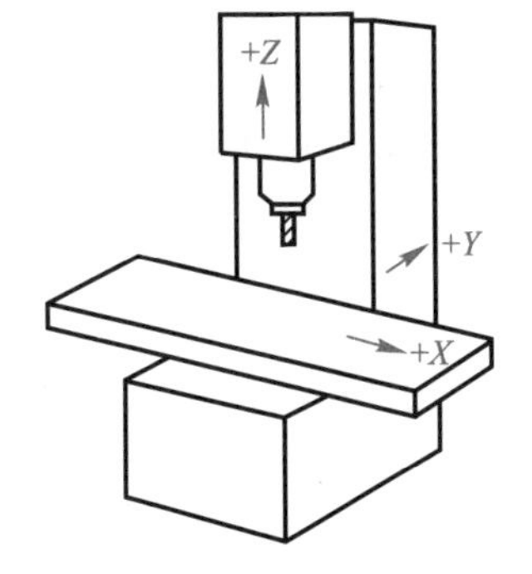

图 1.10　立式数控铣床

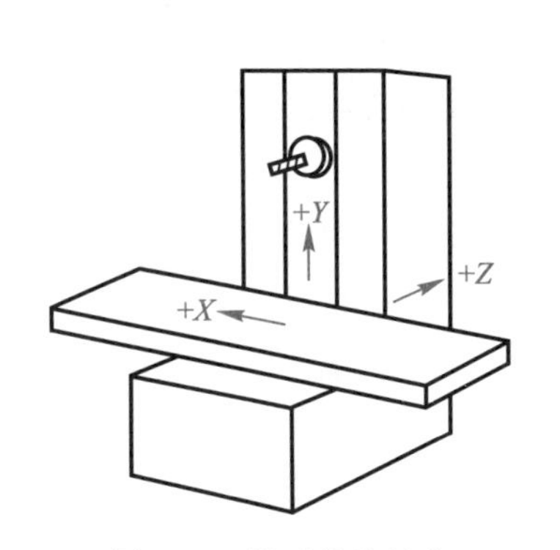

图 1.11　卧式数控铣床

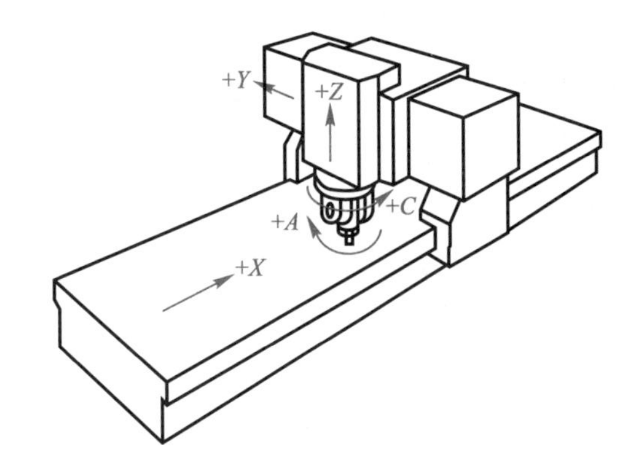

图 1.12　五轴联动龙门数控铣床

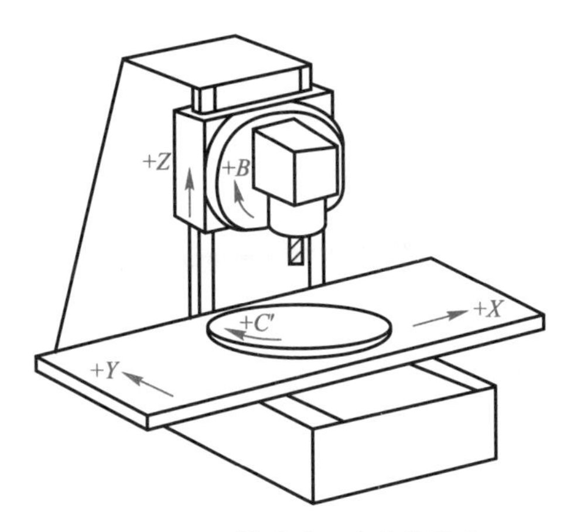

图 1.13　五轴联动立式数控铣床

5. **机床原点的设置**

机床原点是指在机床上设置的一个固定点，即机床坐标系的原点。它在机床装配、调试时就已确定下来，是数控机床进行加工运动的基准参考点。

(1) 数控车床的原点

在数控车床上，机床原点一般取在卡盘端面与主轴中心线的交点处，如图 1.14 所示。同时，通过设置参数的方法，也可将机床原点设定在 X，Z 坐标的正方向极限位置上。

(2) 数控铣床的原点

在数控铣床上，机床原点一般取在 X，Y，Z 坐标的正方向极限位置上，如图 1.15所示。

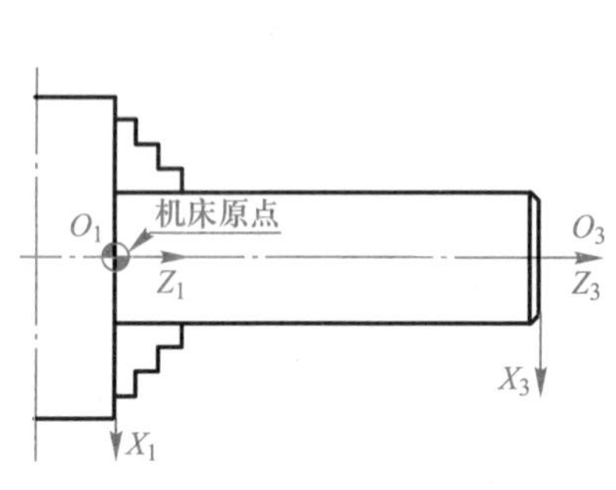

图 1.14 数控车床坐标系

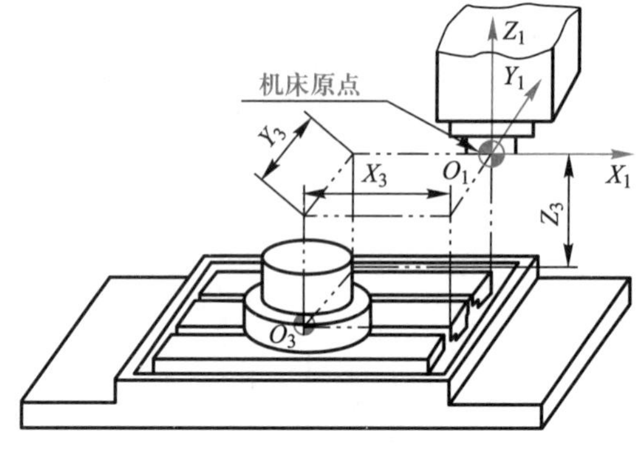

图 1.15 数控铣床坐标系

6. 机床参考点

机床参考点是用于对机床运动进行检测和控制的固定位置点。

机床参考点的位置是由机床制造厂家在每个进给轴上用限位开关精确调整好的，坐标值已输入数控系统中。因此参考点对机床原点的坐标是一个已知数。

通常在数控铣床上机床原点和机床参考点是重合的；而在数控车床上机床参考点是离机床原点最远的极限点。如图 1.16 所示为数控车床的参考点与机床原点。

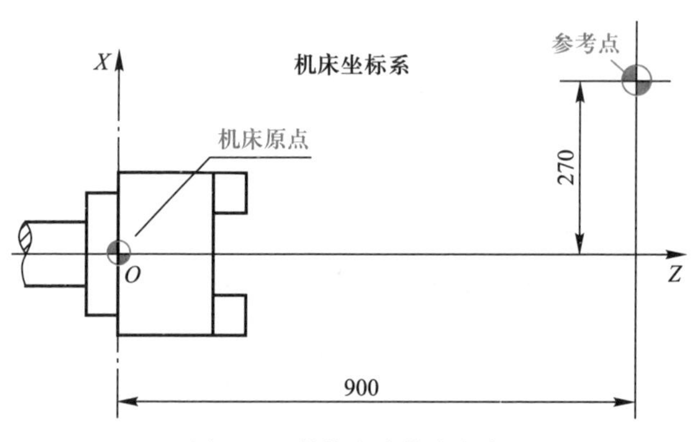

图 1.16 数控车床的参考点

数控机床开机时，必须先确定机床原点，而确定机床原点的运动就是刀架返回参考点的操作，这样通过确认参考点，就确定了机床原点。只有机床参考点被确认后，刀具（或工作台）移动才有基准。

1.2.2　编程坐标系

编程坐标系是编程人员根据零件图样及加工工艺等建立的坐标系。

编程坐标系一般供编程使用，确定编程坐标系时不必考虑工件毛坯在机床上的实际装夹位置。如图 1.17 所示，其中 O_2 即为编程坐标系原点。

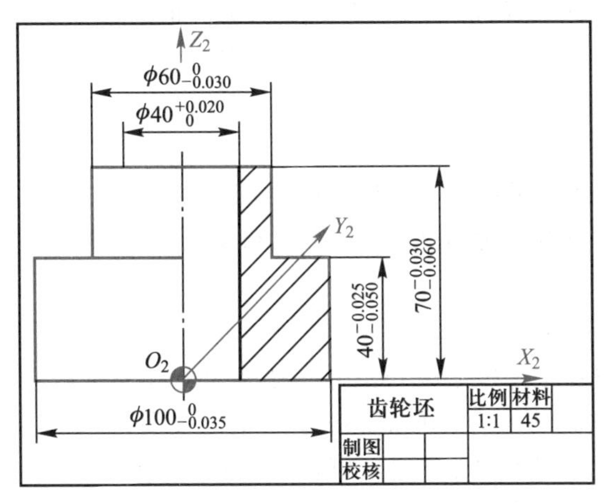

图 1.17　编程坐标系

编程原点是根据加工零件图样及加工工艺要求选定的编程坐标系的原点。

编程原点应尽量选择在零件的设计基准或工艺基准上，编程坐标系中各轴的方向应该与所使用的数控机床相应的坐标轴方向一致，如图 1.18 所示为车削零件的编程原点。

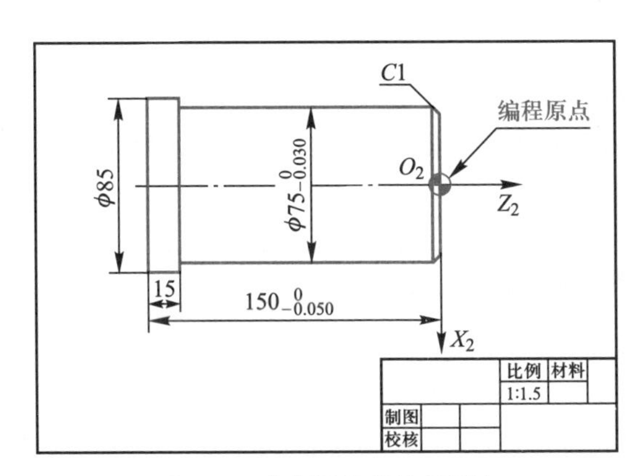

图 1.18　车削零件的编程原点

1.2.3　加工坐标系

1. 加工坐标系的确定

加工坐标系是指以确定的加工原点为基准所建立的坐标系。

加工原点也称为程序原点，是指零件被装夹好后，相应的编程原点在机床坐标

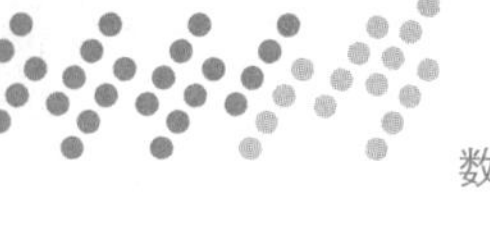

系中的位置。

在加工过程中,数控机床是按照工件装夹好后所确定的加工原点位置和程序要求进行加工的。编程人员在编制程序时,只要根据零件图样就可以选定编程原点、建立编程坐标系、计算坐标数值,而不必考虑工件毛坯装夹的实际位置。对于加工人员来说,则应在装夹工件、调试程序时,将编程原点转换为加工原点,并确定加工原点的位置,在数控系统中给予设定(即给出原点设定值),设定加工坐标系后就可根据刀具当前位置,确定刀具起始点的坐标值。在加工时,工件各尺寸的坐标值都是相对于加工原点而言的,这样数控机床才能按照准确的加工坐标系位置开始加工。如图 1.15 中 O_3 为加工原点。

2. 加工坐标系的设定

方法一:在机床坐标系中直接设定加工原点。

例:以如图 1.15 所示零件为例,在配置 FANUC-0M 系统的立式数控铣床上设置加工原点 O_3。

(1) 加工坐标系的选择

编程原点设置在工件轴心线与工件底端面的交点上。

设工作台工作面尺寸为 800 mm×320 mm,若工件装夹在接近工作台中间处,则确定了加工坐标系的位置,其加工原点 O_3 就在距机床原点 O_1 为 X_3, Y_3, Z_3 处。并且 X_3 = -345.700 mm, Y_3 = -196.220 mm, Z_3 = -53.165 mm。

(2) 设定加工坐标系指令

1) G54~G59 为设定加工坐标系指令。G54 对应一号工件坐标系,其余以此类推。可在 MDI 方式的参数设置页面中,设定加工坐标系。如对已选定的加工原点 O_3,将其坐标值

X_3 = -345.700 mm

Y_3 = -196.220 mm

Z_3 = -53.165 mm

设在 G54 中,则表明在数控系统中设定了 1 号工件加工坐标。设置页面如图 1.19 所示。

```
WORK  COORDINATES                       0023 N0010
NO.     (SHFIT)                   NO.       (G55)
00                                02
         X    0.000               X    -342.892
         Y    0.000               Y    -195.670
         Z    0.000               Z    -68.350
NO.     (G54)                     NO. (G56)
01                                03
         X    345.700             X    0.000
         Y    -196.220            Y    0.000
         Z    - 53.165            Z    0.000
ADRS
08:58:48
                                HNDL
[WEAR]   [MACRO]   [MENU]   [WORK]   [TOOL LF]
```

图 1.19　加工坐标系设置

2）G54～G59 在加工程序中出现时,即选择了相应的加工坐标系。

方法二：通过刀具起始点来设定加工坐标系。

（1）加工坐标系的选择

加工坐标系的原点可设定在相对于刀具起始点的某一符合加工要求的空间点上。

应注意的是,当机床开机回参考点之后,无论刀具运动到哪一点,数控系统对其位置都是已知的。也就是说,刀具起始点是一个已知点。

（2）设定加工坐标系指令

G92 为设定加工坐标系指令。在程序中出现 G92 程序段时,即通过刀具当前所在位置即刀具起始点来设定加工坐标系。

G92 指令的编程格式：G92 X a Y b Z c

该程序段运行后,就根据刀具起始点设定了加工原点,如图 1.20 所示。

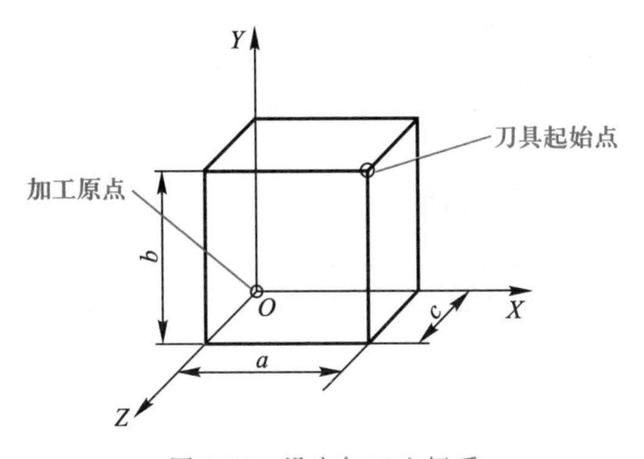

图 1.20　设定加工坐标系

从图 1.20 中可看出,用 G92 设置加工坐标系,也可看作是：在加工坐标系中,确定刀具起始点的坐标值,并将该坐标值写入 G92 编程格式中。

例：在图 1.20 中,当 $a=50$ mm,$b=50$ mm,$c=10$ mm 时,如图 1.21 所示,试用 G92 指令设定加工坐标系。

设定程序为：G92 X50 Y50 Z10

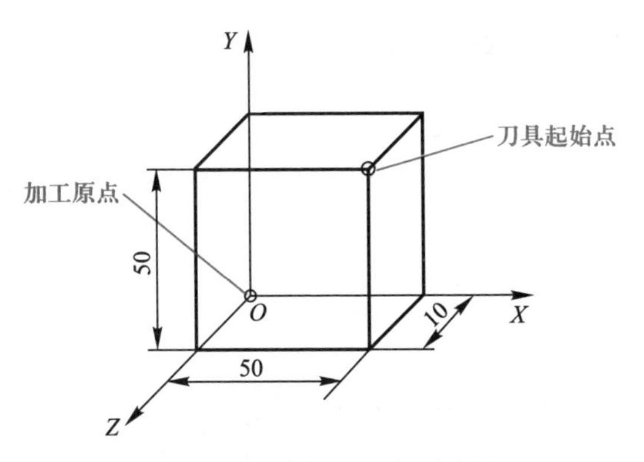

图 1.21　设定加工坐标系应用

1.2.4 机床加工坐标系设定的实例

下面以数控铣床(FANUC-0M)加工坐标系的设定为例,说明工作步骤。

在选择了如图1.22所示的被加工零件图样,并确定了编程原点位置后,可按以下方法进行加工坐标系设定:

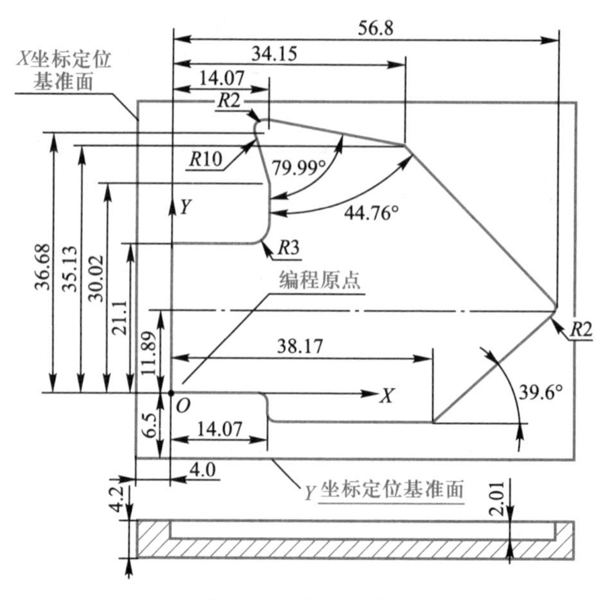

图1.22 零件图样

1. 准备工作

机床回参考点,确认机床坐标系。

2. 装夹工件毛坯

通过夹具使零件定位,并使工件定位基准面与机床运动方向一致。

3. 对刀测量

用简易对刀法测量,方法如下:

用直径为 $\phi10$ 的标准测量棒、塞尺对刀,得到测量值为 $X=-437.726$,$Y=-298.160$,如图1.23所示。$Z=-31.833$,如图1.24所示。

对刀操作示范

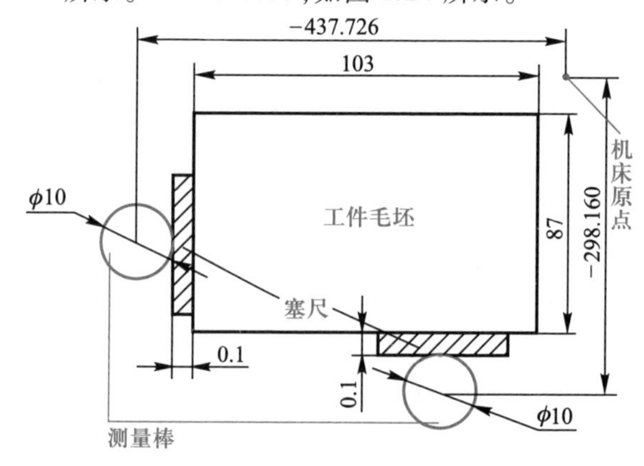

图1.23 X,Y向对刀方法示意

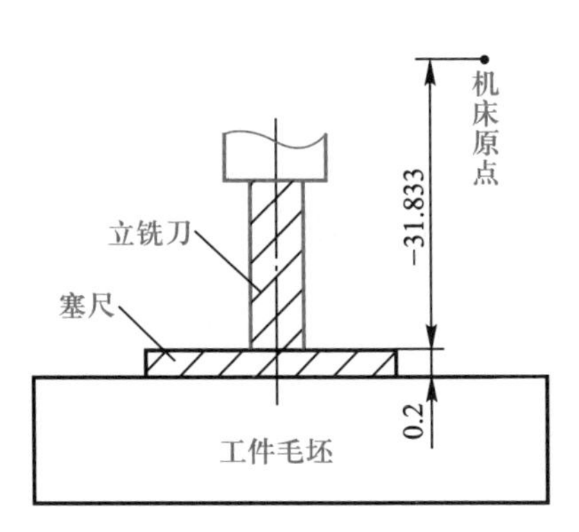

图 1.24　Z 向对刀方法示意

4. 计算设定值

按图 1.23 所示,将前面已测得的各项数据,按设定要求运算。

X 坐标设定值:

$$X=(-437.726+5+0.1+4)\ \text{mm}=-428.626\ \text{mm}$$

注:-437.726 mm 为 X 坐标显示值;

+5 mm 为测量棒半径值;

+0.1 mm 为塞尺厚度;

+4 mm 为编程原点到工件定位基准面在 X 坐标方向的距离。

Y 坐标设定值:

$$Y=(-298.160+5+0.1+6.5)\ \text{mm}=-286.560\ \text{mm}$$

注:如图 1.23 所示,-298.160 mm 为 Y 坐标显示值;+5 mm 为测量棒半径值;+0.1 mm 为塞尺厚度;+6.5 mm 为编程原点到工件定位基准面在 Y 坐标方向的距离。

Z 坐标设定值:

$$Z=(-31.833-0.2)\ \text{mm}=-32.033\ \text{mm}。$$

注:-31.833 为 Z 坐标显示值;0.2 mm 为塞尺厚度,如图 1.24 所示。

通过计算结果为:$X=-428.626$,$Y=-286.560$,$Z=-32.033$。

5. 设定加工坐标系

将开关放在 MDI 方式下,进入加工坐标系设定页面。输入数据为:

$$X=-428.626,Y=-286.560,Z=-32.033$$

表示加工原点设置在机床坐标系的 $X=-428.626$,$Y=-286.560$,$Z=-32.033$ 的位置上。

6. 校对设定值

对于初学者,在进行了加工原点的设定后,应进一步校对设定值,以保证参数的正确性。校对工作的具体过程如下:在设定了 G54 加工坐标系后,再进行回机床参考点操作,其显示值为:

$$X+428.626,Y+286.560,Z+32.033$$

这说明在设定了 G54 加工坐标系后,机床原点在加工坐标系中的位置为:

$$X+428.626,Y+286.560,Z+32.033$$

这反过来也说明 G54 的设定值是正确的。

任务三　掌握常用程序编制指令

【任务描述】

理解常用编程指令的含义、编程格式和作用，运用常用编程指令编写简单的程序段。

【任务目标】

能够运用常用编程指令编写程序段。

数控加工程序是由各种功能字按照规定的格式组成的。正确地理解各个功能字的含义，恰当地使用各种功能字，按规定的程序指令编写程序，是编好数控加工程序的关键。

程序编制的规则，首先是由所采用的数控系统来决定的，所以应详细阅读数控系统编程、操作说明书，以下按常用数控系统的共性概念进行说明。

1.3.1　绝对尺寸指令和增量尺寸指令

在加工程序中，绝对尺寸指令和增量尺寸指令有两种表达方法。

绝对尺寸指机床运动部件的坐标尺寸值相对于坐标原点给出，如图 1.25 所示。增量尺寸指机床运动部件的坐标尺寸值相对于前一位置给出，如图 1.26 所示。

绝对尺寸和增量尺寸

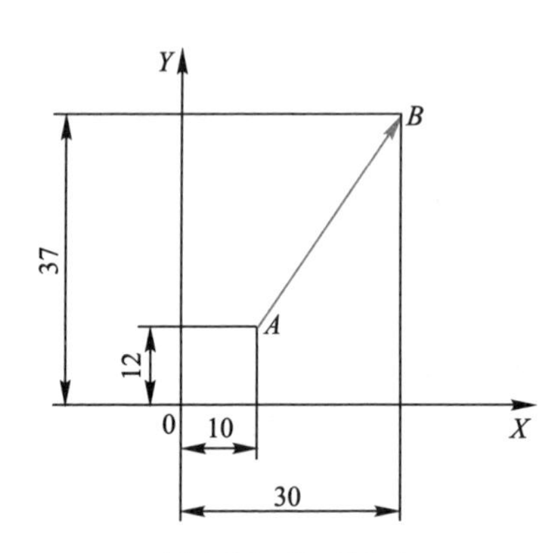

图 1.25　绝对尺寸

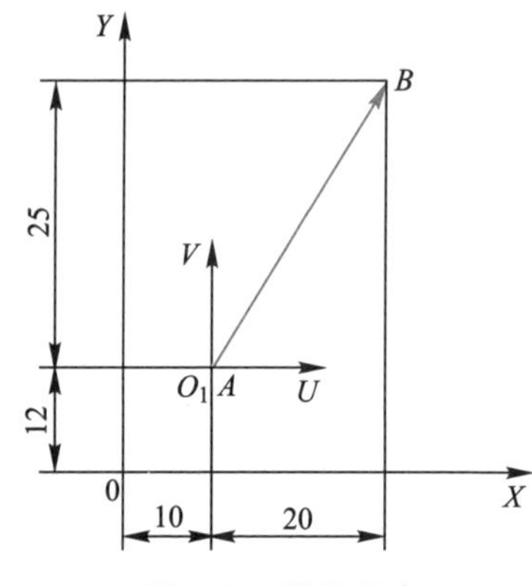

图 1.26　增量尺寸

1. G 功能字指定

G90 指定尺寸值为绝对尺寸。

G91 指定尺寸值为增量尺寸。

这种表达方式的特点是同一条程序段中只能用一种，不能混用；同一坐标轴方向的尺寸字的地址符是相同的。

2. 用尺寸字的地址符指定(本课程中车床部分使用)

绝对尺寸的尺寸字的地址符用 *X*,*Y*,*Z*。

增量尺寸的尺寸字的地址符用 *U*,*V*,*W*。

这种表达方式的特点是同一程序段中绝对尺寸和增量尺寸可以混用,这给编程带来很大方便。

1.3.2　预置寄存指令 G92

预置寄存指令是按照程序规定的尺寸字值,通过当前刀具所在位置来设定加工坐标系的原点。这一指令不产生机床运动。

编程格式:G92 X~ Y ~Z~

其中 *X*,*Y*,*Z* 的值是当前刀具位置相对于加工原点位置的值。

例:建立如图 1.26 所示的加工坐标系:

当前的刀具位置点在 *A* 点时:G92 X10 Y12

当前的刀具位置点在 *B* 点时:G92 X30 Y37

注意:这种方式设置的加工原点是随刀具当前位置(起始位置)的变化而变化的。

1.3.3　坐标平面选择指令

坐标平面选择指令是用来选择圆弧插补的平面和刀具补偿平面的。

G17 表示选择 *XY* 平面,G18 表示选择 *ZX* 平面,G19 表示选择 *YZ* 平面。

坐标平面选择如图 1.27 所示。一般,数控车床默认在 *ZX* 平面内加工,数控铣床默认在 *XY* 平面内加工。

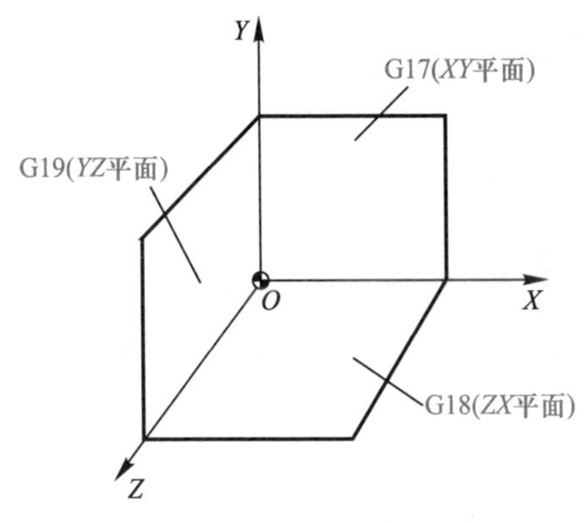

图 1.27　坐标平面选择

1.3.4　快速点定位指令

快速点定位指令控制刀具以点位控制的方式快速移动到目标位置,其移动速度由参数来设定。指令执行开始后,刀具沿着各个坐标方向同时按参数设定的速度移动,最后减速到达终点,如图 1.28a 所示。注意:在各坐标方向上有可能不是同时到达终点。刀具移动轨迹是几条线段的组合，不是一条直线。例如，在FANUC系统中，运动总是先沿与坐标轴成45°的直线移动，最后再在某一轴单向移动至目标点位置，如图1.28b所示。编程人员应了解所使用的数控系统的刀具移动轨迹情况，以避免加工中可能出现的碰撞。

快速点定位

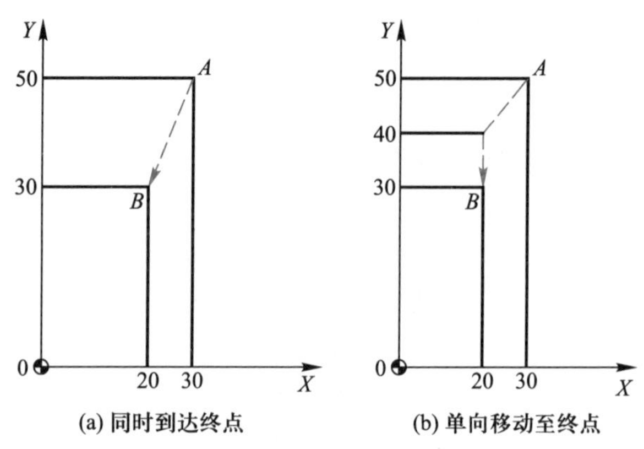

图1.28　快速点定位

编程格式：G00 X~ Y~ Z~

其中 X,Y,Z 的值是快速点定位的终点坐标值。

例：从 A 点到 B 点快速移动的程序段为：

G90 G00 X20 Y30

1.3.5　直线插补指令

直线插补指令用于产生按指定进给速度 F 实现的空间直线运动。

编程格式：G01 X~ Y~ Z~ F~

其中：X,Y,Z 的值是直线插补的终点坐标值。

例：实现图1.29中从 A 点到 B 点的直线插补运动，其程序段为：

绝对方式编程：G90 G01 X10 Y10 F100

增量方式编程：G91 G01 X-10 Y-20 F100

1.3.6　圆弧插补指令

G02为按指定进给速度的顺时针圆弧插补。G03为按指定进给速度的逆时针圆弧插补。

圆弧顺逆方向的判别：沿着不在圆弧平面内的坐标轴，由正方向向负方向看，顺时针方向G02，逆时针方向G03，如图1.30所示。

各平面内圆弧情况见图1.31，图1.31a表示 XY 平面的圆弧插补，图1.31b表示 ZX 平面圆弧插补，图1.31c表示 YZ 平面的圆弧插补。

编程格式：

***XY* 平面：**

G17 G02 X~ Y~ I~ J~ (R~) F~

G17 G03 X~ Y~ I~ J~ (R~) F~

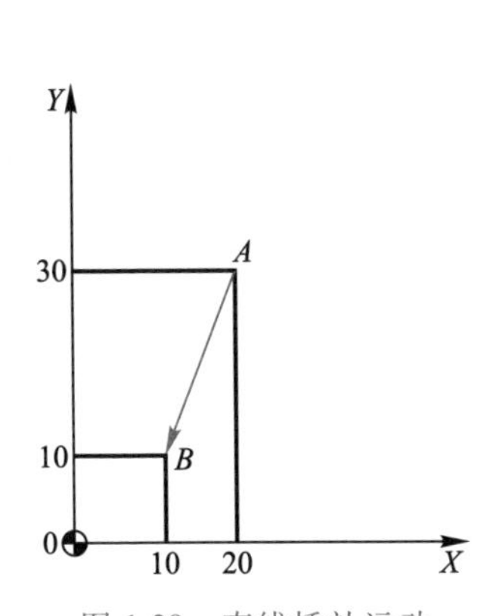

图 1.29　直线插补运动

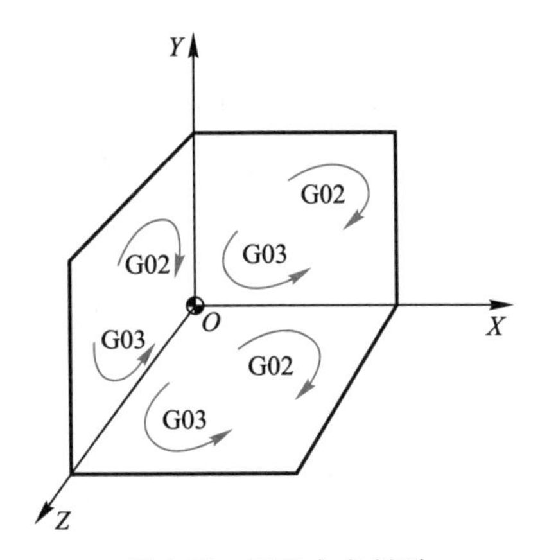

图 1.30　圆弧方向判别

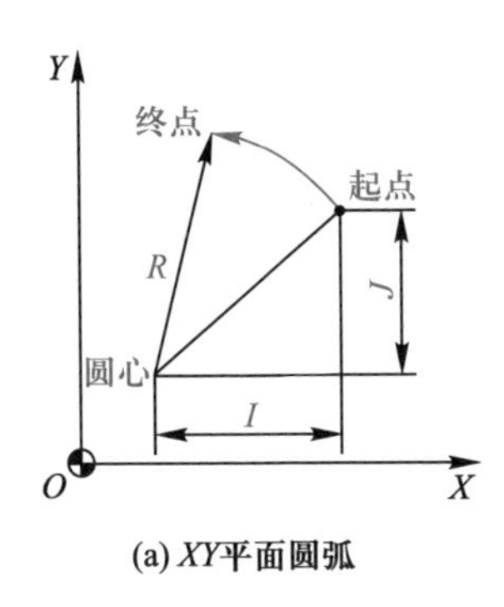

(a) XY平面圆弧

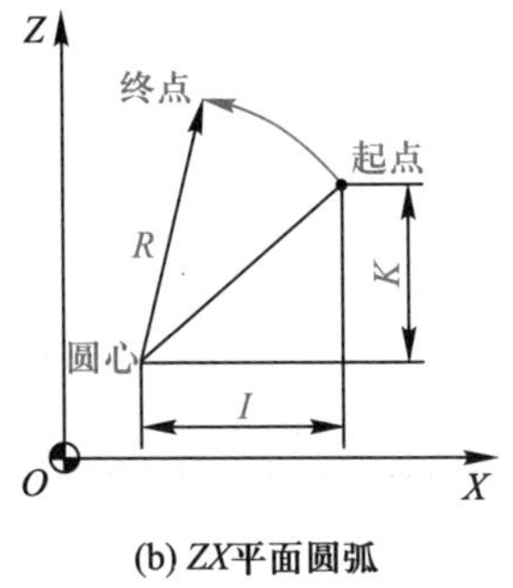

(b) ZX平面圆弧

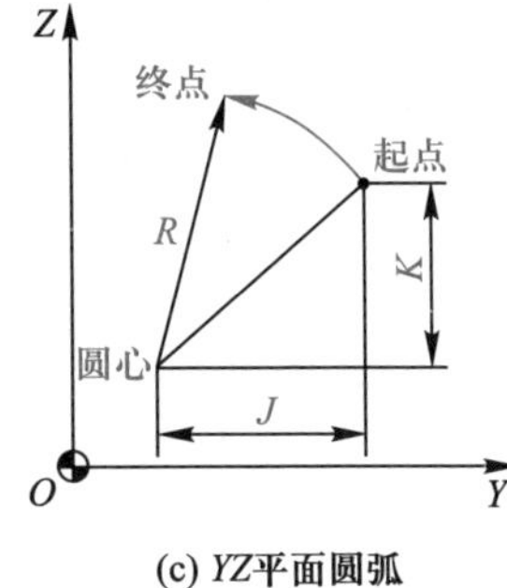

(c) YZ平面圆弧

图 1.31　各平面内圆弧情况

各平面内圆弧情况

ZX 平面：

G18 G02 X～ Z～ I～ K～ （R～） F～

G18 G03 X～ Z～ I～ K～ （R～） F～

YZ 平面：

G19 G02 Z～ Y～ J～ K～ （R～） F～

G19 G03 Z～ Y～ J～ K～ （R～） F～

其中：

X,Y,Z 的值是指圆弧插补的终点坐标值；

I,J,K 是指圆弧起点到圆心的增量坐标，与 G90，G91 无关；

R 为指定圆弧半径，当圆弧的圆心角≤180°时，R 值为正；

当圆弧的圆心角>180°时，R 值为负。

例：如图 1.32 所示，当圆弧 A 的起点为 P_1，终点为 P_2，圆弧插补程序段为：

G02 X321.65 Y280 I40 J140 F50

或　G02 X321.65 Y280 R-145.6 F50

当圆弧 A 的起点为 P_2，终点为 P_1时，圆弧插补程序段为：

G03 X160 Y60 I-121.65 J-80 F50

或　G03 X160 Y60 R-145.6 F50

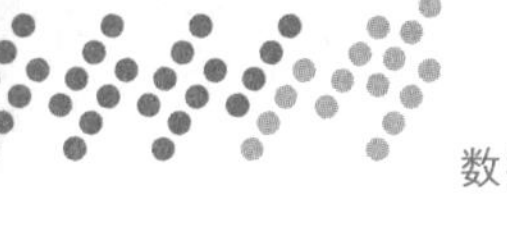

圆弧插补应用

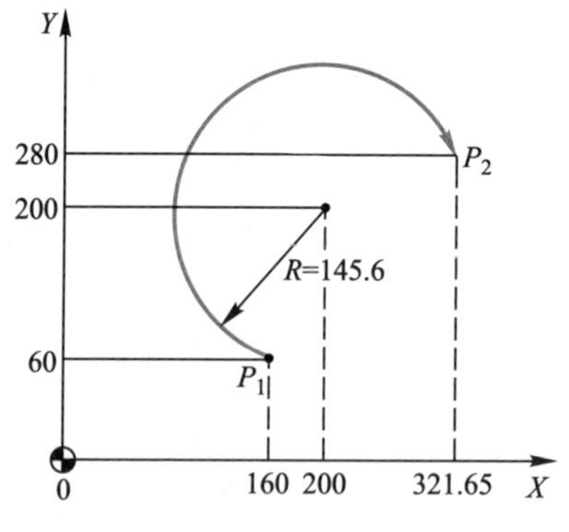

图 1.32　圆弧插补应用

1.3.7　刀具半径补偿指令

在零件轮廓铣削加工时，由于刀具半径尺寸影响，刀具的中心轨迹与零件轮廓往往不一致。为了避免计算刀具中心轨迹，直接按零件图样上的轮廓尺寸编程，数控系统提供了刀具半径补偿功能，如图 1.33 所示。

刀具半径补偿

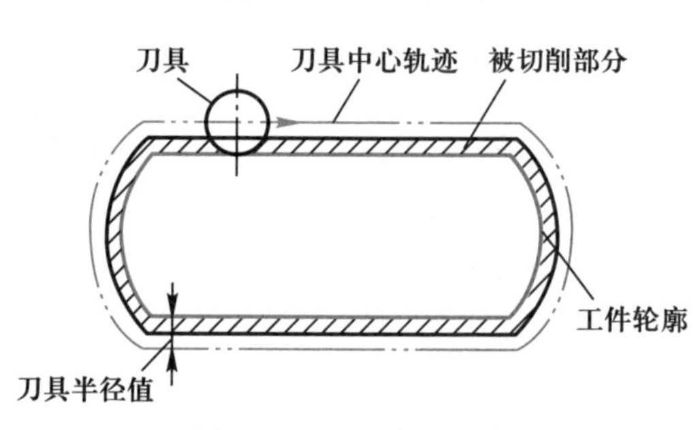

图 1.33　刀具半径补偿

1. 编程格式

G41 为左偏刀具半径补偿，定义为假设工件不动，沿刀具运动方向向前看，刀具在零件左侧的刀具半径补偿，如图 1.34 所示。

左偏刀具半径补偿

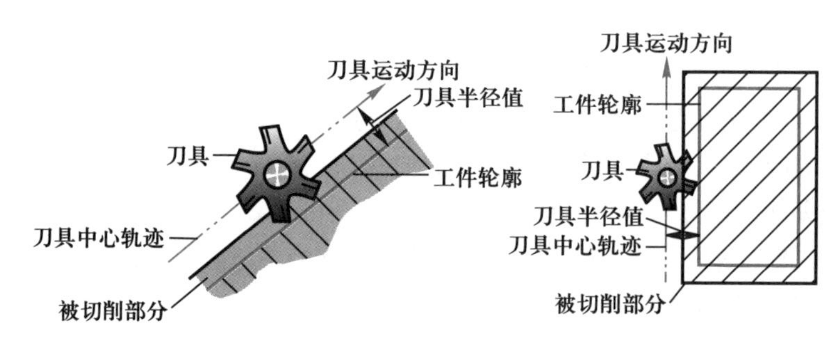

图 1.34　左偏刀具半径补偿

G42 为右偏刀具半径补偿，定义为假设工件不动，沿刀具运动方向向前看，刀具在零件右侧的刀具半径补偿，如图 1.35 所示。G40 为补偿撤销指令。

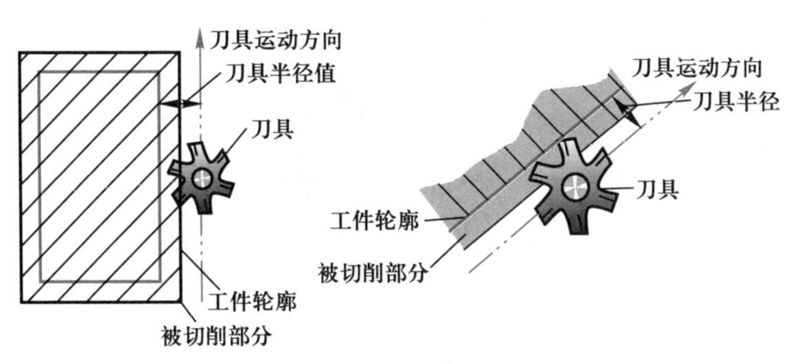

右偏刀具半径补偿

图 1.35 右偏刀具半径补偿

程序格式：

```
G00/G01 G41/G42 X~ Y~D~          //建立补偿程序段
…                       }          //轮廓切削程序段
…
G00/G01 G40 X~ Y~                 //补偿撤销程序段
```

其中：

G41/G42 程序段中的 X,Y 值是建立补偿直线段的终点坐标值；

G40 程序段中的 X,Y 值是撤销补偿直线段的终点坐标值。

D 为刀具半径补偿代号地址字，后面一般用两位数字表示代号，代号与刀具半径值一一对应。刀具半径值可用 CRT/MDI 方式输入，即在设置时，D~ = R。用 D00 也可取消刀具半径补偿。

2. 工作过程

建立刀具半径补偿

如图 1.36~图 1.38 所示的刀具半径补偿的工作过程。其中，实线表示编程轨迹；双点画线表示刀具中心轨迹；r 等于刀具半径，表示偏移向量。

1）刀具半径补偿建立时，一般是直线且为空行程，以防过切。以 G42 为例，建立刀具半径补偿如图 1.36 所示。

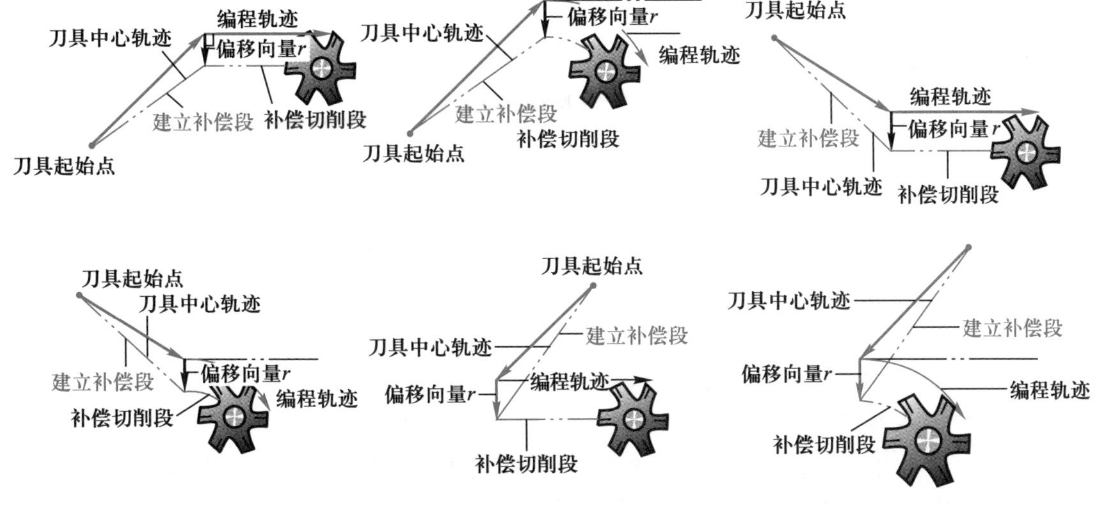

图 1.36 建立刀具半径补偿

2）刀具半径补偿一般只能平面补偿，其补偿运动如图 1.37 所示。

刀具半径补偿运动

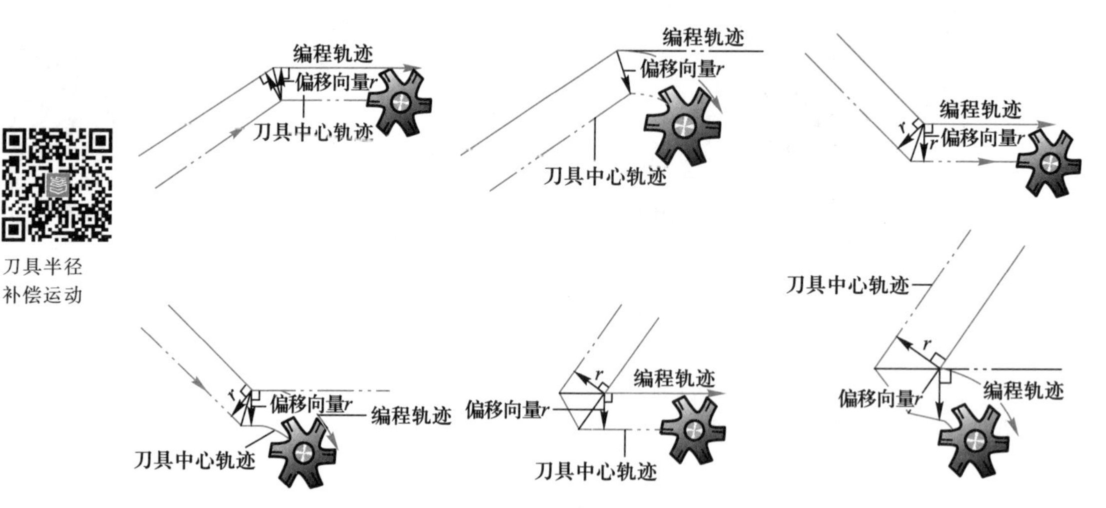

图 1.37　刀具半径补偿运动

3）刀具半径补偿结束用 G40 撤销，撤销时同样要防止过切，如图 1.38 所示。

撤销刀具半径补偿

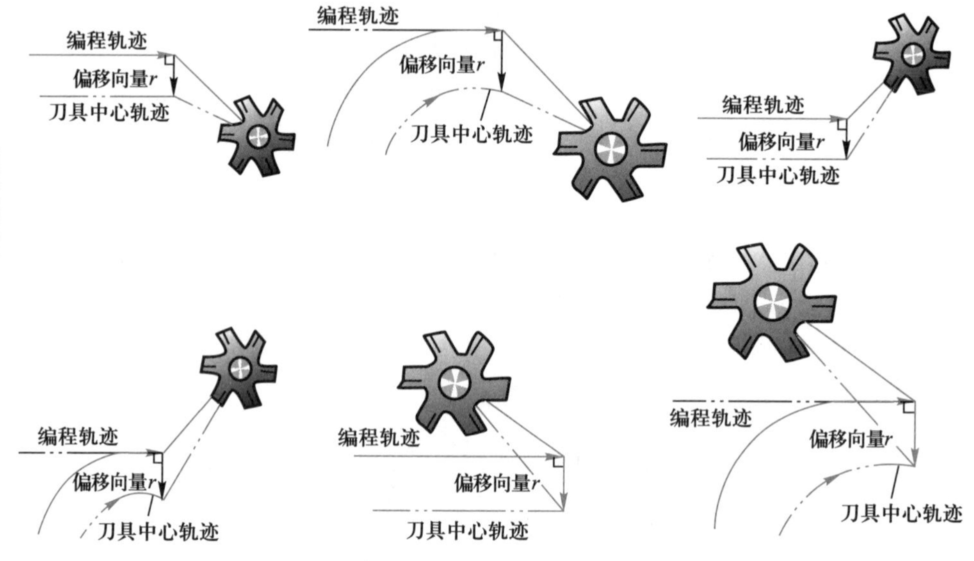

图 1.38　撤销刀具半径补偿

4）注意：

① 建立补偿的程序段，必须是在补偿平面内不为零的直线移动。

② 建立补偿的程序段，一般应在切入工件之前完成。

③ 撤销补偿的程序段，一般应在切出工件之后完成。

3. 刀具半径补偿量的改变

一般刀具半径补偿量的改变，是在补偿撤销的状态下重新设定刀具半径补偿量。如果在已补偿的状态下改变补偿量，则程序段的终点是按该程序段所设定的补偿量来计算的，如图 1.39 所示。

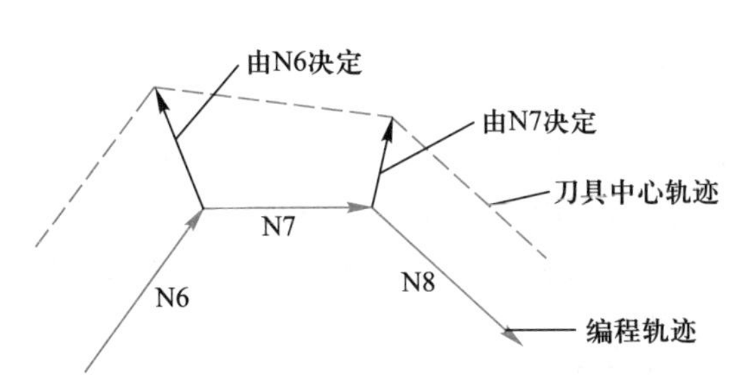

图 1.39　刀具半径补偿量的改变

4. 刀具半径补偿量的符号

一般刀具半径补偿量的符号为正，若取为负值时，会引起刀具半径补偿指令 G41 与 G42 的相互转化。

5. 过切

通常过切有以下两种情况：

1）刀具半径大于所加工工件内轮廓转角时产生的过切，如图 1.40 所示。

2）刀具直径大于所加工沟槽时产生的过切，如图 1.41 所示。

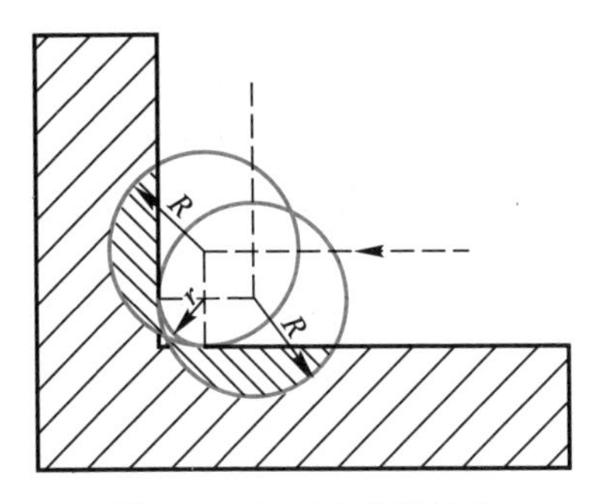

图 1.40　加工内轮廓转角

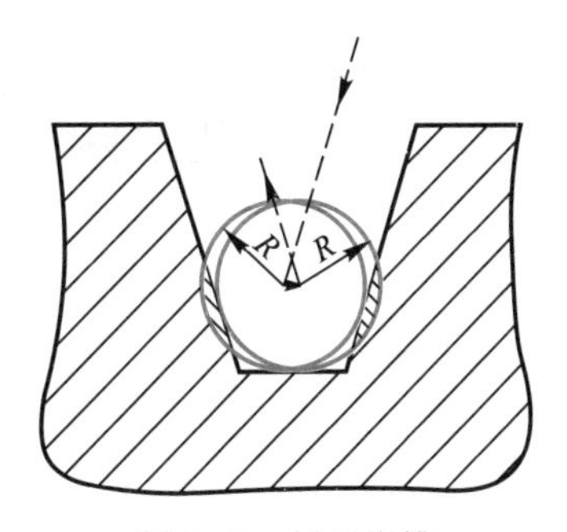

图 1.41　加工沟槽

6. 刀具半径补偿的其他应用

应用刀具半径补偿指令加工时，刀具的中心始终与工件轮廓相距一个刀具半径距离。当刀具磨损或刀具重磨后，刀具半径变小，只需在刀具补偿值中输入改变后的刀具半径，而不必修改程序。在采用同一把半径为 R 的刀具，并用同一个程序进行粗、精加工时，设精加工余量为 Δ，则粗加工时设置的刀具半径补偿量为 $R+\Delta$，精加工时设置的刀具半径补偿量为 R，就能在粗加工后留下精加工余量 Δ，然后，在精加工时完成切削。其运动情况如图 1.42 所示。

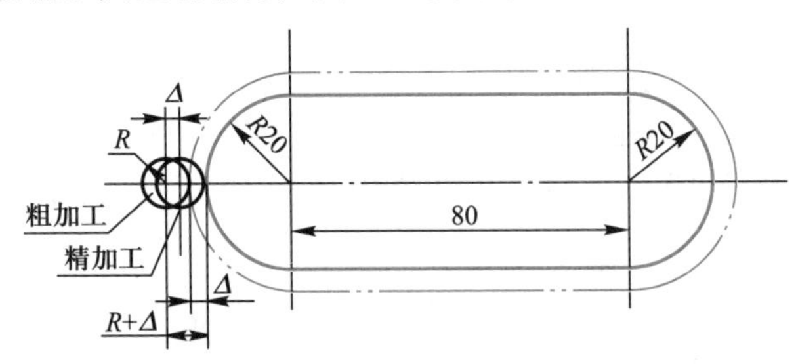

图 1.42　刀具半径补偿的运动情况

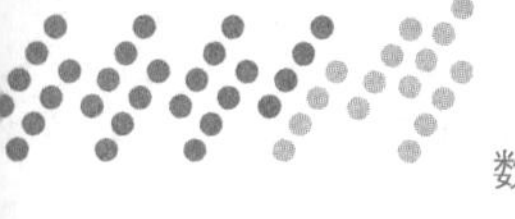

1.3.8 刀具长度补偿指令

使用刀具长度补偿指令，在编程时就不必考虑刀具的实际长度及各把刀具不同的长度尺寸。加工时，用 MDI 方式输入刀具的长度尺寸，即可正确加工。当由于刀具磨损、更换刀具等原因引起刀具长度尺寸变化时，只要修正刀具长度补偿量，而不必调整程序或刀具。

G43 为正补偿，即将 Z 坐标尺寸字与 H 代码中长度补偿的量相加，按其结果进行 Z 轴运动。

G44 为负补偿，即将 Z 坐标尺寸字与 H 代码中长度补偿的量相减，按其结果进行 Z 轴运动。

G49 为撤销补偿。

刀具长度补偿的情况如图 1.43 所示。

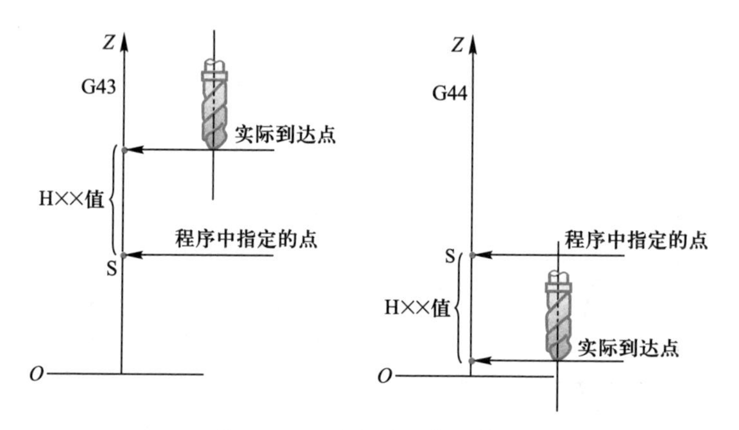

图 1.43 刀具长度补偿的情况

编程格式：

G01 G43/G44 Z~ H~ // 建立补偿程序段

… // 切削加工程序段

…

G49 // 补偿撤销程序段

例：图 1.43 中左图所对应的程序段为 G01 G43 ZS H~

图 1.43 中右图所对应的程序段为 G01 G44 ZS H~

其中：

S 为 Z 向程序指令点；

H~的值为长度补偿量，即 $H\sim=\Delta$。

H 刀具长度补偿代号地址字，后面一般用两位数字表示代号，代号与长度补偿量一一对应。刀具长度补偿量可用 CRT/MDI 方式输入。如果用 H00 则取消刀具长度补偿。

任务四　程序编制中的数学处理

【任务描述】

选择编程原点，计算数控编程所需的各点坐标值，分析数控加工误差。

【任务目标】

掌握程序编制中数学处理的方法。

根据被加工零件图样，按照已经确定的加工工艺路线和允许的编程误差，计算数控系统所需要输入的数据，称为数学处理。数学处理一般包括两个内容：根据零件图样给出的形状，尺寸和公差等直接通过数学方法（如三角、几何与解析几何法等），计算出编程时所需要的有关各点的坐标值；当按照零件图样给出的条件不能直接计算出编程所需的坐标，也不能按零件给出的条件直接进行工件轮廓几何要素的定义时，就必须根据所采用的具体工艺方法、工艺装备等加工条件，对零件原图形及有关尺寸进行必要的数学处理或改动，才可以进行各点的坐标计算和编程工作。

1.4.1　选择编程原点

从理论上讲，编程原点选在零件上的任何一点都可以，但实际上，为了换算尺寸尽可能简便，减少计算误差，应选择一个合理的编程原点。

车削零件编程原点的 X 向零点应选在零件的回转中心。Z 向零点一般应选在零件的右端面、设计基准或对称平面内。车削加工的编程原点如图1.44所示。

铣削零件的编程原点，X,Y 向零点一般可选在设计基准或工艺基准的端面或孔的中心线上，对于有对称部分的工件，可以选在对称面上，以便用镜像等指令来简化编程。Z 向的编程原点，习惯选在工件上表面，这样当刀具切入工件后 Z 向尺寸字均为负值，以便于检查程序。铣削加工的编程原点如图1.45所示。

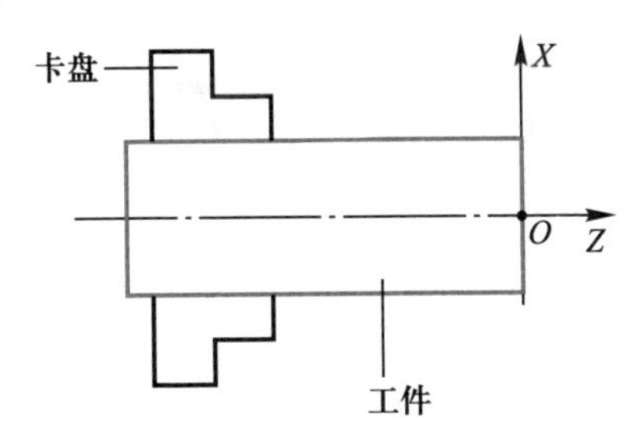

图1.44　车削加工的编程原点

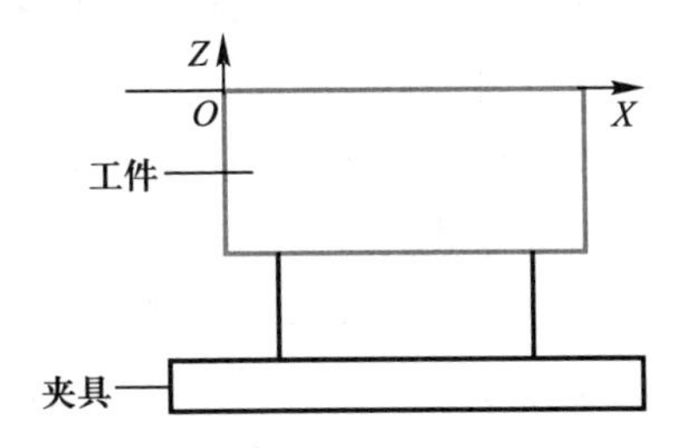

图1.45　铣削加工的编程原点

编程原点选定后，就应把各点的尺寸换算成以编程原点为基准的坐标值。为了在加工过程中有效地控制尺寸公差，应按尺寸公差的中值来计算坐标值。

1.4.2 基点

零件的轮廓是由许多不同的几何要素所组成,如直线、圆弧、二次曲线等,各几何要素之间的连接点称为基点。基点坐标是编程中必需的重要数据。

例:如图 1.46 所示零件中,A,B,C,D,E 为基点。A,B,D,E 的坐标值从图中很容易找出,C 点是直线与圆弧切点,要联立方程求解。以 B 点为计算坐标系原点,联立下列方程:

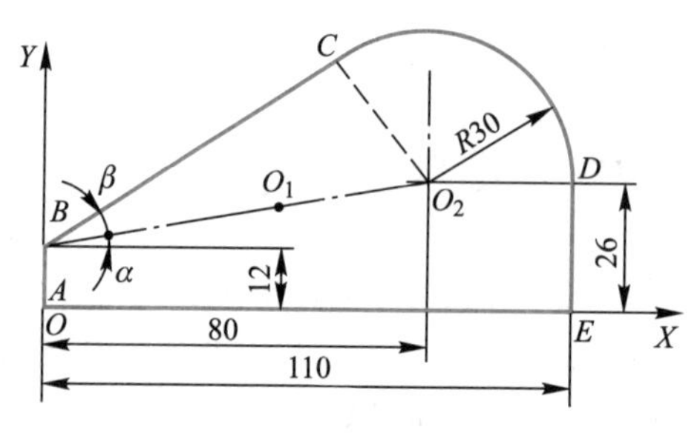

图 1.46 零件图样

直线方程:$Y=X\tan(\alpha+\beta)$

圆弧方程:$(X-80)^2+(Y-14)^2=30^2$

可求得(64.278 6,39.550 7),换算到以 A 点为原点的编程坐标系中,C 点坐标为(64.278 6,51.550 7)。

可以看出,对于如此简单的零件,基点的计算都很麻烦。对于复杂的零件,其计算工作量可想而知,为提高编程效率,可应用 CAD/CAM 软件辅助编程,请参考本教程 CAD/CAM 部分。

1.4.3 非圆曲线数学处理的基本过程

数控系统一般只能作直线插补和圆弧插补的切削运动。如果工件轮廓是非圆曲线,数控系统就无法直接实现插补,而需要通过一定的数学处理。数学处理的方法是,用直线段或圆弧段去逼近非圆曲线,逼近线段与被加工曲线交点称为节点。

例如,对如图 1.47 所示的曲线用直线逼近时,其交点 A,B,C,D,E,F 等即为节点。

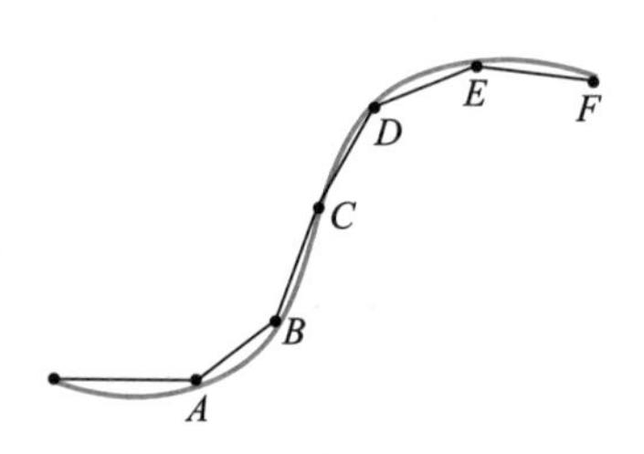

图 1.47 零件轮廓的节点

在编程时,首先要计算出节点的坐标,节点的计算一般都比较复杂,靠手工计算很难完成,必须借助计算机辅助处理。求得各节点坐标后,就可按相邻两节点间的直线来编写加工程序。

这种通过求得节点,再编写程序的方法,使得节点数目决定了程序段的数目。如图 1.47 所示有 6 个节点,即用 5 段直线逼近了曲线,因而就有 5 个直线插补程序段。节点数目越多,由直线逼近曲线产生的误差 δ 越小,程序的长度则越长。可见,节点数目的多少,决定了加工的精度和程序的长度。因此,正确确定节点数目是个关键问题,也请参考本教程 CAD/CAM 部分。

1.4.4　数控加工误差的组成

数控加工误差$\Delta_{数加}$是由编程误差$\Delta_{编}$、机床误差$\Delta_{机}$、定位误差$\Delta_{定}$、对刀误差$\Delta_{刀}$等综合形成。即：$\Delta_{数加}=f(\Delta_{编}+\Delta_{机}+\Delta_{定}+\Delta_{刀})$

其中：

1）编程误差$\Delta_{编}$由逼近误差δ、圆整误差组成。逼近误差δ是在用直线段或圆弧段去逼近非圆曲线的过程中产生，如图 1.48 所示。圆整误差是在数据处理时，将坐标值四舍五入圆整成整数脉冲当量值而产生的误差。脉冲当量是指每个单位脉冲对应坐标轴的位移量。普通精度级的数控机床，一般脉冲当量值为 0.01 mm；较精密数控机床的脉冲当量值为 0.005 mm或 0.001 mm 等。

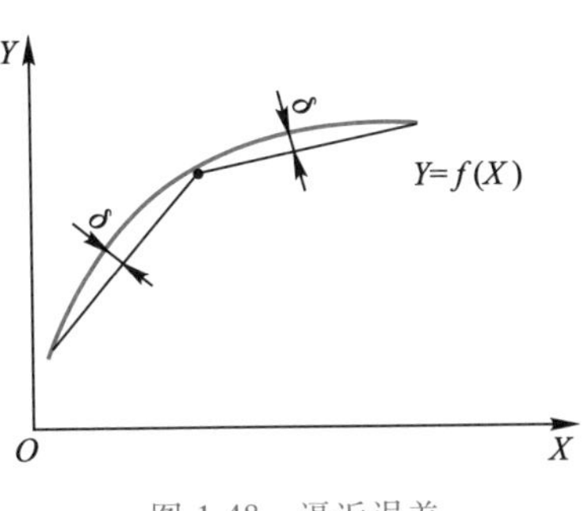

图 1.48　逼近误差

2）机床误差$\Delta_{机}$是由数控系统误差、进给系统误差等原因产生的。

3）定位误差$\Delta_{定}$是当工件在夹具上定位、夹具在机床上定位时产生的。

4）对刀误差$\Delta_{刀}$是在确定刀具与工件的相对位置时产生的。

如何减少上述各项误差，以提高加工精度的问题，将在后续相关内容中讨论。

本章提示

本章是全书的开篇之章，读者一定知道第一块基石的重要性。机床坐标系、编程坐标系和加工坐标系，使我们建立起数控加工的崭新立体空间；常用 G 功能代码指令、常用 M 功能代码指令，使我们在数控加工的空间里得到理想的加工轨迹。上述这些，都是编制数控加工程序的重要基础，理应熟练掌握。本书编者除了为读者提供文字教材外，还准备了生动、直观的动画、图形和音像资料，以助读者掌握重要概念，主要包括：数控车床坐标系，数控铣床坐标系，G01，G02，G03，G41，G42，G40 等功能指令的应用。同时，还可查阅 ISO 国际代码表。这些资料会给读者更多帮助。

思考题与习题

一、判断题

1.（　）对几何形状不复杂的零件，自动编程的经济性好。

2.（　）数控加工程序的顺序段号必须顺序排列。

3.（　）增量尺寸指机床运动部件坐标尺寸值相对于前一位置给出。

4.（　）G00 快速点定位指令控制刀具沿直线快速移动到目标位置。

5.（　）用直线段或圆弧段去逼近非圆曲线，逼近线段与被加工曲线交点称为基点。

二、选择题

1. 下列指令属于准备功能字的是________。

A. G01; B. M08;

C. T01; D. S500

2. 根据加工零件图样选定的编制零件程序的原点是________。

A. 机床原点;

B. 编程原点;

C. 加工原点;

D. 刀具原点

3. 通过当前的刀位点来设定加工坐标系的原点,不产生机床运动的指令是________。

A. G54; B. G53;

C. G55; D. G92

4. 用来指定圆弧插补的平面和刀具补偿平面为 *XY* 平面的指令________。

A. G16; B. G17;

C. G18; D. G19

5. 撤销刀具长度补偿指令是________。

A. G40; B. G41;

C. G43; D. G49

三、简答题

1. 简述数控机床加工程序的编制步骤。

2. 数控机床加工程序的编制方法有哪些?它们分别适用什么场合?

3. 用 G92 程序段设置的加工坐标系原点在机床坐标系中的位置是否不变?

4. 编写如图 1.49~图 1.53 所示零件的加工程序。

5. 应用刀具半径补偿指令应注意哪些问题?

6. 如何选择一个合理的编程原点?

7. 什么叫基点?什么叫节点?它们在零件轮廓上的数目如何确定?

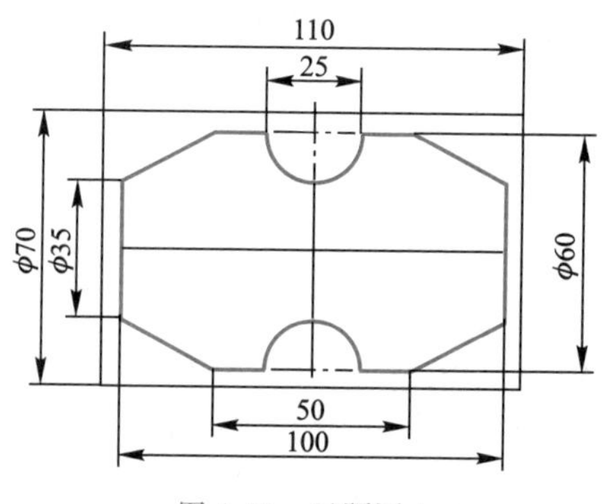

图 1.49 习题图 1

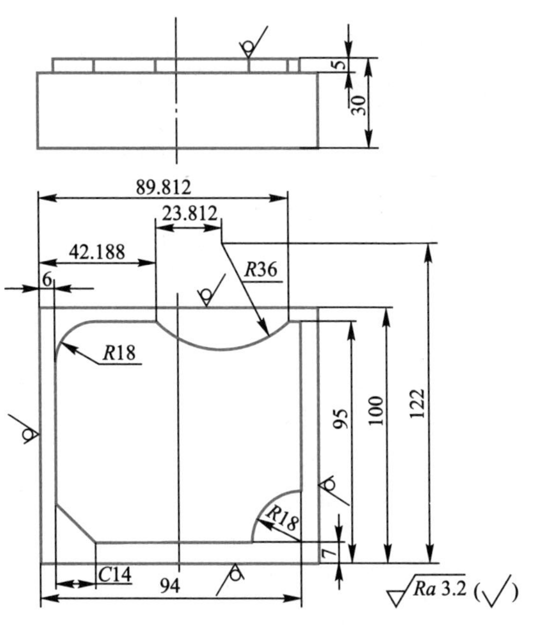

图 1.50　习题图 2

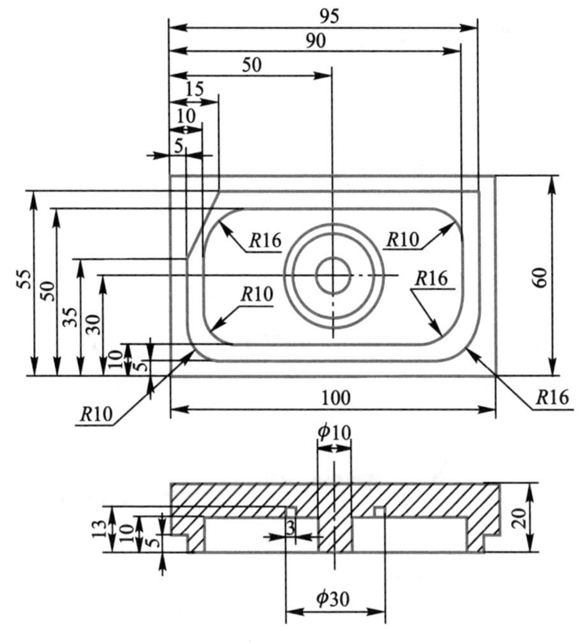

图 1.51　习题图 3

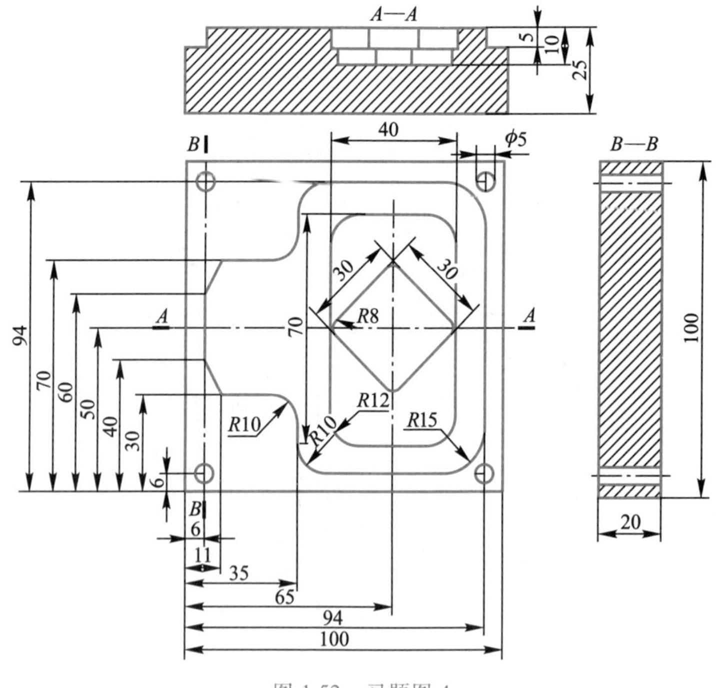

图 1.52　习题图 4

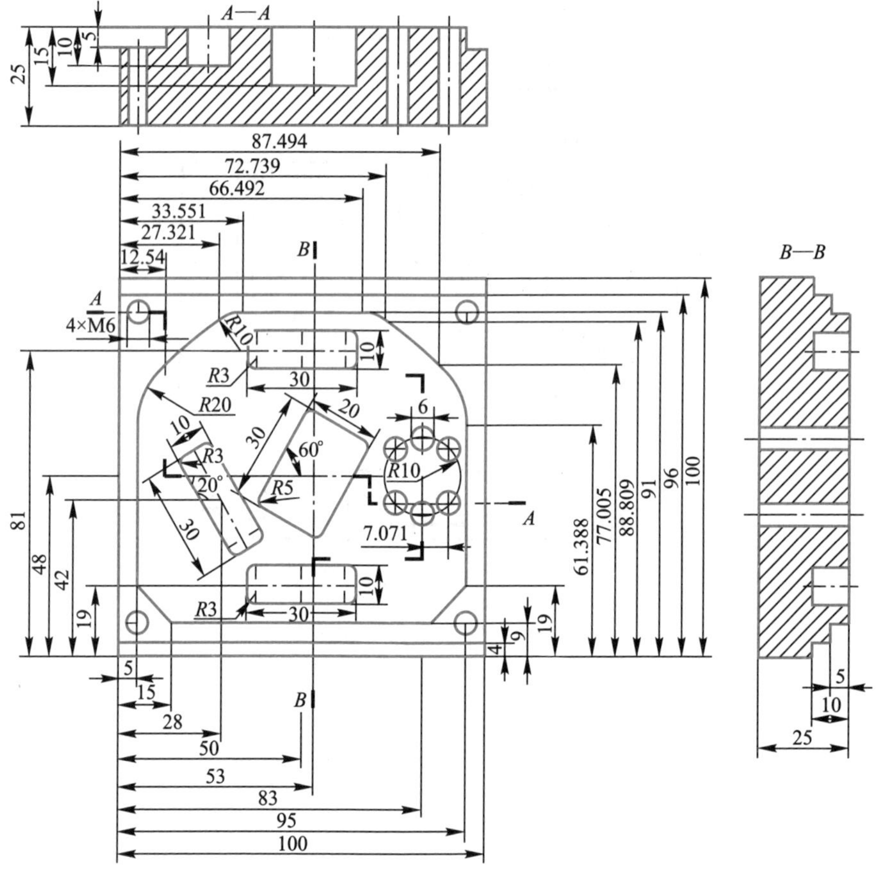

图 1.53　习题图 5

第2章

数控加工工艺设计

【学习指南】

首先，学习数控加工工艺内容的选择与分析，能够分析、审查被加工零件图纸和安排数控加工工序；然后学习数控加工工序内容的设计，能够为编制加工程序做好走刀路线、定位夹紧、对刀换刀、切削用量等方面的准备；最后，学习填写数控加工技术文件，掌握数控加工工艺设计的工作规程和文档规范。重点是如何在数控编程前做好工艺准备工作。

【内容概要】

数控机床的加工工艺与通用机床的加工工艺有许多相同之处，但在数控机床上加工零件比在通用机床上加工零件的工艺规程要复杂得多。在数控加工前，要将机床的运动过程、零件的工艺过程、刀具的形状、切削用量和走刀路线等都编入程序，这就要求程序设计人员具有多方面的知识基础。合格的程序员首先是一个合格的工艺人员，否则就无法做到全面周到地考虑零件加工的全过程以及正确、合理地编制零件的加工程序。

任务一　数控加工工艺设计的主要内容

【任务描述】

选择适于数控加工的工艺内容，审查零件图纸的尺寸标注、定位基准、几何要素等内容，划分数控加工工序，安排数控加工顺序，做好数控加工与其他工序的衔接。

【任务目标】

能够正确选择数控加工工艺内容，进行工艺性分析，设计加工工艺路线。

在进行数控加工工艺设计时，一般应进行以下几方面的工作：数控加工工艺内容的选择；数控加工工艺性分析；数控加工工艺路线的设计。

2.1.1 数控加工工艺内容的选择

对于一个零件来说，并非全部加工工艺过程都适合在数控机床上完成，而往往只是其中的一部分工艺内容适合数控加工。这就需要对零件图样进行仔细的工艺分析，选择那些最适合、最需要进行数控加工的内容和工序。在考虑选择内容时，应结合本企业设备的实际，立足于解决难题、攻克关键问题和提高生产效率，充分发挥数控加工的优势。

1. 适于数控加工的内容

在选择时，一般可按下列顺序考虑：

1）通用机床无法加工的内容应作为优先选择内容；

2）通用机床难加工，质量也难以保证的内容应作为重点选择内容；

3）通用机床加工效率低、工人手工操作劳动强度大的内容，可在数控机床尚存富余加工能力时选择。

2. 不适于数控加工的内容

一般来说，上述这些加工内容采用数控加工后，在产品质量、生产效率与综合效益等方面都会得到明显提高。相比之下，下列一些内容不宜选择采用数控加工：

1）占机调整时间长。如以毛坯的粗基准定位加工第一个精基准，需用专用工装协调的内容。

2）加工部位分散，需要多次安装、设置原点。这时，采用数控加工很麻烦，效果不明显，可安排通用机床加工。

3）按某些特定的制造依据（如样板等）加工的型面轮廓。主要原因是获取数据困难，易与检验依据发生矛盾，增加程序编制的难度。

此外，在选择和决定加工内容时，也要考虑生产批量、生产周期、工序间周转情况等。总之，要尽量做到合理，达到多、快、好、省的目的，要防止把数控机床降格为通用机床使用。

2.1.2 数控加工工艺性分析

被加工零件的数控加工工艺性问题涉及面很广，下面结合编程的可能性和方便性提出一些必须分析和审查的主要内容。

1. 尺寸标注应符合数控加工的特点

在数控编程中，所有点、线、面的尺寸和位置都是以编程原点为基准的。因此零件图样上最好直接给出坐标尺寸，或尽量以同一基准引注尺寸。

2. 几何要素的条件应完整、准确

在程序编制中，编程人员必须充分掌握构成零件轮廓的几何要素参数及各几何要素间的关系。因为在自动编程时要对零件轮廓的所有几何元素进行定义，手工编程时要计算出每个节点的坐标，无论哪一点不明确或不确定，编程都无法进行。但由于零件设计人员在设计过程中考虑不周，常常出现参数不全或不清楚，如圆弧与直线、圆弧与圆弧是相切还是相交或相离。所以在审查与分析图样时，一定要仔细核算，发现问题及时与设计人员联系。

3. 定位基准可靠

在数控加工中,加工工序往往较集中,以同一基准定位十分重要。因此往往需要设置一些辅助基准,或在毛坯上增加一些工艺凸台。如图 2.1a 所示的零件,为增加定位的稳定性,可在底面增加一工艺凸台,如图 2.1b 所示。在完成定位加工后再除去。

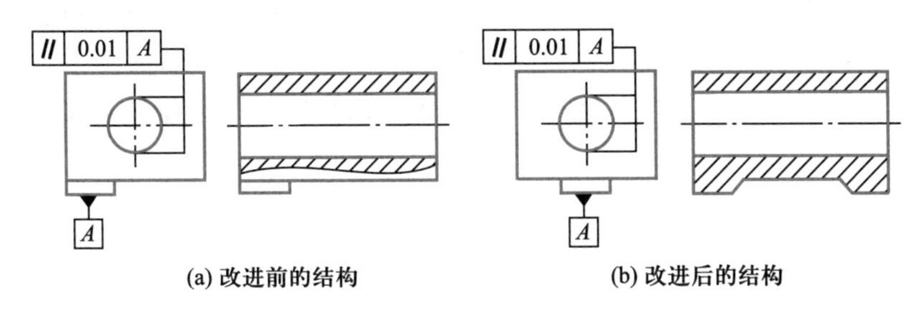

图 2.1 工艺凸台的应用

4. 统一几何类型及尺寸

零件的外形、内腔最好采用统一的几何类型及尺寸,这样可以减少换刀次数,还可能应用控制程序或专用程序以缩短程序长度。零件的形状尽可能对称,便于利用数控机床的镜像加工功能来编程,以节省编程时间。

2.1.3 数控加工工艺路线的设计

数控加工工艺路线设计与通用机床加工工艺路线设计的主要区别在于它往往不是指从毛坯到成品的整个工艺过程,而仅是几道数控加工工序的工艺过程。因此在工艺路线设计中一定要注意到,由于数控加工工序一般都穿插于零件加工的整个工艺过程中,因而要与其他加工工艺衔接好。常见工艺流程如图 2.2 所示。

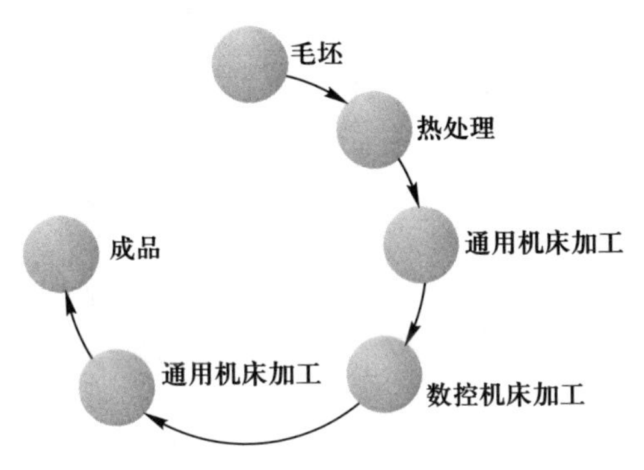

图 2.2 常见工艺流程

数控加工工艺路线设计中应注意以下几个问题:

1. 工序的划分

根据数控加工的特点,数控加工工序的划分一般可按下列方法进行:

1) 以一次安装、加工作为一道工序。这种方法适合加工内容较少的零件,加工完后就能达到待检状态。

2) 以同一把刀具加工的内容划分工序。有些零件虽然能在一次安装中加工出很多待加工表面,但考虑到程序太长,会受到某些限制,如控制系统的限制(主要是内存容量)、机床连续工作时间的限制(如一道工序在一个工作班内不能结束)等。此外,程序太长会增加出错与检索的困难。因此程序不能太长,一道工序的内容不能太多。

3)以加工部位划分工序。对于加工内容很多的工件,可按其结构特点将加工部位分成几个部分,如内腔、外形、曲面或平面,并将每一部分的加工作为一道工序。

4)以粗、精加工划分工序。对于经加工后易发生变形的工件,由于对粗加工后可能发生的变形需要进行校形,故一般来说,凡要进行粗、精加工的过程都要将工序分开。

2. 顺序的安排

顺序的安排应根据零件的结构和毛坯状况以及定位、安装与夹紧的需要来考虑。顺序安排一般应按以下原则进行:

1)上道工序的加工不能影响下道工序的定位与夹紧,中间穿插有通用机床加工工序的也应综合考虑;

2)先进行内腔加工,后进行外形加工;

3)以相同定位、夹紧方式加工或用同一把刀具加工的工序,最好连续加工,以减少重复定位次数、换刀次数与挪动压板次数。

3. 数控加工工艺与普通工序的衔接

数控加工工序前后一般都穿插有其他普通加工工序,如衔接得不好就容易产生矛盾。因此在熟悉整个加工工艺内容的同时,要清楚数控加工工序与普通加工工序各自的技术要求、加工目的、加工特点,如是否留加工余量,留多少;定位面与孔的精度要求及形位公差;对校形工序的技术要求;对毛坯的热处理状态等,这样才能使各工序达到相互满足加工需要,且质量目标及技术要求明确,交接验收有依据。

任务二 数控加工工序的设计

【任务描述】

为编制数控程序做好规划走刀路线、选择定位夹紧方式和对刀换刀位置、确定切削用量等方面的工序准备工作。

【任务目标】

掌握数控加工工序设计的方法。

在选择了数控加工工艺内容和确定了零件加工路线后,即可进行数控加工工序的设计。数控加工工序设计的主要任务是进一步把本工序的加工内容、切削用量、工艺装备、定位夹紧方式及刀具运动轨迹确定下来,为编制加工程序做好准备。

2.2.1 确定走刀路线

走刀路线就是刀具在整个加工工序中的运动轨迹,它不但包括了工步的内容,也反映出工步的顺序。走刀路线是编写程序的依据之一。确定走刀路线时应注意以下几点：

1. 寻求最短加工路线

如加工图 2.3a 所示零件上的孔系。图 2.3b 的走刀路线为先加工完外圈孔后，再加工内圈孔。若改用图 2.3c 的走刀路线，减少空刀时间，则可节省定位时间近一倍，提高了加工效率。

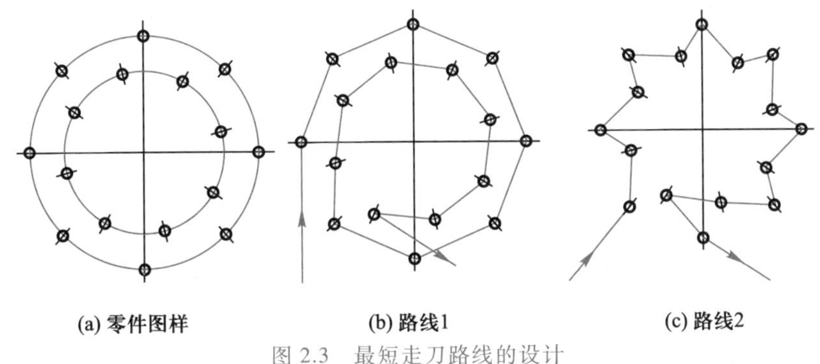

图 2.3　最短走刀路线的设计

2. 最终轮廓一次走刀完成

为保证工件轮廓表面加工后的表面粗糙度要求，最终轮廓应安排在最后一次走刀中连续加工出来。

如图 2.4a 所示用行切方式加工内腔的走刀路线，这种走刀方式能切除内腔中的全部余量，不留死角，不伤轮廓。但行切法将在两次走刀的起点和终点间留下残留高度，而达不到表面粗糙度的要求。所以，如采用图 2.4b 的走刀路线，先用行切法，最后沿周向环切一刀，光整轮廓表面，能获得较好的效果。图 2.4c 也是一种较好的走刀路线。

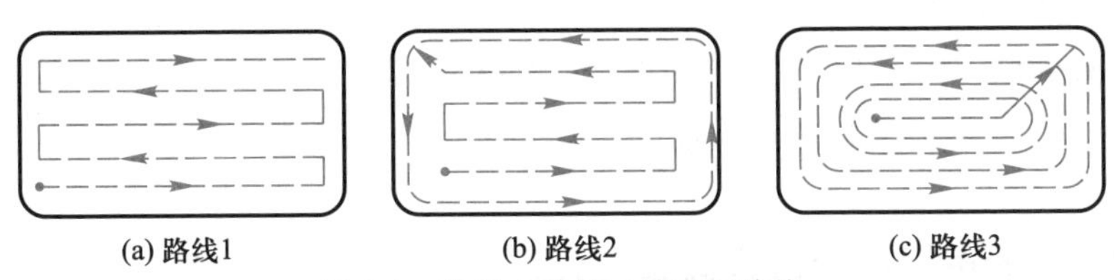

图 2.4　铣削内腔的三种走刀路线

3. 选择切入切出方向

考虑刀具的进、退刀（切入、切出）路线时，刀具的切入或切出点应在沿零件轮廓的切线上，以保证工件轮廓光滑；应避免在工件轮廓面上垂直上、下刀而划伤工件表面；尽量减少在轮廓加工切削过程中的暂停（切削力突然变化造成弹性变形），以免留下刀痕，如图 2.5 所示。

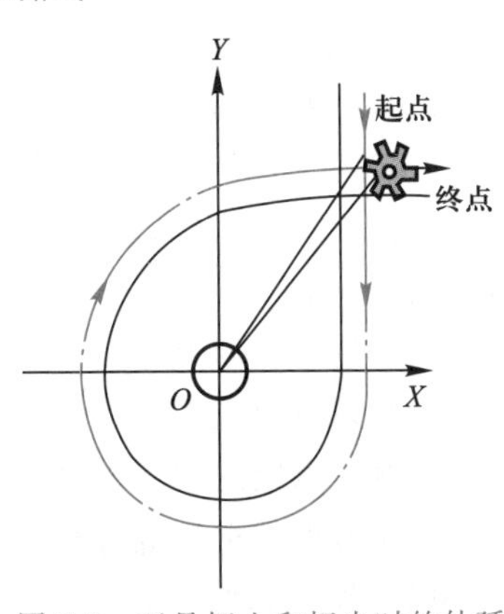

图 2.5　刀具切入和切出时的外延

4. 选择使工件在加工后变形小的路线

对横截面积小的细长零件或薄板零件应采用

分几次走刀加工到最后尺寸或对称去除余量法安排走刀路线。安排工步时，应先安排对工件刚性破坏较小的工步。

2.2.2 确定定位和夹紧方案

在确定定位和夹紧方案时应注意以下几个问题：

1）尽可能做到设计基准、工艺基准与编程计算基准的统一；

2）尽量将工序集中，减少装夹次数，尽可能在一次装夹后能加工出全部待加工表面；

3）避免采用占机人工调整时间长的装夹方案；

4）夹紧力的作用点应落在工件刚性较好的部位。

如图 2.6a 所示薄壁套的轴向刚性比径向刚性好，用卡爪径向夹紧时工件变形大，若沿轴向施加夹紧力，变形会小得多。在夹紧如图 2.6b 所示的薄壁箱体时，夹紧力不应作用在箱体的顶面，而应作用在刚性较好的凸边上；或改为在顶面上三点夹紧，改变着力点位置，以减小夹紧变形，如图 2.6c 所示。

不合理的夹紧方案

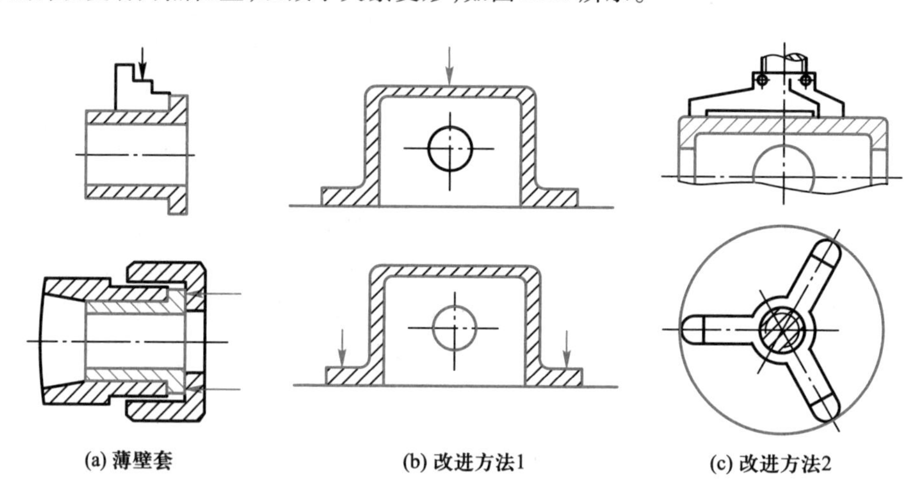

图 2.6 夹紧力作用点与夹紧变形的关系

2.2.3 确定刀具与工件的相对位置

对于数控机床来说，在加工开始时，确定刀具与工件的相对位置是很重要的，相对位置是通过确认对刀点来实现的。对刀点是指通过对刀确定刀具与工件相对位置的基准点。对刀点可以设置在被加工零件上，也可以设置在夹具上与零件定位基准有一定尺寸联系的某一位置，对刀点往往就选择在零件的加工原点。对刀点的选择原则如下：

1）所选的对刀点应使程序编制简单；

2）对刀点应选择在容易找正、便于确定零件加工原点的位置；

3）对刀点应选在加工时检验方便、可靠的位置；

4）对刀点的选择应有利于提高加工精度。

例如，加工如图 2.7 所示零件时，当按照图示路线来编制数控加工程序时，选择夹具定位元件圆柱销的中心线与定位平面 A 的交点作为加工的对刀点。显然，这里的对刀点也恰好是加工原点。

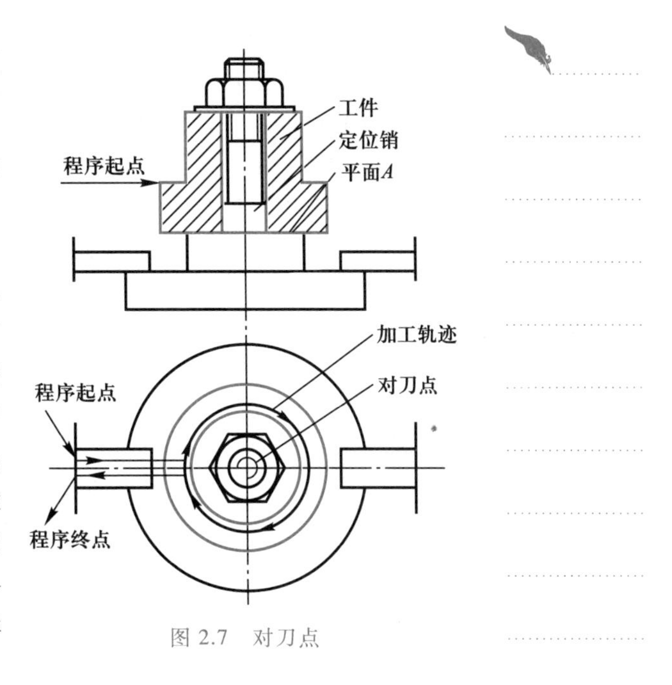

图 2.7　对刀点

在使用对刀点确定加工原点时，就需要进行“对刀”。所谓对刀是指使“刀位点”与“对刀点”重合的操作。每把刀具的半径与长度尺寸都是不同的，刀具装在机床上后，应在控制系统中设置刀具的基本位置。“刀位点”是指刀具的定位基准点。如图 2.8 所示，圆柱铣刀的刀位点是刀具中心线与刀具底面的交点；球头铣刀的刀位点是球头的球心点或球头顶点；车刀的刀位点是刀尖或刀尖圆弧中心；钻头的刀位点是钻头顶点。各类数控机床的对刀方法是不完全一样的，这一内容将结合各类机床分别讨论。

换刀点是为加工中心、数控车床等采用多刀进行加工的机床而设置的，因为这些机床在加工过程中要自动换刀。对于手动换刀的数控铣床，也应确定相应的换刀位置。为防止换刀时碰伤零件、刀具或夹具，换刀点常常设置在被加工零件的轮廓之外，并留有一定的安全量。

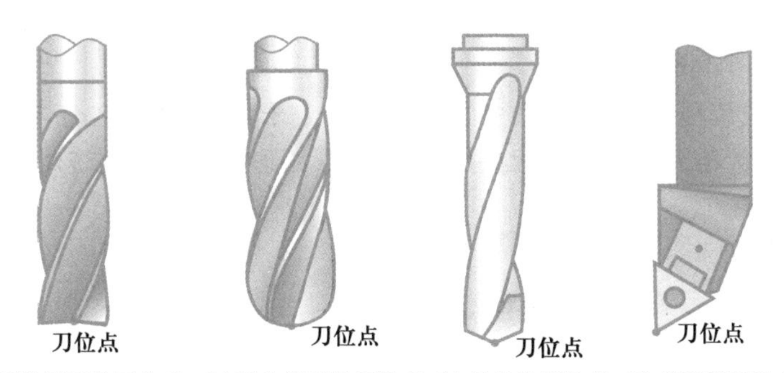

(a) 圆柱铣刀的刀位点　(b) 球头铣刀的刀位点　(c) 钻头的刀位点　(d) 车刀的刀位点

图 2.8　刀位点

2.2.4　确定切削用量

对于高效率的金属切削机床加工来说，被加工材料、切削刀具、切削用量是三大要素。这些条件决定着加工时间、刀具寿命和加工质量。经济的、有效的加工方式，要求必须合理地选择切削条件。

编程人员在确定每道工序的切削用量时，应根据刀具的耐用度和机床说明书中的规定去选择，也可以结合实际经验用类比法确定切削用量。在选择切削用量时要充分保证刀具能加工完一个零件，或保证刀具耐用度不低于一个工作班，最少不低于半个工作班的工作时间。

背吃刀量主要受机床刚度的限制,在机床刚度允许的情况下,尽可能使背吃刀量等于工序的加工余量,这样可以减少走刀次数,提高加工效率。对于表面粗糙度和精度要求较高的零件,要留有足够的精加工余量,数控加工的精加工余量可比通用机床加工的余量小一些。

编程人员在确定切削用量时,要根据被加工工件材料、硬度、切削状态、背吃刀量、进给量以及刀具耐用度选择合适的切削速度。车削加工时选择切削条件的参考数据见表2.1。

表2.1 车削加工的切削速度 m/min

被切削工件材料名称		轻切削 切深0.5~1 mm 进给量 0.05~0.3 mm/r	一般切削 切深1~4 mm 进给量 0.2~0.5 mm/r	重切削 切深5~12 mm 进给量 0.4~0.8 mm/r
优质碳素结构钢	10钢	100~250	150~250	80~220
	45钢	60~230	70~220	80~180
合金钢	$\sigma_b \leq 750$ MPa	100~220	100~230	70~220
	$\sigma_b > 750$ MPa	70~220	80~220	80~200

任务三 填写数控加工技术文件

【任务描述】

填写数控编程任务书、工件安装和原点设定卡、数控加工工序卡片、数控加工走刀路线图、数控刀具卡片等数控加工技术文件,形成规范文档资料。

【任务目标】

能够规范填写数控加工技术文件。

填写数控加工专用技术文件是数控加工工艺设计的内容之一。这些技术文件既是数控加工和产品验收的依据,也是操作者遵守、执行的规程。技术文件是对数控加工的具体说明,目的是让操作者更明确加工程序的内容、装夹方式、各个加工部位所选用的刀具及其他技术问题。数控加工技术文件主要有数控编程任务书、数控加工工件安装和原点设定卡片、数控加工工序卡片、数控加工走刀路线图和数控刀具卡片等。

2.3.1 数控编程任务书

数控编程任务书阐明了工艺人员对数控加工工序的技术要求、工序说明以及数控加工前应保证的加工余量。它是编程人员和工艺人员协调工作和编制数控程序的重要依据之一,详见表2.2。

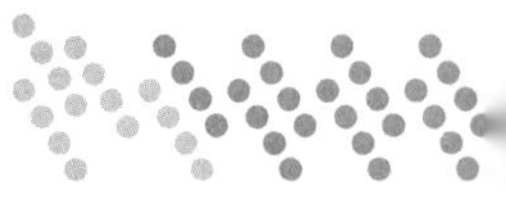

表 2.2　数控编程任务书

<table>
<tr><td rowspan="3">工　艺　处</td><td rowspan="3">数控编程任务书</td><td>产品零件图号</td><td></td><td>任务书编号</td></tr>
<tr><td>零件名称</td><td></td><td></td></tr>
<tr><td>使用数控设备</td><td></td><td>共　页第　页</td></tr>
<tr><td colspan="5">主要工序说明及技术要求：</td></tr>
</table>

<table>
<tr><td colspan="6" rowspan="2"></td><td>编程收到日期</td><td>月　日</td><td>经手人</td><td></td></tr>
<tr><td></td><td></td><td></td><td></td></tr>
<tr><td>编制</td><td></td><td>审核</td><td></td><td>编程</td><td></td><td>审核</td><td></td><td>批准</td><td></td></tr>
</table>

2.3.2　数控加工工件安装和原点设定卡片

数控编程任务书应表示出数控加工原点定位方法和夹紧方法，并应注明加工原点设置位置和坐标方向，使用的夹具名称和编号等，详见表 2.3。

表 2.3　工件安装和原点设定卡片

<table>
<tr><td>零件图号</td><td>J30102-4</td><td rowspan="2">数控加工工件安装和原点设定卡片</td><td>工序号</td><td></td></tr>
<tr><td>零件名称</td><td>行星架</td><td>装夹次数</td><td></td></tr>
</table>

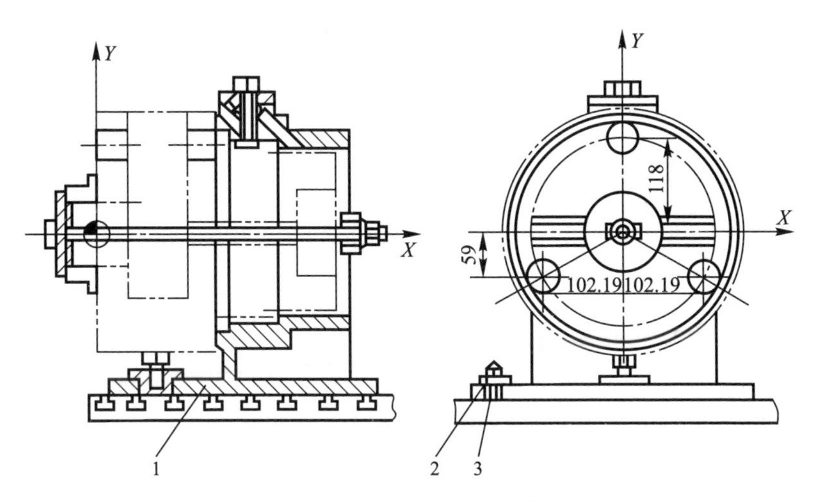

<table>
<tr><td colspan="3" rowspan="3"></td><td></td><td>3</td><td>梯形槽螺栓</td><td></td></tr>
<tr><td></td><td>2</td><td>压板</td><td></td></tr>
<tr><td></td><td>1</td><td>镗铣夹具板</td><td>GS53-61</td></tr>
<tr><td>编制（日期）　审核（日期）</td><td></td><td>批准（日期）</td><td>第　页</td><td></td><td></td><td></td></tr>
<tr><td></td><td></td><td></td><td>共　页</td><td>序号</td><td>夹具名称</td><td>夹具图号</td></tr>
</table>

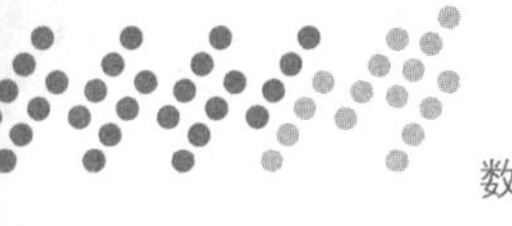

2.3.3 数控加工工序卡片

数控加工工序卡片与普通加工工序卡片有许多相似之处，所不同的是：前者的工序简图中应注明编程原点与对刀点，要进行简要编程说明（如所用机床型号、程序编号、刀具半径补偿以及镜像对称加工方式等）及切削参数（即程序编入的主轴转速、进给速度、最大背吃刀量或宽度等）的选择，详见表2.4。

表2.4 数控加工工序卡片

<table>
<tr><td rowspan="2">单　位</td><td rowspan="2">数控加工工序卡片</td><td colspan="4">产品名称或代号</td><td colspan="2">零件名称</td><td>零件图号</td></tr>
<tr><td colspan="4"></td><td colspan="2"></td><td></td></tr>
<tr><td colspan="2" rowspan="6">工序简图</td><td colspan="4">车　间</td><td colspan="3">使用设备</td></tr>
<tr><td colspan="4"></td><td colspan="3"></td></tr>
<tr><td colspan="4">工艺序号</td><td colspan="3">程序编号</td></tr>
<tr><td colspan="4"></td><td colspan="3"></td></tr>
<tr><td colspan="4">夹具名称</td><td colspan="3">夹具编号</td></tr>
<tr><td colspan="4"></td><td colspan="3"></td></tr>
<tr><td>工步号</td><td>工步作业内容</td><td>加工面</td><td>刀具号</td><td>刀补量</td><td>主轴转速</td><td>进给速度</td><td>背吃刀量</td><td>备注</td></tr>
<tr><td></td><td></td><td></td><td></td><td></td><td></td><td></td><td></td><td></td></tr>
<tr><td></td><td></td><td></td><td></td><td></td><td></td><td></td><td></td><td></td></tr>
<tr><td></td><td></td><td></td><td></td><td></td><td></td><td></td><td></td><td></td></tr>
<tr><td></td><td></td><td></td><td></td><td></td><td></td><td></td><td></td><td></td></tr>
<tr><td></td><td></td><td></td><td></td><td></td><td></td><td></td><td></td><td></td></tr>
<tr><td></td><td></td><td></td><td></td><td></td><td></td><td></td><td></td><td></td></tr>
<tr><td></td><td></td><td></td><td></td><td></td><td></td><td></td><td></td><td></td></tr>
<tr><td></td><td></td><td></td><td></td><td></td><td></td><td></td><td></td><td></td></tr>
<tr><td></td><td></td><td></td><td></td><td></td><td></td><td></td><td></td><td></td></tr>
<tr><td></td><td></td><td></td><td></td><td></td><td></td><td></td><td></td><td></td></tr>
<tr><td>编制</td><td></td><td>审核</td><td></td><td>批准</td><td></td><td>年　月　日</td><td>共　页</td><td>第　页</td></tr>
</table>

2.3.4 数控加工走刀路线图

在数控加工中，常常要注意并防止刀具在运动过程中与夹具或工件发生意外碰撞，为此必须设法告诉操作者关于编程中的刀具运动路线（如从哪里下刀、在哪里抬刀、哪里是斜下刀等）。为简化走刀路线图，一般可采用统一约定的符号来表示。不同的机床可以采用不同的图例与格式，常用格式见表2.5。

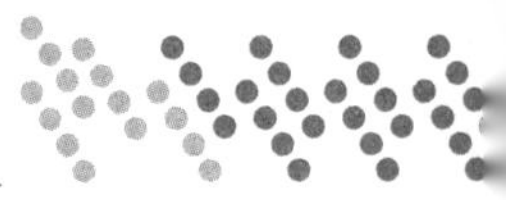

表 2.5　数控加工走刀路线图

数控加工走刀路线图		零件图号	NC01	工 序 号		工 步 号		程 序 号	O100
机床型号	XK5032	程序段号	N10～N170	加工内容	铣轮廓周边			共 1 页	第　页
								编程	
								校对	
								审批	
符号	⊙	⊗	◕	○—	—	—	○---	—	—
含义	抬刀	下刀	编程原点	起刀点	走刀方向	走刀线相交	爬斜坡	铰孔	行切

2.3.5　数控刀具卡片

数控加工时，对刀具的要求十分严格，一般要在机外对刀仪上预先调整刀具直径和长度。刀具卡片反映刀具编号、刀具结构、尾柄规格、组合件名称代号、刀片型号和材料等，它是组装刀具和调整刀具的依据，详见表 2.6。

表 2.6　数控刀具卡片

零件图号		J30102-4	数控刀具卡片				使用设备
刀具名称		镗刀					TC-30
刀具编号		T13006	换刀方式	自动	程序编号		
刀具组成	序号	编号		刀具名称	规格	数量	备注
	1	T013960		拉钉		1	
	2	390、140-50 50 027		刀柄		1	
	3	391、01-50 50 100		接杆	$\phi50\times100$	1	
	4	391、68-03650 085		镗刀杆		1	
	5	R416.3-122053 25		镗刀组件	$\phi41\sim\phi53$	1	
	6	TCMM110208-52		刀片		1	
	7					2	GC435

续表

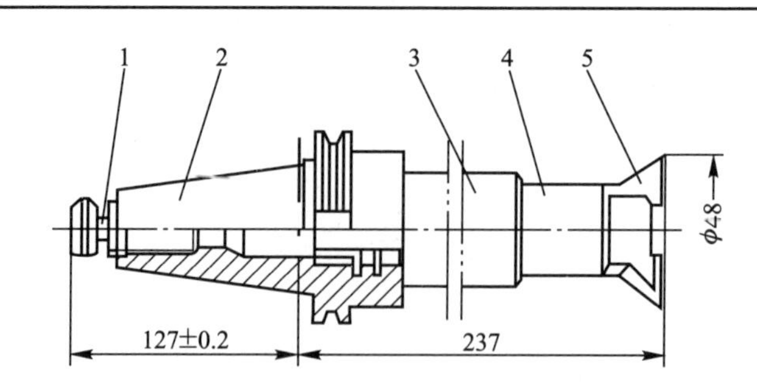

备注						
编制		审校		批准	共　页	第　页

不同的机床或不同的加工目的可能会需要不同形式的数控加工专用技术文件。在工作中,可根据具体情况设计文件格式。

本章提示

机械加工工艺基础知识是编制合理数控加工程序的重要基础。本章主要讨论了适合数控加工的主要内容,数控加工工艺与常规机械加工工艺的衔接等问题。

思考题与习题

一、判断题

1. (　)立铣刀的刀位点是刀具中心线与刀具底面的交点。
2. (　)球头铣刀的刀位点是刀具中心线与球头球面交点。
3. (　)由于数控机床的先进性,因此任何零件均适合在数控机床上加工。
4. (　)换刀点应设置在被加工零件的轮廓之外,并要求有一定的余量。
5. (　)为保证工件轮廓的表面粗糙度,最终轮廓应在一次走刀中连续加工出来。

二、选择题

1. 在程序编制时,总是把工件看作________。

A. 静止的;　　　　B. 运动的

2. 车刀的刀位点是指________。

A. 主切削刃上的选定点;　　　　B. 刀尖

3. 精加工时,切削速度选择的主要依据是________。

A. 刀具耐用度;　　　　B. 加工表面质量

4. 在安排工步时,应安排________工步。

A. 简单的;　　　　B. 对工件刚性破坏较小的

5. 在确定定位方案时,应尽量将________。

A. 工序分散；　　　　　　　　B. 工序集中

三、简答题

1. 何谓对刀点？
2. 何谓刀位点？
3. 何谓换刀点？
4. 数控工艺与传统工艺相比有哪些特点？
5. 数控编程开始前，进行工艺分析的目的是什么？
6. 如何从经济观点出发来分析何种零件适合在数控机床上加工？
7. 确定对刀点时应考虑哪些因素？
8. 指出立铣刀、球头铣刀和钻头的刀位点。
9. 指出下列夹紧方案（如图 2.9～图 2.12 所示）中不合理之处，并提出改进方案。

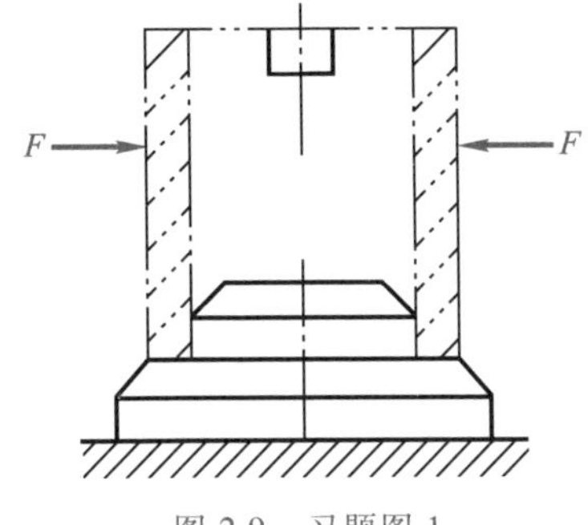

图 2.9　习题图 1

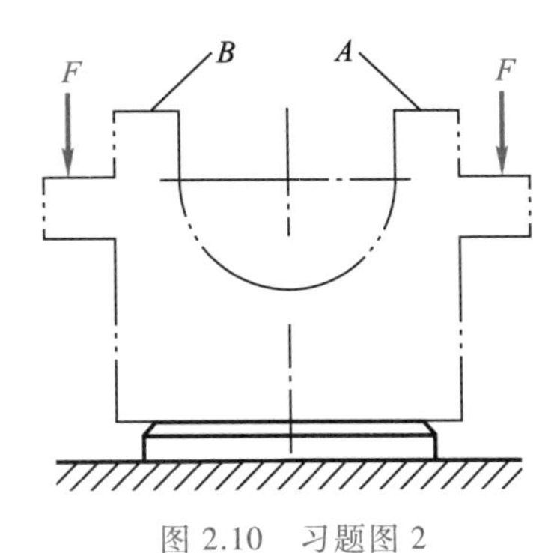

图 2.10　习题图 2

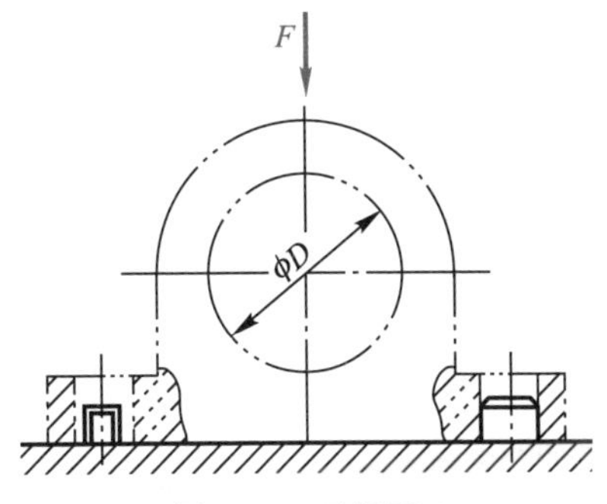

图 2.11　习题图 3

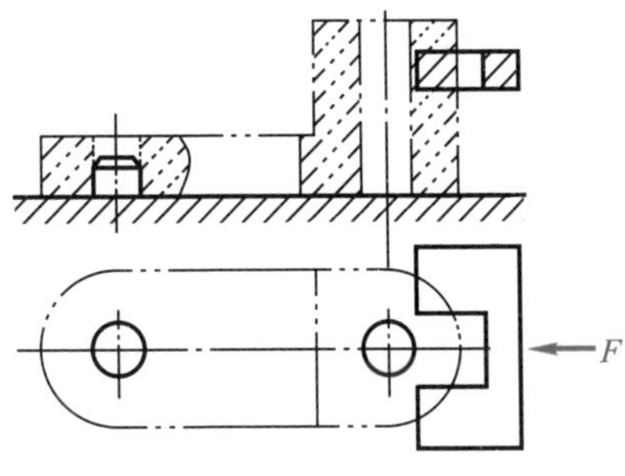

图 2.12　习题图 4

10. 确定走刀路线时应考虑哪些问题？
11. 简要说明切削用量三要素选择的原则。
12. 在数控机床上加工时，定位基准和夹紧方案的选择应考虑哪些问题？

第3章 数控车床的程序编制

【学习指南】

首先，学习数控车床的工艺范围和工艺装备，对数控车床有一个初步认识；然后，学习数控车床程序编制的基本方法，包括G/F/S/T/M功能指令、坐标系设定、刀尖圆弧补偿功能、单一/复合固定循环、钻孔、螺纹等指令编程；最后，以一个较复杂回转体零件为例，学习数控车削的编程与操作。如何使用数控车床完成回转体零件的加工，是学习的重点。

【内容概要】

数控车床是目前使用最广泛的数控机床之一。数控车床主要用于加工轴类、盘类等回转体零件。通过数控加工程序的运行，可自动完成内外圆柱面、圆锥面、成形表面、螺纹和端面等工序的切削加工，并能进行车槽、钻孔、扩孔以及铰孔等工作。车削中心可在一次装夹中完成更多的加工工序，提高了加工精度和生产效率，特别适合复杂形状回转类零件的加工。

任务一 数控车床程序编制准备

【任务描述】

选择合适的工艺装备，并完成对刀操作，为数控车床程序编制做好准备。

【任务目标】

做好加工程序编制前的工艺准备工作。

针对回转体零件加工的数控车床，在车削加工工艺、车削工艺装备、编程指令应用等方面都有鲜明的特色。为充分发挥数控车床的效益，下面将结合HM-077数控车床的使用，分析数控车床加工程序编制的基础，首先讨论以下三个问题：数控车床的工艺装备，对刀方法，数控车床的编程特点。

3.1.1 数控车床的工艺装备

由于数控车床的加工对象多为回转体，一般使用通用三爪自定心卡盘夹具，因而在工艺装备中，本书将以 WALTER 系列车削刀具为例，重点讨论车削刀具的选用及使用问题。

1. 数控车床可转位刀具特点

数控车床所采用的可转位车刀，与通用车床相比一般无本质的区别，其基本结构、功能特点是相同的。但数控车床的加工工序是自动完成的，因此对可转位车刀的要求又有别于通用车床所使用的刀具，具体要求和特点见表 3.1。

表 3.1 可转位车刀特点

要求	特点	目的
精度高	采用 M 级或更高精度等级的刀片； 多采用精密级的刀杆； 用带微调装置的刀杆在机外预调好	保证刀片重复定位精度，方便坐标设定，保证刀尖位置精度
可靠性高	采用断屑可靠性高的断屑槽形或有断屑台和断屑器的车刀； 采用结构可靠的车刀，采用复合式夹紧结构和夹紧可靠的其他结构	断屑稳定，不能有紊乱和带状切屑； 适应刀架快速移动和换位以及整个自动切削过程中夹紧不得有松动的要求
换刀迅速	采用车削工具系统； 采用快换小刀夹	迅速更换不同形式的切削部件，完成多种切削加工，提高生产效率
刀片材料	较多采用涂层刀片	满足生产节拍要求，提高加工效率
刀杆截形	较多采用正方形刀杆，但因刀架系统结构差异大，有的需采用专用刀杆	刀杆与刀架系统匹配

2. 数控车床刀具的选刀过程

数控车床刀具的选刀过程如图 3.1 所示。从对被加工零件图样的分析开始，到选定刀具，共需经过 10 个基本步骤，以图 3.1 中的 10 个图标来表示。选刀工作过程从第 1 图标“零件图样”开始，经箭头所示的两条路径，共同到达最后一个图标“选定刀具”，以完成选刀工作。其中，第一条路线为：零件图样、机床影响因素、选择刀杆、刀片夹紧系统和选择刀片形状，主要考虑机床和刀具的情况；第二条路线为：工件影响因素、选择工件材料代码、确定刀片的断屑槽形代码或 ISO 断屑范围代码和选择加工条件脸谱，这条路线主要考虑工件的情况。综合这两条路线的结果，才能确定所选用的刀具。下面将讨论每一图标的内容及选择办法。

（1）机床影响因素

“机床影响因素”图标如图 3.2 所示。为保证加工方案的可行性、经济性，获得最佳加工方案，在刀具选择前必须确定与机床有关的如下因素：

1）机床类型：数控车床、车削中心；

2）刀具附件：刀柄的形状和直径，左切和右切刀柄；

3）主轴功率；

4）工件夹持方式。

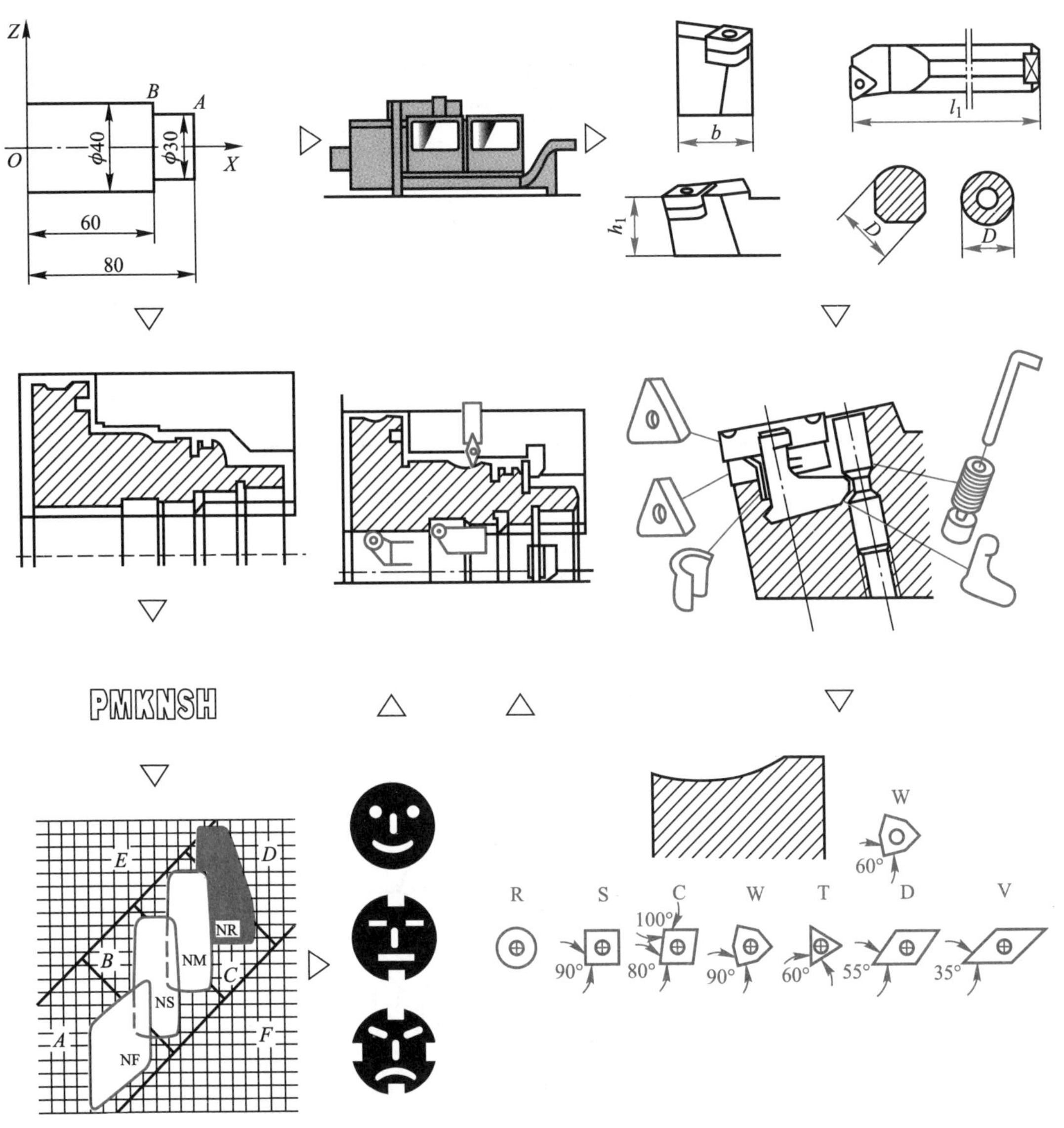

图 3.1 数控车床刀具的选刀过程

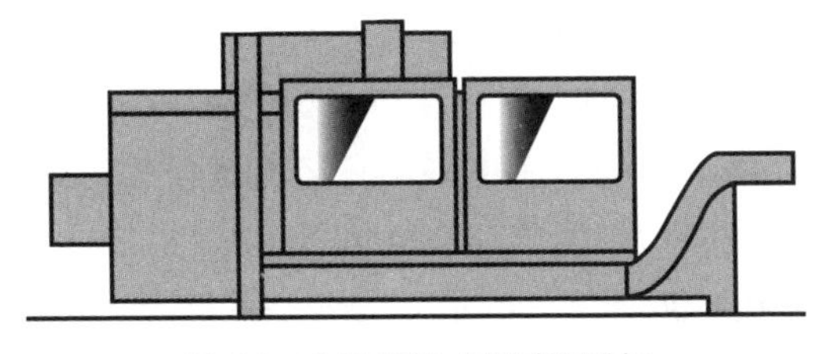

图 3.2 “机床影响因素”图标

(2) 选择刀杆

“选择刀杆”图标如图 3.3 所示。其中,刀杆类型尺寸见表 3.2。

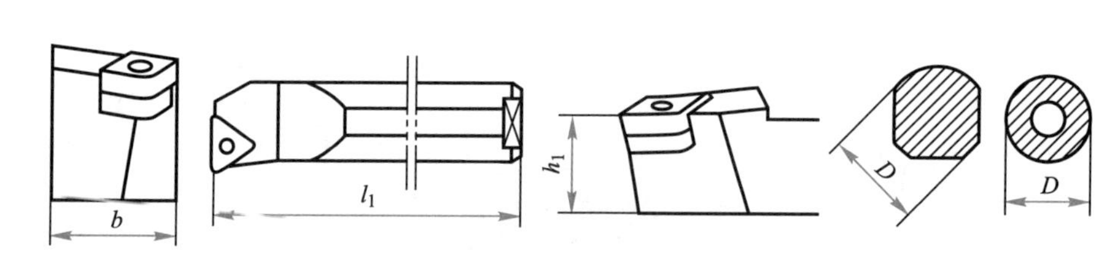

图 3.3　选择刀杆

表 3.2　刀杆类型尺寸

刀杆类型	外圆加工刀杆	刀杆尺寸	柄部直径 D
	内孔加工刀杆		柄部长度 l_1
	柄部截面形状		主偏角

选用刀杆时，首先应选用尺寸尽可能大的刀杆，同时要考虑以下几个因素：

1）夹持方式；

2）切削层截面形状，即切削深度和进给量；

3）刀柄的悬伸。

（3）刀片夹紧系统

刀片夹紧系统一般包括杠杆式夹紧系统和螺钉式夹紧系统，常用杠杆式夹紧系统。“杠杆式夹紧系统”图标如图 3.4 所示。

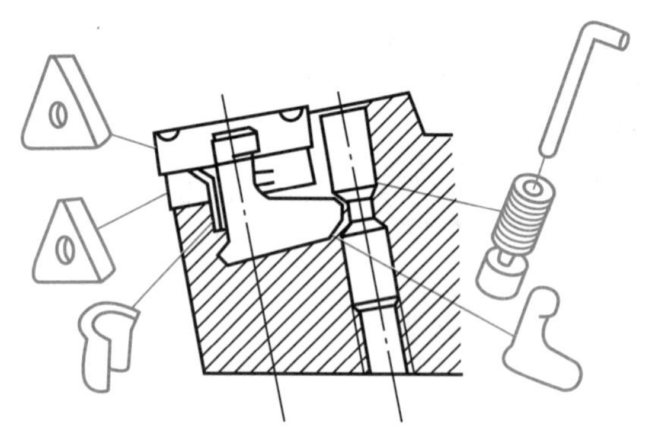

图 3.4　“杠杆式夹紧系统”图标

1）杠杆式夹紧系统。杠杆式夹紧系统是最常用的刀片夹紧方式。其特点为：定位精度高，切屑流畅，操作简便，可与其他系列刀具产品通用。

2）螺钉式夹紧系统。特点：适用于小孔径内孔以及长悬伸加工。

（4）选择刀片形状

“选择刀片形状”图标如图 3.5 所示。主要参数选择方法如下：

1）刀尖角。刀尖角的大小决定了刀片的强度。在工件结构形状和系统刚性允许的前提下，应选择尽可能大的刀尖角，通常为 35°～90°之间。

图 3.5 中 R 型圆刀片，在重切削时具有较好的稳定性，但易产生较大的径向力。

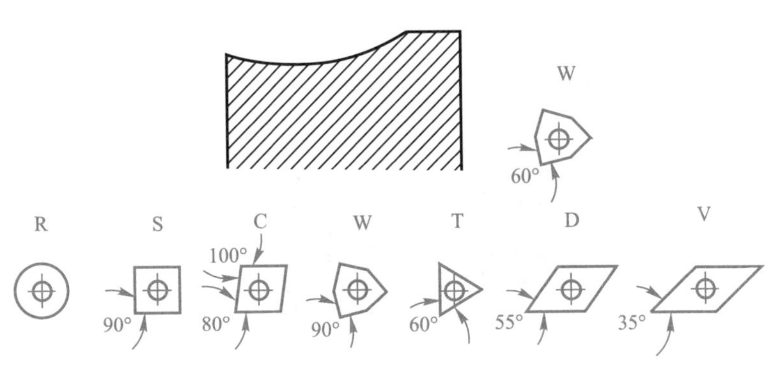

图 3.5 “选择刀片形状”图标

2）刀片基本类型。刀片可分为正型和负型两种基本类型。对于内轮廓加工，小型机床加工，工艺系统刚性较差和工件结构形状较复杂的应优先选择正型刀片。对于外圆加工，金属切除率高和加工条件较差的应优先选择负型刀片。选择方法见表 3.3。

表 3.3 刀片形状适用场合

机加工类型 / 可转位刀片类型		内孔加工												外圆加工											
		l D		l D		l D		l D 30°		l D 50°		l D								30°		50°			
		l : D												不稳定	稳定	不稳定	稳定	不稳定	稳定	不稳定	稳定	不稳定	稳定	不稳定	稳定
		2.5	4	2.5	4	2.5	4	2.5	4	2.5	4	2.5	4												
80°	正型	••	••	••	••	••	••							••	•	••	•								
	负型	•		•		•								•	••	•	••								
55°	正型							••	••											••	•				
	负型	•		•		•		•												•	••				
○	正型																		••						
	负型																								
95°	正型	••	••											•	•										
	负型	•												•	••										
60°	正型	•	•	•	•	••	••									••	•								
	负型			•		•										•	••								
35°	正型									••	••	••	••									••	••	••	••
	负型																								
10°	正型			••	••	••	••							••	•	••	•								
	负型	•		•		•								•	••	•	••								

注：•• ——首选，• ——次选。

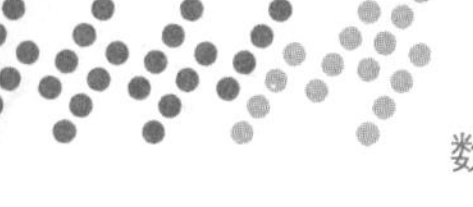

(5) 工件影响因素

"工件影响因素"图标如图 3.6 所示。选择刀具时,必须考虑以下与工件有关的因素:

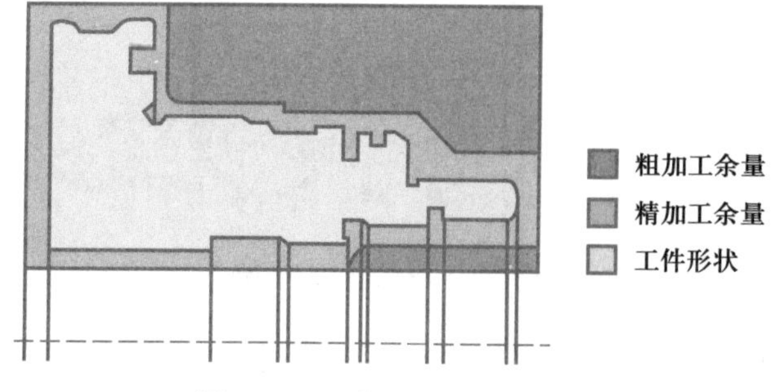

图 3.6 "工件影响因素"图标

1) 工件形状:稳定性;
2) 工件材质:硬度、塑性、韧性以及可能形成的切屑类型;
3) 毛坯类型:锻件、铸件等;
4) 工艺系统刚性:机床夹具、工件、刀具等;
5) 表面质量;
6) 加工精度;
7) 切削深度;
8) 进给量;
9) 刀具耐用度。

(6) 选择工件材料代码

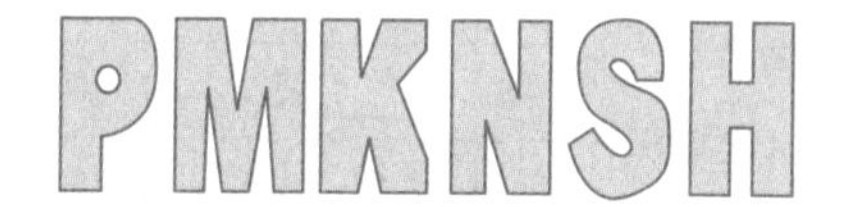

图 3.7 "选择工件材料代码"图标

"选择工件材料代码"图标如图 3.7 所示。

按照不同的机械加工性能,加工材料分成 6 个工件材料组,它们分别和一个字母和一种颜色对应,以确定被加工工件的材料组符号代码,见表 3.4。

表 3.4 选择工件材料代码

加工材料组		代 码
钢	非合金和合金钢 高合金钢 不锈钢,铁素体,马氏体	P(蓝)
不锈钢和铸钢	奥氏体 铁素体-奥氏体	M(黄)
铸铁	可锻铸铁,灰铸铁,球墨铸铁	K(红)
NF 金属	有色金属和非金属材料	N(绿)
难切削材料	以镍或钴为基体的热固性材料 钛,钛合金及难切削加工的高合金钢	S(棕)
硬材料	淬硬钢,淬硬铸件和冷硬模铸件,锰钢	H(白)

（7）确定刀片的断屑槽形代码或 ISO 断屑范围代码

“确定刀片的断屑槽形代码或 ISO 断屑范围代码”图标如图 3.8 所示。ISO 标准按背吃刀量 a_p 和进给量的大小将断屑范围分为 A,B,C,D,E,F 六个区，其中 A,B,C,D 为常用区域，WALTER 标准将断屑范围分为图中各色块表示的区域，ISO 标准和 WALTER 标准可结合使用，如图 3.8 所示。根据选用标准，按加工的切削深度和合适的进给量来确定刀片的 WALTER 断屑槽形代码或 ISO 分类范围。

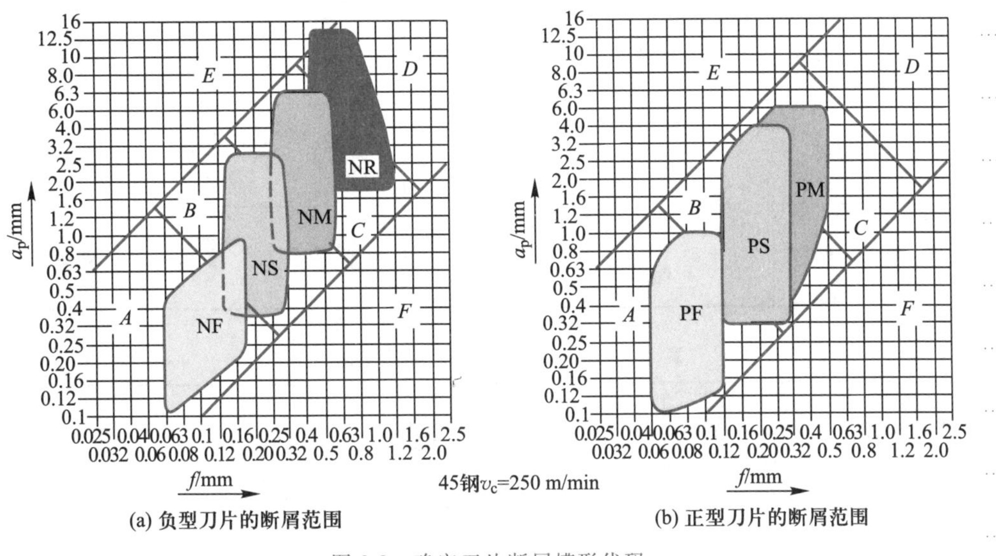

图 3.8　确定刀片断屑槽形代码

（8）选择加工条件脸谱

“选择加工条件脸谱”图标如图 3.9 所示，三类脸谱代表了不同的加工条件：很好、好、不足。如表 3.5 所示加工条件取决于机床的稳定性、刀具夹持方式和工件加工表面。

（9）选定刀具

“选定刀具”图标如图 3.10 所示。选定工作分以下两方面：

1）选定刀片材料。根据被加工工件的材料组符号标记、WALTER 槽形、加工条件脸谱，就可得出 WALTER 推荐刀片材料代号，见表 3.6 和表 3.7。

图 3.9　“加工条件脸谱”图标

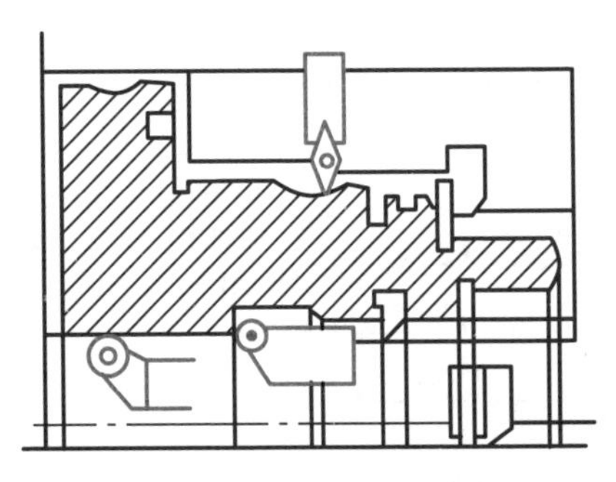

图 3.10　“选定刀具”图标

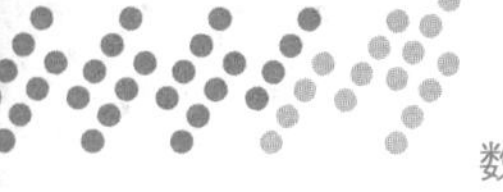

表 3.5　选择加工条件

加工方式 ＼ 机床的稳定性、刀具夹持方式和工件加工表面	很好	好	不足
无断续切削加工表面已经过粗加工	☺	☺	😐
带铸件或锻件硬表层,不断变换切深轻微的断续切削	☺	😐	😐
中等断续切屑	😐	😐	☹
严重断续切削	☹	☹	☹

表 3.6　选定刀片材料(选择负型刀片)

工件材料组	ISO 分类范围	WALTER 槽形代码	☺	😐	☹
P(蓝)	AB	…-NS4	WAK10	WAP20	WAM20
	B	…-NS8	WAP10	WAP20	WAP30
	BC	…-NM4	WAP10	WAP20	WAP30
	C	…-NM7	WAP10	WAP20	WAP30
	CD	…-NR7	WAP10	WAP20	WAP30
M(黄)	AB	…-NS4	WAM20	WAM20	WAM20
	BC	…-NM4	WAP30	WAM20	WAM20
	CD	…-NR7	WAP30	WAP30	WAP30
K(红)	—	…-NS4	WAK10	WAP20	WAP20
	—	…-NS8	WAK10	WAP20	WAP30
	—	…-NM4	WAK10	WAK10	WAP30
	—	…-NMA	WAK10	WAK10	—

表 3.7　选定刀片材料(选择正型刀片)

工件材料组	ISO 分类范围	WALTER 槽形代码	☺	😐	☹
P(蓝)	AB	…-PS4	WAK10	WAP20	WAM20
	BC	…-PM5	WAP10	WAP20	WAP30

续表

工件材料组	ISO 分类范围	WALTER 槽形代码			
M(黄)	AB	…-PS4	WAM20	WAM20	WAM20
	BC	…-PM5	WAP30	WAP30	WAP30
K(红)	—	…-PS4	WAK10	WAK20	WAP20
	—	…-PM5	WAP10	WAP20	WAP30
N(绿)	—	…-PM2	WK1	WK1	WK1

2）选定刀具。根据工件加工表面轮廓,从刀杆订货页码中选择刀杆。根据选择好的刀杆,从刀片订货页码中选择刀片。

3.1.2　对刀方法

数控车削加工中,应首先确定零件的加工原点,以建立准确的加工坐标系,同时考虑刀具的不同尺寸对加工的影响。这些都需要通过对刀来解决。

1. 一般对刀

一般对刀是指在机床上使用相对位置检测手动对刀。下面以 Z 向对刀为例说明对刀方法,如图 3.11 所示。

刀具安装后,先移动刀具手动切削工件右端面,再沿 X 向退刀,将右端面与加工原点距离 N 输入数控系统,即完成这把刀具 Z 向对刀过程。

手动对刀是基本对刀方法,但它还是没跳出传统车床的“试切—测量—调整”的对刀模式,占用较多的机加工时间。此方法较为落后。

2. 机外对刀仪对刀

机外对刀的本质是测量出刀具假想刀尖点到刀具台基准之间的 X、Z 方向的距离。利用机外对刀仪可将刀具预先在机床外校对好,以便装上机床后将对刀长度输入相应刀具补偿号即可以使用,如图 3.12 所示。

数控车床对刀操作

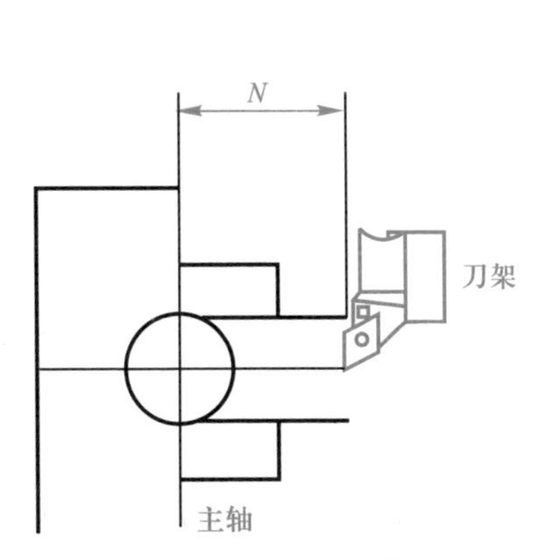

图 3.11　相对位置检测对刀

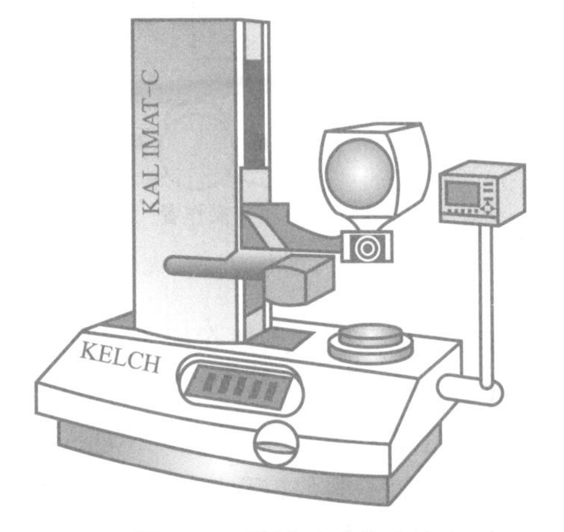

图 3.12　机外对刀仪对刀

3. 自动对刀

自动对刀是通过刀尖检测系统实现的,刀尖以设定的速度向接触式传感器接近,当刀尖与传感器接触并发出信号,数控系统立即记下该瞬间的坐标值,并自动修正刀具补偿值。自动对刀过程如图 3.13 所示。

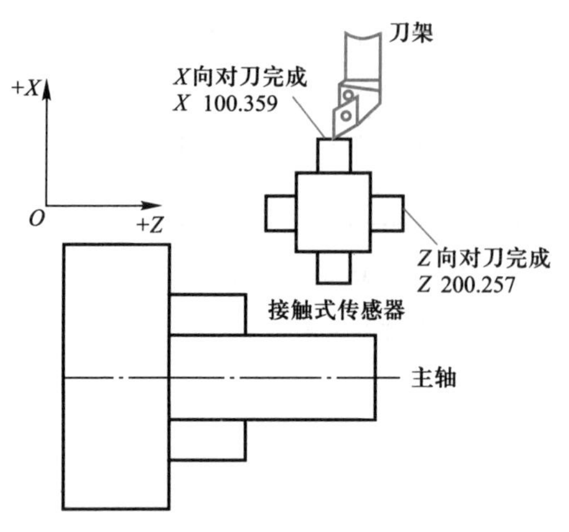

图 3.13 自动对刀过程

3.1.3 数控车床的编程特点

1. 加工坐标系

加工坐标系应与机床坐标系的坐标方向一致,*X* 轴对应径向,*Z* 轴对应轴向,*C* 轴(主轴)的运动方向则以从机床尾架向主轴看,逆时针为+*C* 向,顺时针为−*C* 向,如图 3.14 所示。

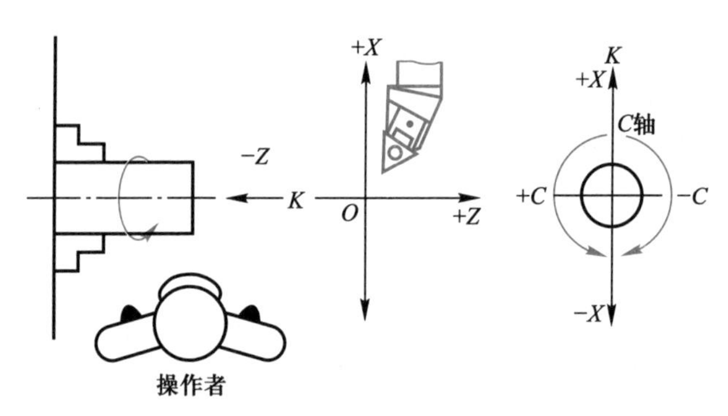

图 3.14 数控车床坐标系

加工坐标系的原点选在便于测量或对刀的基准位置,一般在工件的右端面或左端面上。

2. 直径编程方式

在车削加工的数控程序中,*X* 轴的坐标值取为零件图样上的直径值,如图 3.15 所示,图中 *A* 点的坐标值为(30,80),*B* 点的坐标值为(40,60)。采用直径尺寸编程与零件图样中的尺寸标注一致,这样可避免尺寸换算过程中可能造成的错误,给编程带来很大方便。

3. 进刀和退刀方式

对于车削加工,进刀时采用快速走刀接近工件切削起点附近的某个点,再改用切削进给,以减少空走刀的时间,提高加工效率。切削起点的确定与工件毛坯余量大小有关,应以刀具快速走到该点时刀尖不与工件发生碰撞为原则,如图 3.16 所示。

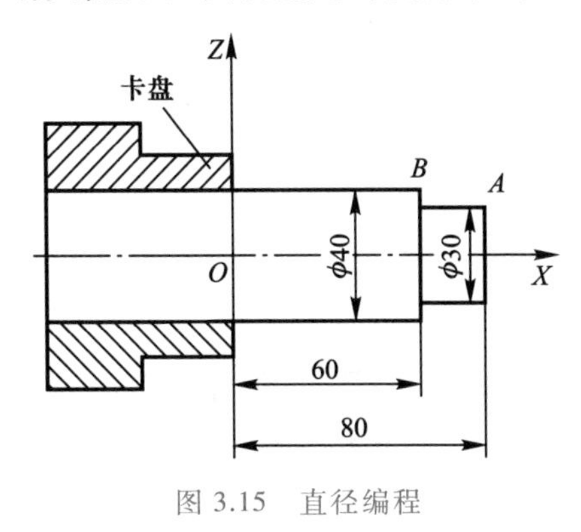

图 3.15　直径编程

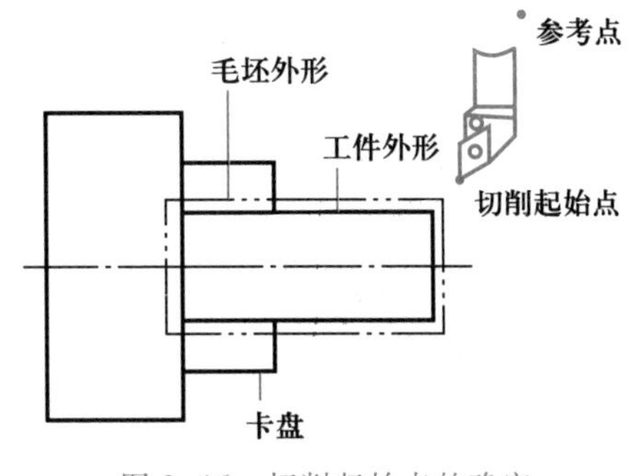

图 3 .16　切削起始点的确定

任务二　常规回转体零件的编程

【任务描述】

根据数控车床零件加工程序编制的基本方法,选择合适的功能指令,完成常规回转体零件的编程。

【任务目标】

掌握常规回转体零件加工程序的编制方法。

数控车削加工包括内外圆柱面的车削加工、端面车削加工、钻孔加工、螺纹加工和复杂外形轮廓回转面的车削加工等,在分析了数控车床工艺装备和数控车床编程特点的基础上,下面将结合配置 FANUC-OT 数控系统的 HM-077 数控车床重点讨论数控车床基本编程方法。

3.2.1　F 功能

F 功能指令用于控制切削进给量。在程序中,有以下两种使用方法。

1. 每转进给量

编程格式:G95 F~

其中:F 后面的数字表示的是主轴每转进给量,单位为 mm/r。

例:G95 F0.2 表示进给量为 0.2 mm/r。

2. 每分钟进给量

编程格式:G94 F~

其中：F 后面的数字表示的是每分钟进给量，单位为 mm/min。

例：G94 F100 表示进给量为 100 mm/min。

3.2.2 S 功能

S 功能指令用于控制主轴转速。

编程格式：S~

其中：S 后面的数字表示主轴转速，单位为 r/min。在具有恒线速功能的机床上，S 功能指令还有如下作用：

1. 最高转速限制

编程格式：G50 S~

其中：S 后面的数字表示的是最高转速，单位为 r/min。

例：G50 S3000 表示最高转速限制为 3 000 r/min。

2. 恒线速控制

编程格式：G96 S~

其中：S 后面的数字表示的是恒定的线速度，单位为 m/min。

例：G96 S150 表示切削点线速度控制在 150 m/min。

对如图 3.17 所示的零件，为保持 A，B，C 各点的线速度在 150 m/min，则各点在加工时的主轴转速分别为：

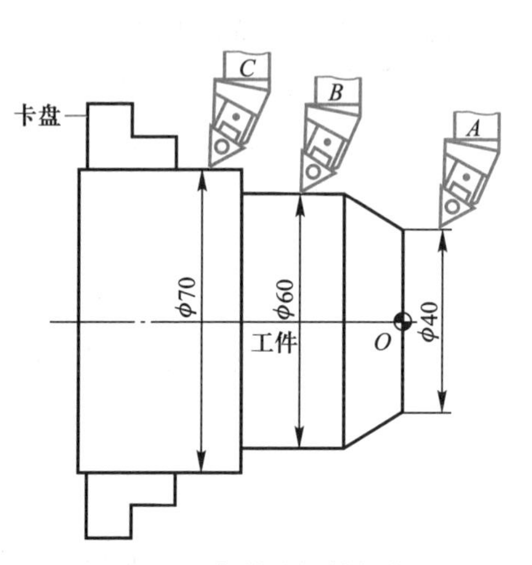

图 3.17 恒线速切削方式

A：$n=1\ 000\times150\div(\pi\times40)$ r/min ≈ 1 193 r/min

B：$n=1\ 000\times150\div(\pi\times60)$ r/min ≈ 795 r/min

C：$n=1\ 000\times150\div(\pi\times70)$ r/min ≈ 682 r/min

3. 恒线速取消

编程格式：G97 S~

其中：S 后面的数字表示恒线速控制取消后的主轴转速，如 S 未指定，将保留 G96 的最终值。

例：G97 S3000 表示恒线速控制取消后主轴转速为 3 000 r/min。

3.2.3 T 功能

T 功能指令用于选择加工所用刀具。

编程格式：T~

其中：T 后面通常有两位数表示所选择的刀具号码。但也有 T 后面用四位数字，前两位是刀具号，后两位是刀具长度补偿号或刀尖圆弧半径补偿号。

例：T0303 表示选用 3 号刀及 3 号刀具长度补偿值或刀尖圆弧半径补偿值。T0300 表示取消刀具补偿。

3.2.4　M 功能

M00：程序暂停，可用 NC 启动命令（CYCLE START）使程序继续运行；

M01：计划暂停，与 M00 作用相似，但 M01 可以用机床“任选停止按钮”选择是否有效；

M03：主轴顺时针旋转；

M04：主轴逆时针旋转；

M05：主轴旋转停止；

M08：冷却液开；

M09：冷却液关；

M30：程序停止，程序复位到起始位置。

3.2.5　加工坐标系设置

编程格式：G50 X~ Z~

其中：X,Z 的值是起刀点相对于加工原点的位置。G50 使用方法与 G92 类似。

在数控车床编程时，所有 X 坐标值均使用直径值，如图 3.18 所示。

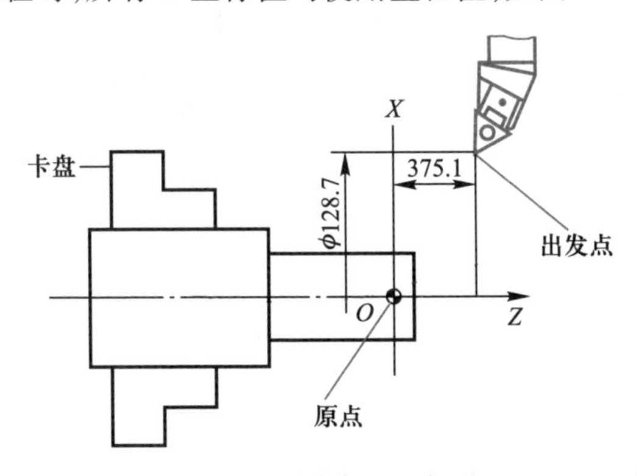

图 3.18　设定加工坐标系

例：按图 3.18 设置加工坐标的程序段如下：

```
G50 X128.7 Z375.1
```

3.2.6　倒角、倒圆角编程

1. 45°倒角

由轴向切削向端面切削倒角，即由 Z 轴向 X 轴倒角，i 的正负根据倒角是向 X 轴正向还是负向确定，如图 3.19a 所示。

编程格式：G01 Z（W）~ I±i

由端面切削向轴向切削倒角，即由 X 轴向 Z 轴倒角，k 的正负根据倒角是向 Z 轴正向还是负向确定，如图 3.19b 所示。

编程格式：G01 X（U）~ K±k

2. 任意角度倒角

在直线进给程序段尾部加上 C~，可自动插入任意角度的倒角功能。C 的数值

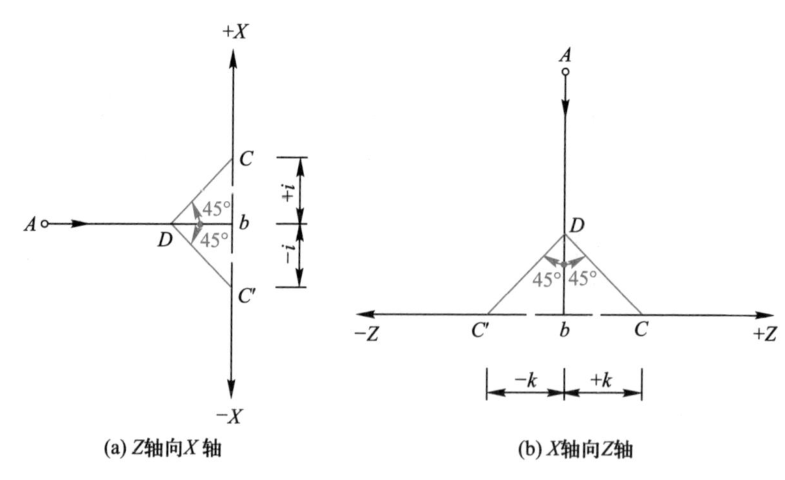

图 3.19　倒角

是从假设没有倒角的拐角交点距倒角始点或与终点之间的距离，如图 3.20 所示。

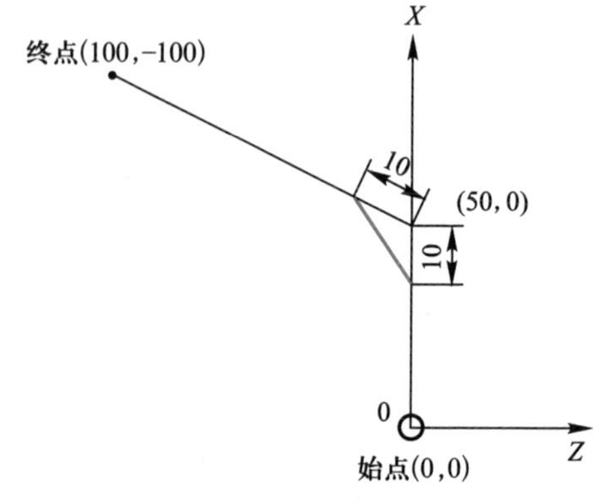

图 3.20　任意角度倒角

例：G01 X50 C10
　　X100 Z−100

3. 倒圆角

编程格式：G01 Z(W)～ R±r 时，圆弧倒角情况如图 3.21a 所示。

编程格式：G01 X(U)～ R±r 时，圆弧倒角情况如图 3.21b 所示。

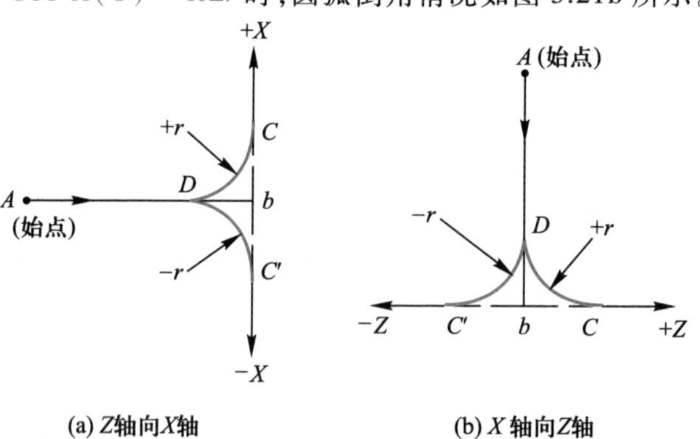

图 3.21　倒圆角

4. 任意角度倒圆角

若程序为　G01 X50 R10 F0.2

　　　　　X100 Z-100

则加工情况如图 3.22 所示。

例：加工图 3.23 所示零件的轮廓，程序如下：

```
G00 X10 Z22
G01 Z10 R5 F0.2
X38 K-4
Z0
```

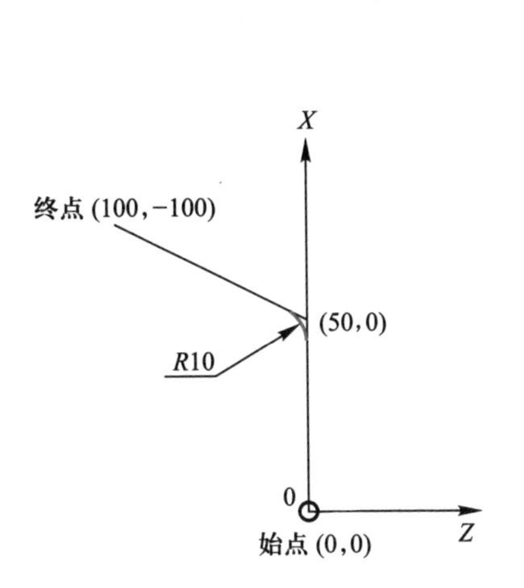

图 3.22　任意角度倒圆角

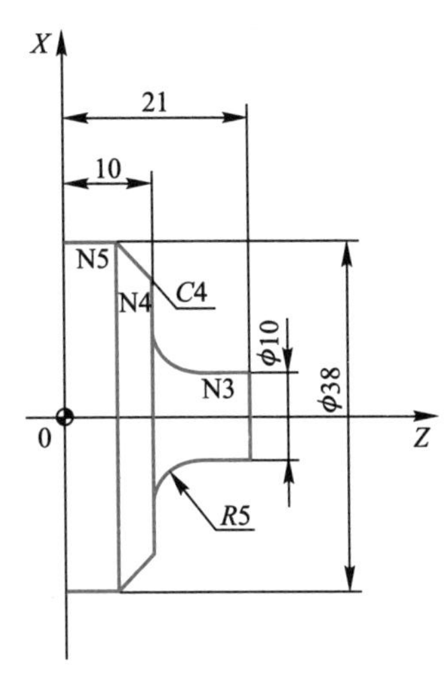

图 3.23　应用例图

3.2.7　刀尖圆弧自动补偿功能

编程时，通常都将车刀尖作为一点来考虑，但实际上刀尖处存在圆角，如图 3.24所示。当用按理论刀尖点编出的程序进行端面、外径、内径等与轴线平行或垂直的表面加工时，是不会产生误差的。但在进行倒角、锥面及圆弧切削时，则会产生少切或过切现象，如图 3.25 所示。具有刀尖圆弧自动补偿功能的数控系统能根据刀尖圆弧半径计算出补偿量，避免少切或过切现象的产生。

G40——取消刀尖圆弧半径补偿，按程序路径进给。

G41——左偏刀尖圆弧半径补偿，按程序路径前进方向刀具偏在零件左侧进给。

G42——右偏刀尖圆弧半径补偿，按程序路径前进方向刀具偏在零件右侧进给。

在设置刀尖圆弧自动补偿值时，还要设置刀尖圆弧位置编码，指定编码值的方法参考图 3.26。

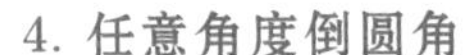

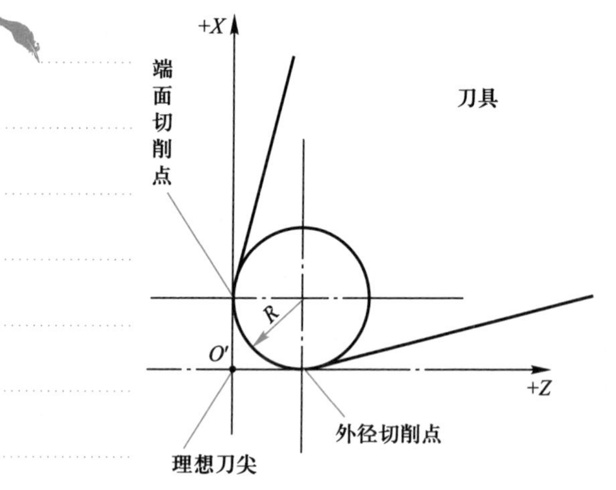

图 3.24　刀尖圆角 R

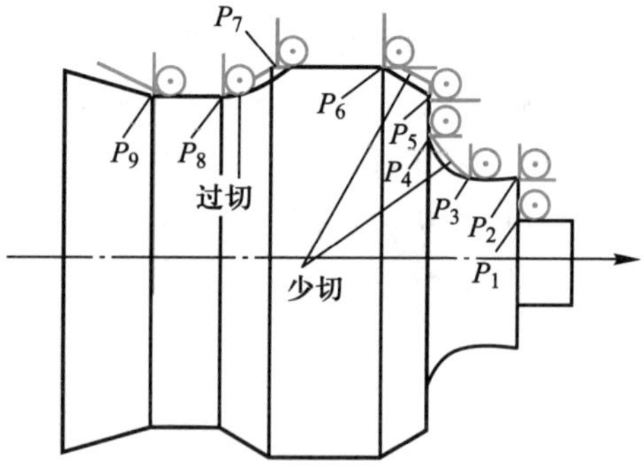

图 3.25　刀尖圆角 R 造成的少切与过切

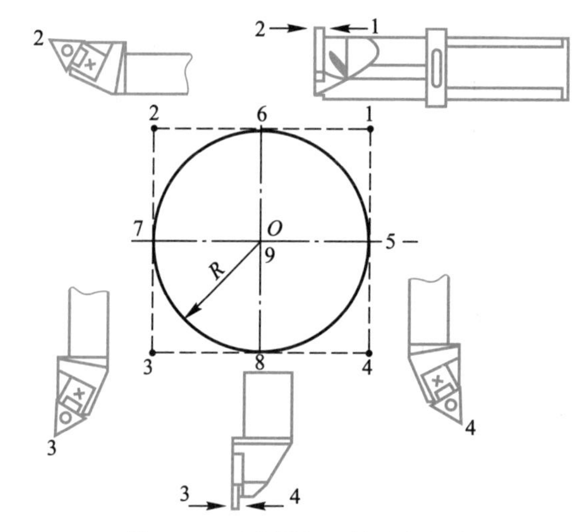

图 3.26　刀尖圆角 R 的确定方法

例：应用刀尖圆弧自动补偿功能加工如图 3.27 所示零件。

刀尖位置编码：3

```
N10 G50 X200 Z175 T0101
N20 M03 S1500
N30 G00 G42 X58 Z10 M08
N40 G96 S200
N50 G01 Z0 F1.5
N60 X70 F0.2
N70 X78 Z-4
N80 X83
N90 X85 Z-5
N95 X85 Z-15
N100 G02 X91 Z-18 R3 F0.15
```

```
N110 G01 X94
N120 X97 Z-19.5
N130 X100
N140 G00 G40 G97 X200 Z175 S1000
N150 M30
```

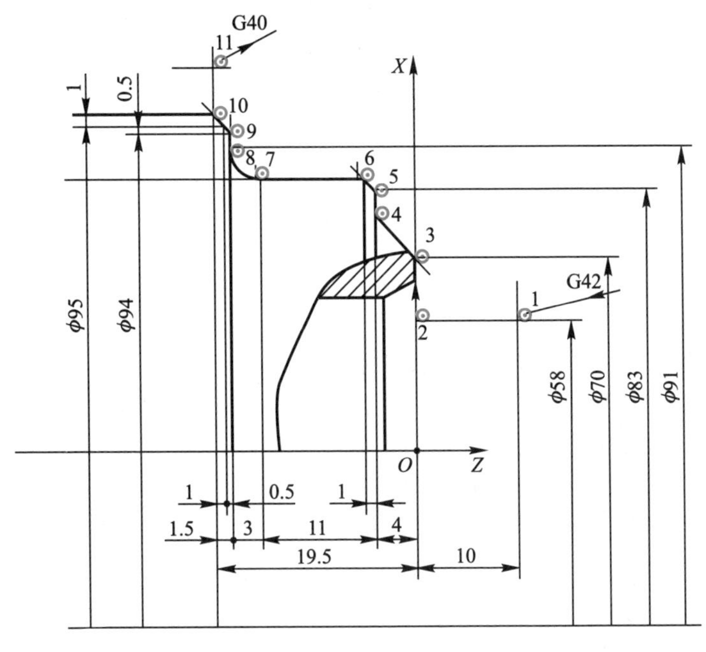

图 3.27　刀具补偿编程

3.2.8　单一固定循环

单一固定循环可以将一系列连续加工动作，如“切入—切削—退刀—返回”，用一个循环指令完成，从而简化程序。

1. 圆柱面或圆锥面切削循环

圆柱面或圆锥面切削循环是一种单一固定循环，圆柱面单一固定循环如图 3.28所示，圆锥面单一固定循环如图 3.29 所示。

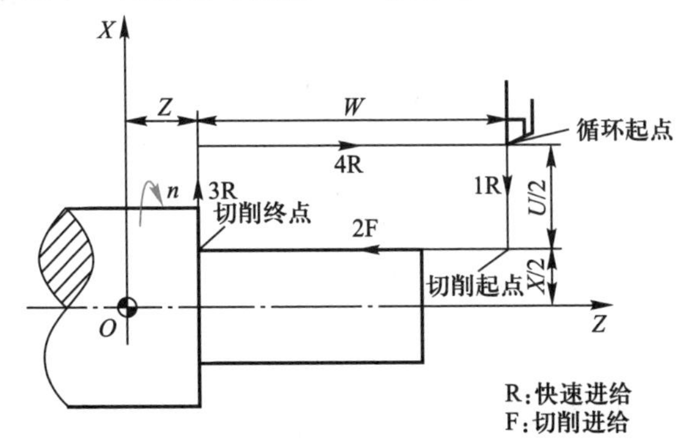

图 3.28　圆柱面单一固定循环

数控车床 G90、G94 走刀路线

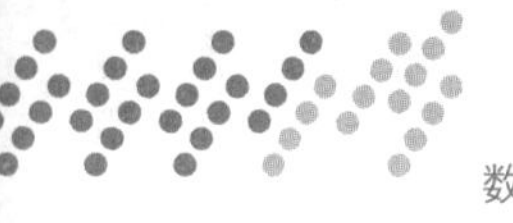

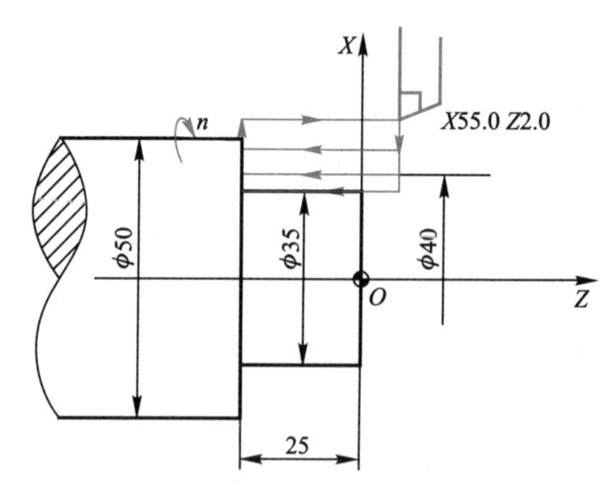

图 3.29 圆锥面单一固定循环

车外圆

(1) 圆柱面切削循环

编程格式：G90 X(U)~ Z(W)~ F~

其中：X 和 Z——圆柱面切削的终点坐标值；

U 和 W——圆柱面切削终点相对于循环起点的坐标增量。

例：应用圆柱面切削循环功能加工如图 3.30 所示零件。

```
N10 G50 X200 Z200 T0101
N20 M03 S1000
N30 G00 X55 Z4 M08
N40 G01 G96 Z2 F2.5 S150
N50 G90 X45 Z-25 F0.2
N60 X40
N70 X35
N80 G00 X200 Z200
N90 M30
```

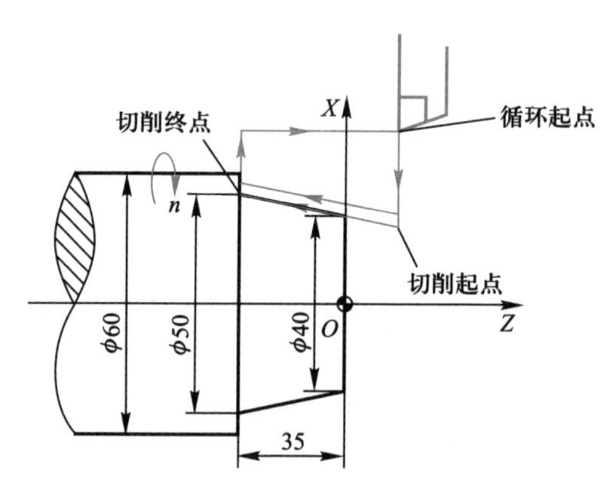

图 3.30 G90 的用法(圆柱面)

(2) 圆锥面切削循环

编程格式：G90 X(U)~ Z(W)~ I~ F~

其中：X,Z——圆锥面切削的终点坐标值；

U,W——圆锥面切削终点相对于循环起点的坐标增量；

I——圆锥面切削起点相对于终点的半径差。

如果切削起点的 X 向坐标小于终点的 X 向坐标，I 值为负，反之为正。如图 3.30所示。

例：应用圆锥面切削循环功能加工图 3.30 所示零件。

```
…
G01 X65 Z2
G90 X60 Z-35 I-5.286 F0.2
X50
G00 X100 Z200
…
```

2. 端面切削循环

端面切削循环是一种单一固定循环，适用于端面切削加工，如图 3.31 所示。

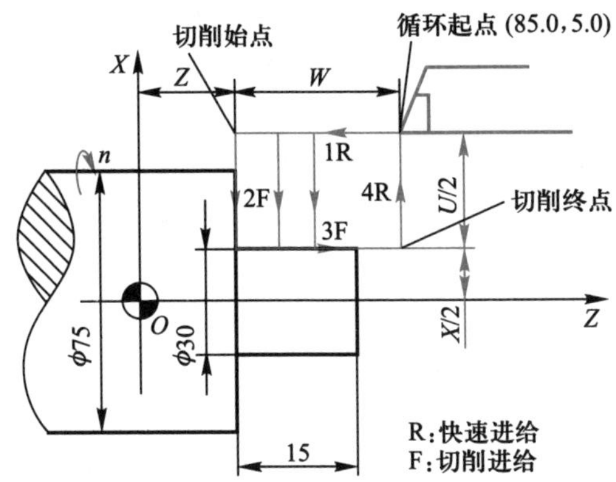

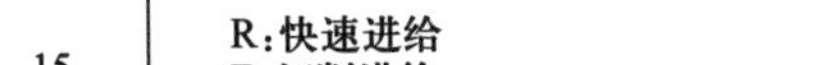

车端面

图 3.31　端面切削循环

（1）平面端面切削循环

编程格式：G94 X(U)～ Z(W)～ F～

其中：X,Z——端面切削的终点坐标值；

U,W——端面切削的终点相对于循环起点的坐标增量。

例：应用端面切削循环功能加工如图 3.31 所示零件。

```
…
G00 X85 Z5
G94 X30 Z-5 F0.2
Z-10
Z-15
…
```

（2）锥面端面切削循环

编程格式：G94 X(U)～ Z(W)～ K～ F～

其中：X,Z——端面切削的终点坐标值；

U,W——端面切削终点相对于循环起点的坐标增量；

K——端面切削起点相对于终点在Z轴方向的坐标增量。

当起点 Z 向坐标小于终点 Z 向坐标时 K 为负，反之为正。如图 3.32 所示。

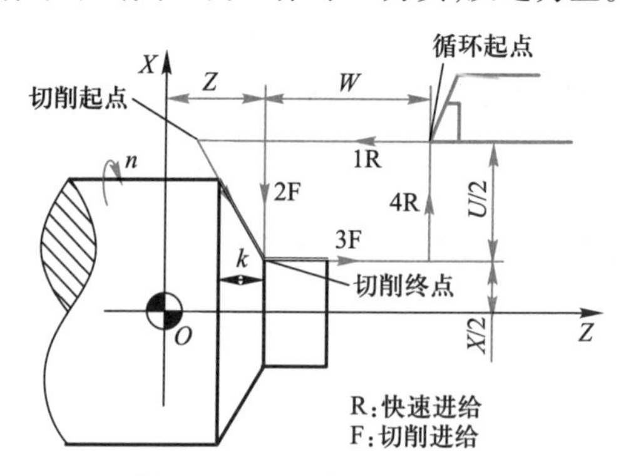

图 3.32　锥面端面切削循环

例：应用端面切削循环功能加工如图 3.33 所示零件。

```
…
G94 X20 Z0 K-5 F0.2
Z-5
Z-10
…
```

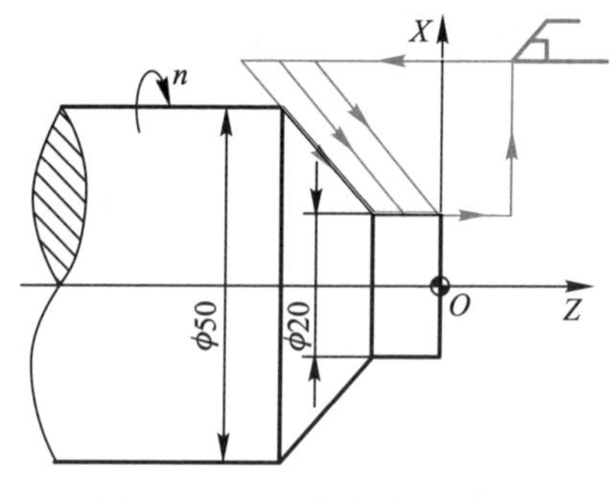

图 3.33　G94 的用法（锥面）

3.2.9　复合固定循环

在复合固定循环中，对零件的轮廓定义之后，即可完成从粗加工到精加工的全过程，使程序得到进一步简化。

1. 外圆粗切循环

G71 指令功能

外圆粗切循环是一种复合固定循环。适用于外圆柱面需多次走刀才能完成的粗加工，如图 3.34 所示。

编程格式：

G71 U(Δd) R(e)

G71 P(ns) Q(nf) U(Δu) W(Δw) F(f) S(s) T(t)

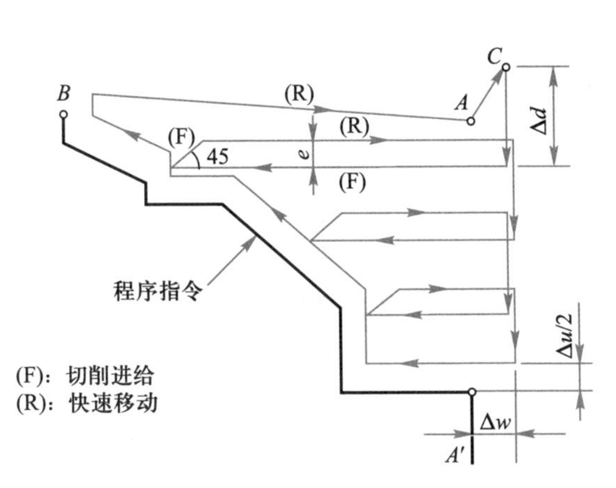

图 3.34　G71 粗车循环轨迹

1）参数说明，如图 3.34 所示。

Δd：切削深度（半径给定），不带符号。切削方向决定于 AA'方向，该值是模态的，直到指定其他值以前不改变。注意在用 G71 进行外圆轮廓粗车时，起点 C 的 X 坐标要大于 A 点的 X 坐标；在用 G71 进行内孔轮廓粗车时，起点 C 的 X 坐标要小于 A 点的 X 坐标；

e：退刀量，这是模态的，直到其他值指定前不改变；

ns：精车加工程序第一个程序段的顺序号；

nf：精车加工程序最后一个程序段的顺序号；

Δu：X 方向精加工余量的距离和方向（直径给定）；

Δw：Z 方向精加工余量的距离和方向；

f,s,t：包含在 ns 到 nf 程序段中的任何 F，S 或 T 功能在循环中被忽略，而在 G71 程序段中的 F，S 或 T 功能有效。

2）从顺序号 ns 到 nf 的程序段为 A 到 B 的运动指令。

3）在 A 点和 B 点间的运动指令中指定的 G96 或 G97 无效，而在 G71 程序段或以前的程序段中指定的 G96 或 G97 有效。

4）顺序号“ns”和“nf”之间的程序段不能调用子程序。

5）G71 粗车循环指令切削图形中所有的粗加工刀具路径都平行于 Z 轴。它对外圆粗车和对内孔进行粗车时，U 和 W 的符号应按规则确定（如图 3.35 所示）。

6）类型 1　AA'之间的刀具轨迹是在包含 G00 或 G01 的顺序号为“ns”的程序段中指定，并且在这个程序段中不能指定 Z 轴的运动指令，A'和 B 之间的刀具轨迹在 X 和 Z 方向必须单调增加或减少。在实际工作中，很多工件的轮廓并不单调增加或减少，这需要我们使用类型 2 的编程方法解决。如果数控系统不支持类型 2，则需要将工件轮廓划分单调区间来编程。对于毛坯是棒料的工件来说，用这种方法编程虽然麻烦一些，但这对批量生产尤其重要。

7）类型 2　不同于类型 1，沿 X 轴的外形轮廓不必单调递增或单调递减，并且最多可以有 10 个凹面（如图 3.36 所示），这样能大大提高毛坯是棒料时工件编程和加工的效率。但是要注意沿 Z 轴的外形轮廓必须单调递增或递减（如图 3.36 所

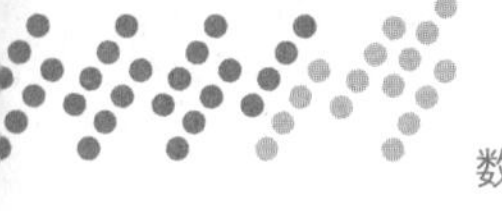

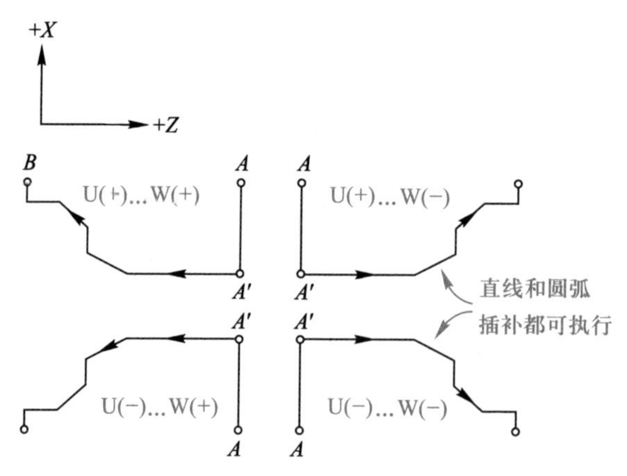

图 3.35　U 和 W 的符号确定规则

示），*Z* 轴方向不是单调变化的轮廓不能加工（如图 3.36 所示）。

如果第一刀的刀具运动轨迹不垂直，沿 *Z* 轴为单调变化的形状就可进行加工。刀尖半径的偏移不能加在精加工余量 U 和 W 上，上述加工时刀尖半径偏移认为是零。

类型 2 粗车循环的倒角量 *e* 值的含义如图 3.37 所示。

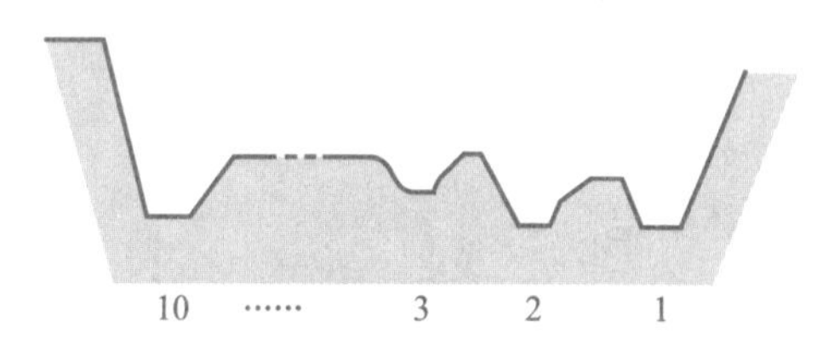

粗车的凹槽数(类型2)

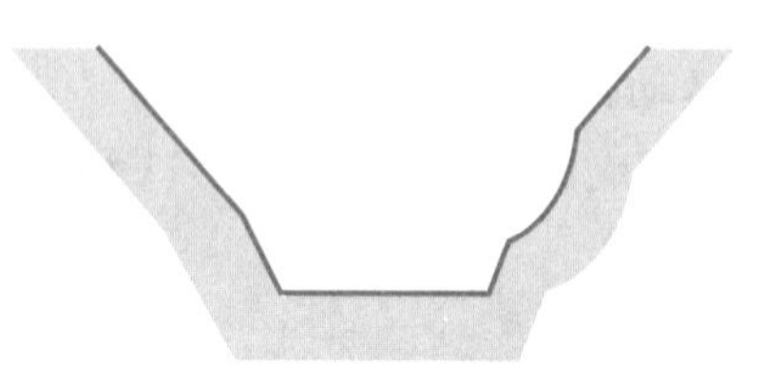

粗车可以加工的图形(单调变化)(类型2)

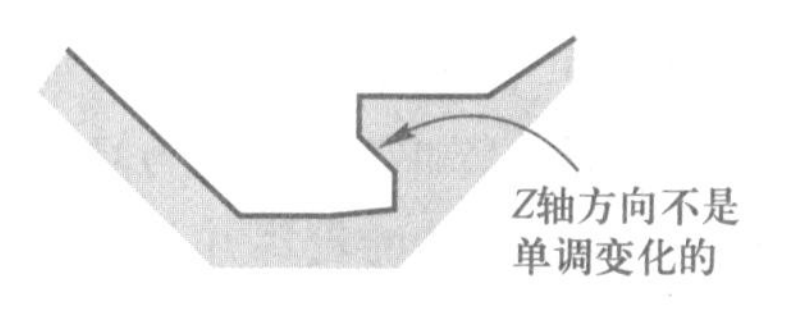

不能粗车加工的图形(类型2)

图 3.36　类型 2 图形说明

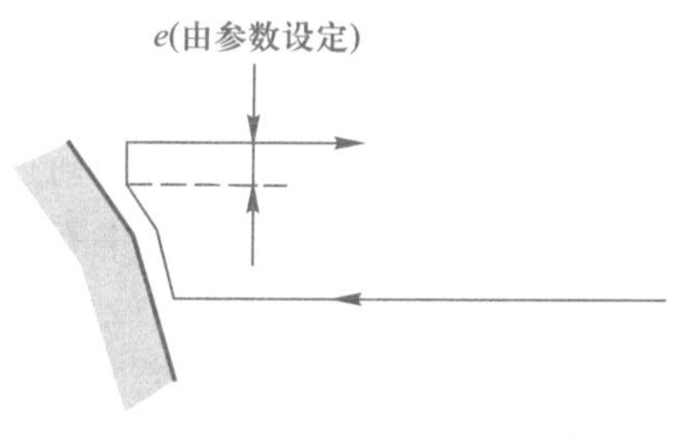

图 3.37　粗车循环的倒角（类型 2）

类型 2 粗车轨迹实例如图 3.38 所示。

类型 1 和类型 2 在编程时的区别见表 3.8。

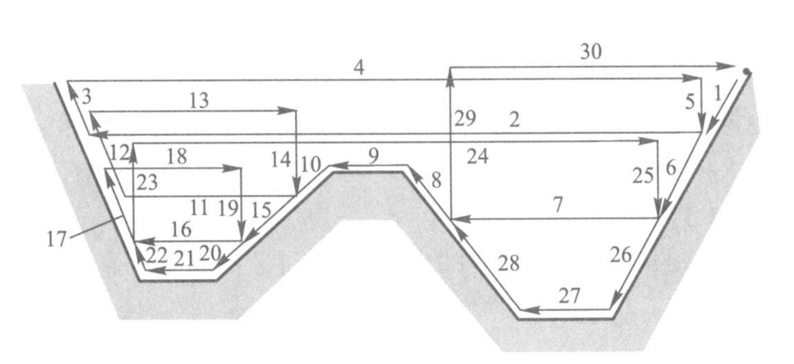

图 3.38　类型 2 粗车轨迹实例

表 3.8　类型 1 和类型 2 在编程时的区别

类型 1	类型 2
重复部分的第一个程序段中只规定一个轴	重复部分的第一个程序段中规定两个轴类型，当第一个程序段不包含 *Z* 运动而用类型 2 时必须指定 W0，否则刀尖会切入工件侧面
G71 U10.0 R5.0 G71 P100 Q200… N100 G01 X(U)~F0.2 ⋮ N200…	G71 U10.0 R5.0 G71 P100 Q200… N100　G01 X(U)~Z(W)~F0.2 ⋮ N200…

例：用外径粗加工复合循环编制（如图 3.39 所示）零件的加工。程序：要求循环起始点在 *A*(46,3)，切削深度为 1.5 mm（半径量）。退刀量为 1 mm，*X* 方向精加工余量为 0.4 mm，*Z* 方向精加工余量为 0.1 mm，其中双点画线部分为工件毛坯。

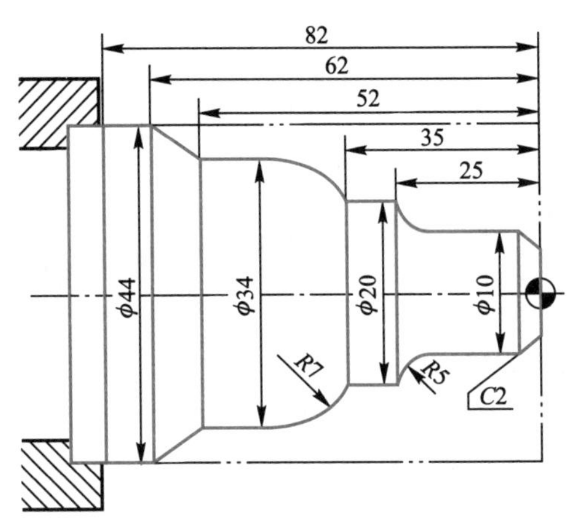

图 3.39　外径粗加工复合循环应用例图

```
O1401
N10 G54                                //选定工件坐标系
```

```
N20 G99                              //进给量单位为 mm/r
N30 T0101
N40 M03 S2000                        //主轴以 2 000 r/min 正转
N50 G00 X46 Z3                       //刀具到循环起点位置
N60 G71 U1.5 R1
N70 G71 P80 Q170 U0.4 W0.1 F0.4      //粗切量：1.5 mm 精切量：X0.4 mm
                                       Z0.1 mm
N80 G00 X0                           //精加工轮廓起始行，到倒角延长线
N90 G01 X10 Z-2 F0.2                 //精加工 C2 倒角
N100 Z-20                            //精加工 φ10 外圆
N110 G02 U10 W-5 R5                  //精加工 R5 圆弧
N120 G01 W-10                        //精加工 φ20 外圆
N130 G03 U14 W-7 R7                  //精加工 R7 圆弧
N140 G01 Z-52                        //精加工 φ34 外圆
N150 U10 W-10                        //精加工外圆锥
N160 W-20                            //精加工 φ44 外圆，精加工轮廓结束行
N170 X50                             //退出已加工面
N180 G28                             //返回参考点
N190 M05                             //主轴停
N200 M30                             //主程序结束并复位
```

例：用内径粗加工复合循环编制（如图 3.40 所示）零件的加工。程序：要求循环起始点在 $A(46,3)$，切削深度为 1.5 mm（半径量）。退刀量为 1 mm，X 方向精加工余量为 0.4 mm，Z 方向精加工余量为 0.1 mm，其中双点画线部分为工件毛坯。

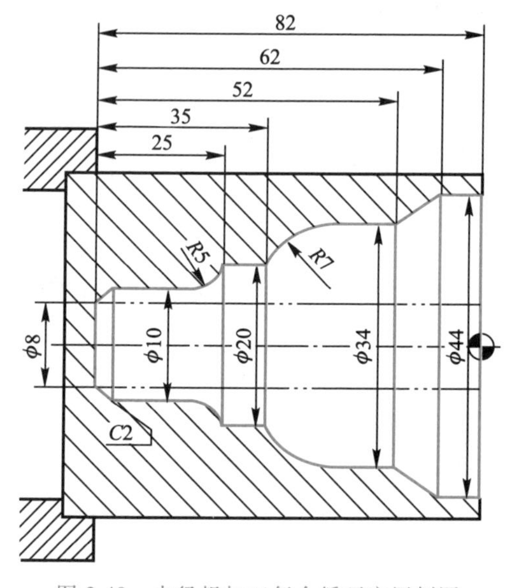

图 3.40　内径粗加工复合循环应用例图

```
O1402
N10 G54                              //选定工件坐标系
N20 G99                              //进给量单位为 mm/r
N30 T0101
N40 M03 S400                         //主轴以 400 r/min 正转
N50 G00 X6 Z5                        //到循环起点位置
N60 G71 U1 R1                        //内径粗切循环加工
N70 G71 P80 Q170 U-0.4 W0.1 F0.4
N80 G00 G41 X44 Z5                   //加入刀尖圆弧半径补偿
N90 G01 W-20 F0.2                    //精加工 φ44 外圆
N100 U-10 W-10                       //精加工外圆锥
N110 W-10                            //精加工 φ34 外圆
N120 G03 U-14 W-7 R7                 //精加工 R7 圆弧
N130 G01 W-10                        //精加工 φ20 外圆
N140 G02 U-10 W-5 R5                 //精加工 R5 圆弧
N150 G01 Z-80                        //精加工 φ10 外圆
N160 U-4 W-2                         //精加工倒 C2 角,精加工轮廓
                                       结束
N170 G40 X4                          //退出已加工表面,取消刀尖圆弧
                                       半径补偿
N180 G28                             //返回参考点
N190 M05                             //主轴停
N200 M30                             //主程序结束并复位
```

例：用有凹槽的外径粗加工复合循环编制（如图 3.41 所示）零件的加工程序，其中双点画线部分为工件毛坯。

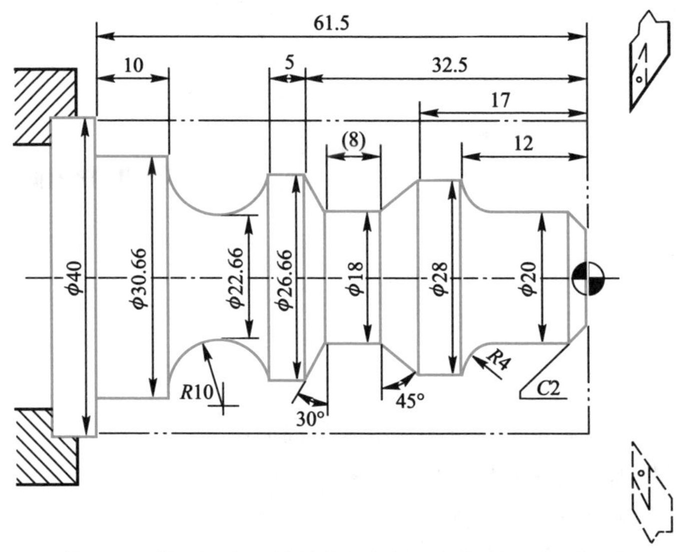

图 3.41　类型 2 有凹槽的外径粗加工复合循环应用例图

```
O1403
N10 G54                              //选定工件坐标系
N20 G99                              //进给量单位为 mm/r
N30 T0101                            //换一号刀,确定其坐标系
N40 G00 X80 Z100                     //到程序起点或换刀点位置
N50 M03 S1500                        //主轴以 1 500 r/min 正转
N60 G00 X42 Z3                       //到循环起点位置
N70 G71 U1 R1
N80 G71 P120 Q230 U0.3 W0 F0.4       //有凹槽粗切循环加工
N90 G00 X80 Z100                     //粗加工后,到换刀点位置
N100 T0202                           //换二号刀,确定其坐标系
N110 G00 G42 X42 Z3                  //二号刀加入刀尖圆弧半径补偿
N120 G00 X10                         //精加工轮廓开始,到倒角延长线处
N130 G01 X20 Z-2 F0.2                //精加工倒 C2 角
N140 Z-8                             //精加工 φ20 外圆
N150 G02 X28 Z-12 R4                 //精加工 R4 圆弧
N160 G01 Z-17                        //精加工 φ28 外圆
N170 U-10 W-5                        //精加工下切锥
N180 W-8                             //精加工 φ18 外圆槽
N190 U8.66 W-2.5                     //精加工上切锥
N200 Z-37.5                          //精加工 φ26.66 外圆
N210 G02 X30.66 W-14 R10             //精加工 R10 下切圆弧
N220 G01 W-10                        //精加工 φ30.66 外圆
N230 X40                             //退出已加工表面,精加工轮廓结束
N240 G00 G40 X80 Z100                //取消半径补偿,返回换刀点位置
N250 G28                             //返回参考点
N260 M05                             //主轴停
N270 M30                             //主程序结束并复位
```

2. 端面粗切循环

端面粗切循环是一种复合固定循环。端面粗切循环适用于 Z 向余量小,X 向余量大的棒料粗加工,如图 3.42 所示。

编程格式:G72 W(Δd) R(e)

G72 P(ns) Q(nf) U(Δu) W(Δw) F(f) S(s) T(t)

其中:Δd——背吃刀量;

e——退刀量;

ns——精加工轮廓程序段中开始程序段的段号;

nf——精加工轮廓程序段中结束程序段的段号;

Δu——X 轴向精加工余量;

Δw——Z 轴向精加工余量;

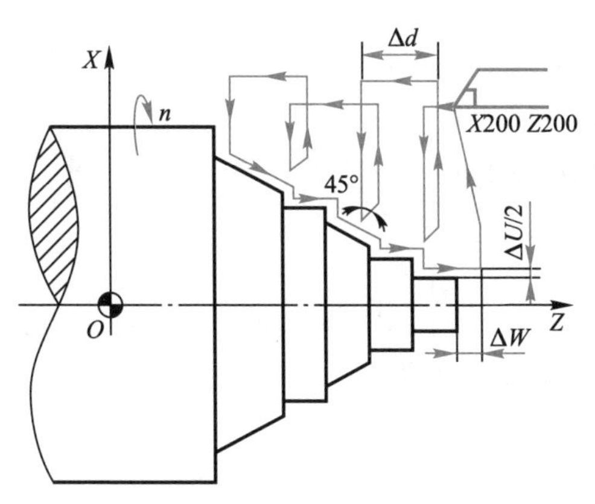

G72 指令功能

图 3.42　端面粗加工切削循环

f，*s*，*t*——F，S，T 数值。

注意：

1）*ns*→*nf* 程序段中的 F，S，T 功能，即使被指定，对粗车循环也无效。

2）零件轮廓必须符合 *X* 轴、*Z* 轴方向同时单调增大或单调减少。

例：按如图 3.43 所示尺寸编写端面粗切循环加工程序。

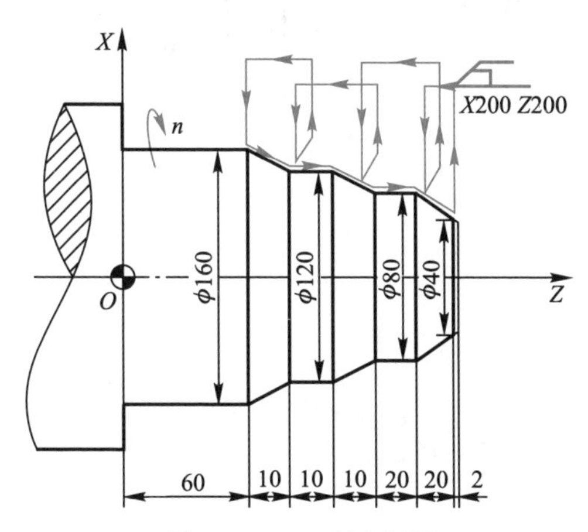

图 3.43　G72 程序例图

```
N10 G50 X200 Z200 T0101
N20 M03 S800
N30 G90 G00 G41 X176 Z132 M08
N40 G96 S120
N50 G72 W3 R0.5
N60 G72 P70 Q120 U2 W0.5 F0.2
N65 G00 Z59                        //ns
N70 G01 X164
N80 G01 X120 Z70 F0.15
N90 Z80
```

```
N100 X80 Z90
N110 Z110
N120 X36 Z132                //nf
N130 G00 G40 X200 Z200
N140 M30
```

3. 封闭切削循环

封闭切削循环是一种复合固定循环,如图 3.44 所示。封闭切削循环适于对铸、锻毛坯切削,对零件轮廓的单调性则没有要求。

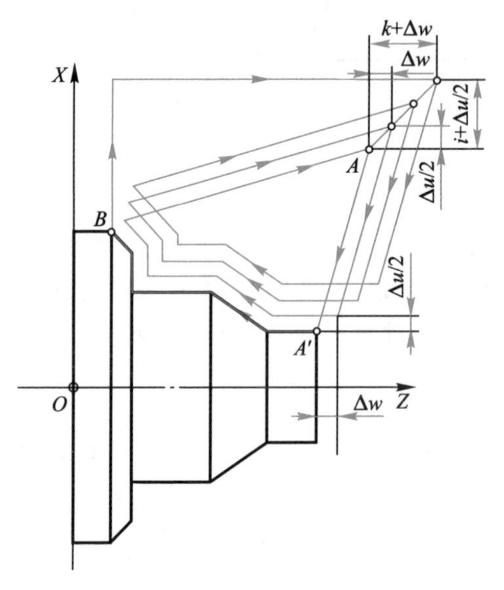

图 3.44　封闭切削循环

编程格式:G73 U(i) W(k) R(d)

G73 P(ns) Q(nf) U(Δu) W(Δw) F(f) S(s) T(t)

其中:i——X 轴向总退刀量(半径值);

k——Z 轴向总退刀量;

d——重复加工次数;

ns——精加工轮廓程序段中开始程序段的段号;

nf——精加工轮廓程序段中结束程序段的段号;

Δu——X 轴向精加工余量;

Δw——Z 轴向精加工余量;

f,s,t——F,S,T 数值。

例:按如图 3.45 所示尺寸,编写封闭切削循环加工程序。

```
N01 G50 X200 Z200 T0101
N20 M03 S2000
N30 G00 G42 X140 Z40 M08
N40 G96 S150
N50 G73 U9.5 W9.5 R3
```

```
N60 G73 P70 Q130 U1 W0.5 F0.3
N70 G00 X20 Z0                    //ns
N80 G01 Z-20 F0.15
N90 X40 Z-30
N100 Z-50
N110 G02 X80 Z-70 R20
N120 G01 X100 Z-80
N130 X105                         //nf
N140 G00 X200 Z200 G40
N150 M30
```

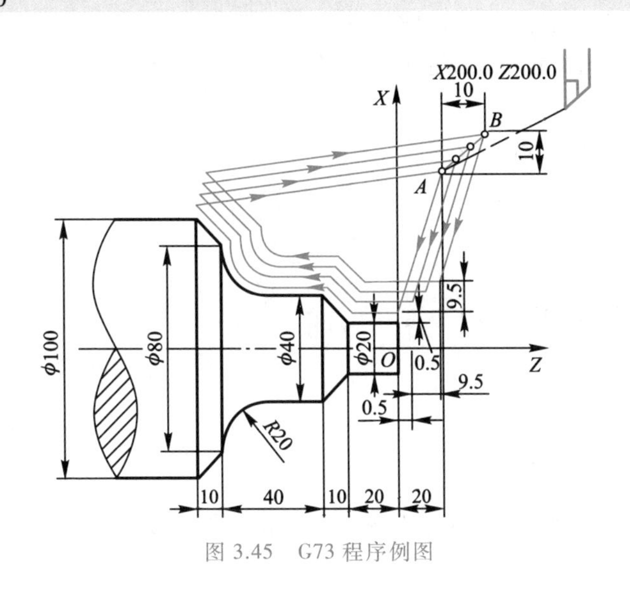

图 3.45　G73 程序例图

4. 精加工循环

由 G71,G72,G73 完成粗加工后,可以用 G70 进行精加工。精加工时,G71,G72,G73 程序段中的 F,S,T 指令无效,只有在 *ns*→*nf* 程序段中的 F,S,T 才有效。

编程格式:G70 P(*ns*) Q(*nf*)

其中:*ns*——精加工轮廓程序段中开始程序段的段号;

nf——精加工轮廓程序段中结束程序段的段号。

例:在 G71,G72,G73 程序应用例中的 *nf* 程序段后再加上“G70 P(*ns*) Q(*nf*)”程序段,并在 *ns*→*nf* 程序段中加上精加工适用的 F,S,T,就可以完成从粗加工到精加工的全过程。

3.2.10　深孔钻循环

深孔钻循环功能适用于深孔钻削加工,如图 3.46 所示。

编程格式:G74 R(*e*)

G74 Z(*W*) Q(*K*) F~

其中:*e*——退刀量;

车内孔走刀路线

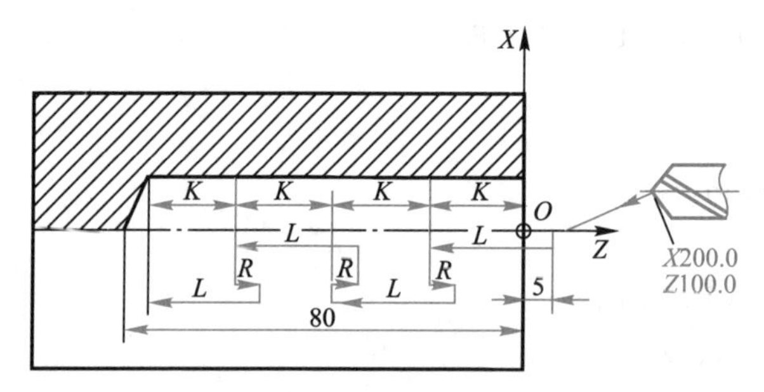

图 3.46　深孔钻削循环

W——钻削深度；

K——每次钻削长度（不加符号）。

例：采用深孔钻削循环功能加工如图 3.40 所示深孔，试编写加工程序。其中：$e=1$，$\Delta k=20$，$F=0.1$。

```
N10 G50 X200 Z100 T0202
N20 M03 S600
N30 G00 X0 Z1
N40 G74 R1
N50 G74 Z-80 Q20 F0.1
N60 G00 X200 Z100
N70 M30
```

3.2.11　外径切槽循环

外径切削循环功能适合于在外圆面上切削沟槽或切断加工。

编程格式：G75 R(*e*)

G75 X(*u*) P(Δ*i*) F~

其中：*e*——退刀量；

u——槽深；

Δ*i* ——每次循环切削量。

例：试编写如图 3.47 所示零件切断加工的程序。

切槽走刀路线

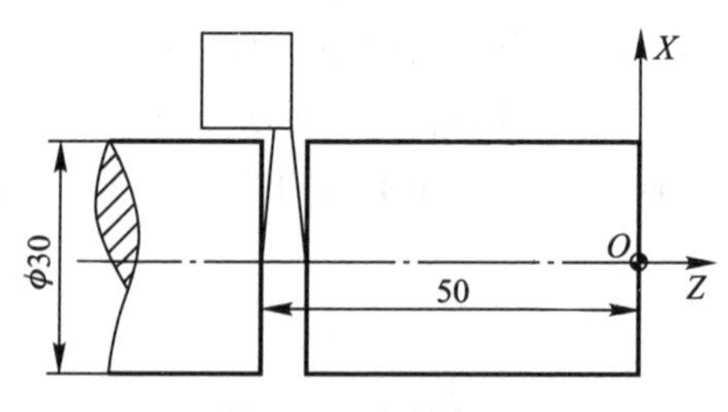

图 3.47　切槽加工

```
G50 X200 Z100 T0202
M03 S600
G00 X35 Z-50
```

```
G75 R1
G75 X-1 P5 F0.1
G00 X200 Z100
M30
```

3.2.12　螺纹切削指令

该指令用于螺纹切削加工。

1. 基本螺纹切削指令

基本螺纹切削方法如图 3.48 所示。

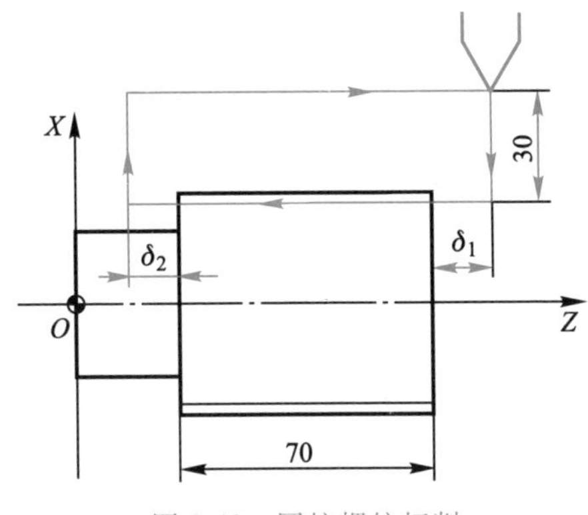

图 3.48　圆柱螺纹切削

编程格式:G32 X(U)~ Z(W)~ F~

其中: X(U)、Z(W)为螺纹切削的终点坐标值;X 省略时为圆柱螺纹切削,Z 省略时为端面螺纹切削;X,Z 均不省略时为锥螺纹切削(X 坐标值依据《机械设计手册》查表确定);F 为螺纹导程。

螺纹切削应注意在两端设置足够的升速进刀段 δ_1 和降速退刀段 δ_2。

例: 试编写图 3.48 所示螺纹的加工程序(螺纹导程 4 mm,升速进刀段 δ_1 = 3 mm, 降速退刀段 δ_2 = 1.5 mm,螺纹深度 2.165 mm)。

```
…
G00 U-62
G32 W-74.5 F4
G00 U62
W74.5
U-64
G32 W-74.5
G00 U64
W74.5
…
```

例: 试编写如图 3.49 所示圆锥螺纹的加工程序(螺纹导程 3.5 mm,升速进刀段 δ_1 = 2 mm,降速退刀段 δ_2 = 1 mm,螺纹深度 1.082 5 mm)。

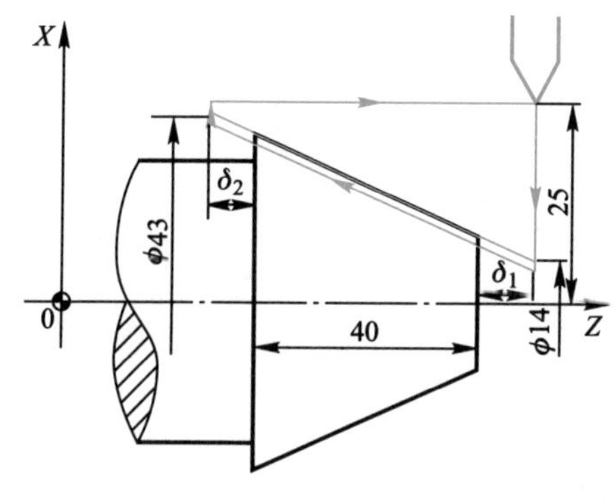

图 3.49 圆锥螺纹切削

```
…
G00 X12
G32 X41 W-43 F3.5
G00 X50
W43
X10
G32 X39 W-43
G00 X50
W43
…
```

2. 螺纹切削循环指令

螺纹切削循环指令把“切入—螺纹切削—退刀—返回”四个动作作为一个循环(如图 3.50 所示),用一个程序段来指令。

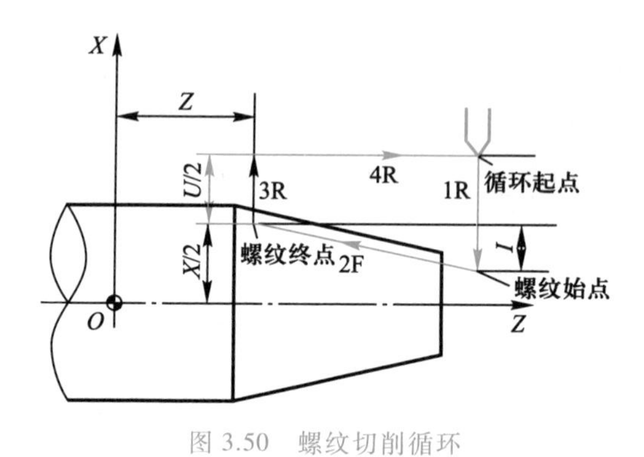

图 3.50 螺纹切削循环

编程格式:G92 X(*U*) ~ Z(*W*) ~ I~ F~

其中:X(*U*),Z(*W*)——螺纹切削的终点坐标值;

I——螺纹部分半径之差,即螺纹切削起始点与切削终点的半径差。

加工圆柱螺纹时,I=0。加工圆锥螺纹时,当 *X* 向切削起始点坐标小于切削终点坐标时,I 为负,反之为正。

例：试编写如图 3.51 所示圆柱螺纹的加工程序。

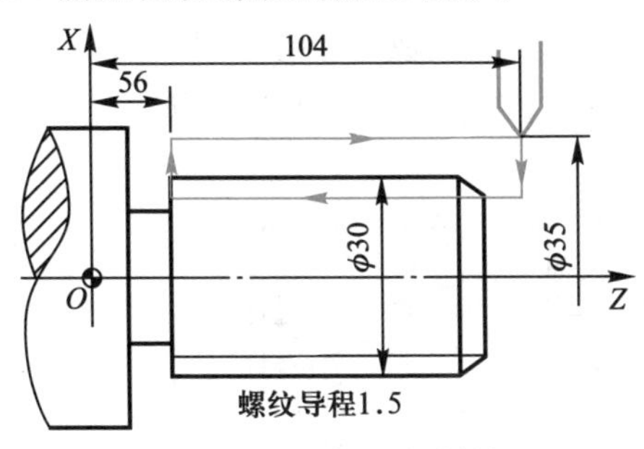

图 3.51　圆柱螺纹切削循环

```
…
G00 X35 Z104
G92 X29.2 Z53
F1.5
X28.6
X28.2
X28.04
G00 X200 Z200
…
```

例：试编写如图 3.52 所示圆锥螺纹的加工程序。

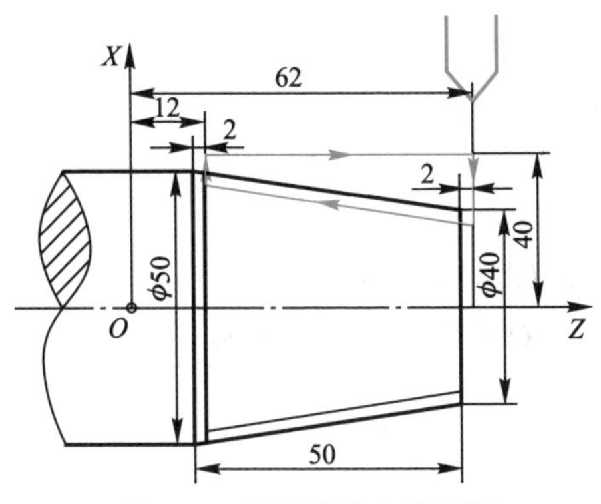

图 3.52　圆锥螺纹切削循环

```
…
G00 X80 Z62
G92 X49.6 Z12 I-5 F2
X48.7
X48.1
X47.5
X47
G00 X200 Z200
…
```

3. 复合螺纹切削循环指令

复合螺纹切削循环指令可以完成一个螺纹段的全部加工任务。它的进刀方法有利于改善刀具的切削条件,在编程中应优先考虑应用该指令,如图 3.53 所示。

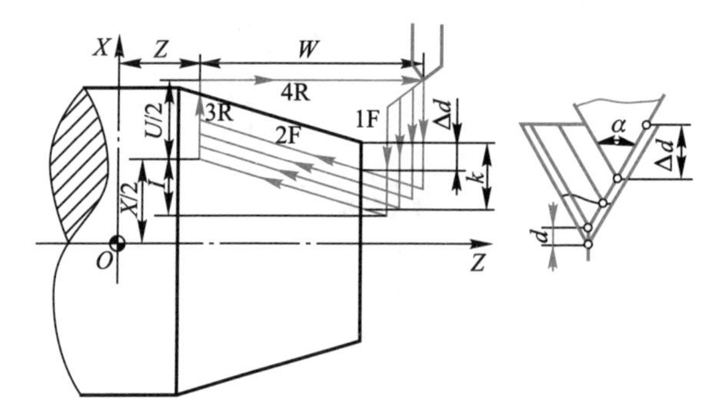

图 3.53 复合螺纹切削循环与进刀法

编程格式:G76 P (m) (r) (α) Q(Δd_{min}) R(d)

G76 X(U) Z(W) R(I) F(f) P(k) Q(Δd)

其中:m——精加工重复次数;

r——倒角量;

α——刀尖角;

Δd_{min}——最小切入量;

d——精加工余量;

U,W——终点坐标值;

I——螺纹部分半径之差,即螺纹切削起始点与切削终点的半径差。加工圆柱螺纹时,$I=0$。加工圆锥螺纹时,当 X 向切削起始点坐标小于切削终点坐标时,I 为负,反之为正。

k——螺牙的高度 (X 轴方向的半径值);

Δd——第一次切入量(X 轴方向的半径值);

f——螺纹导程。

例:试编写如图 3.54 所示圆柱螺纹的加工程序,螺距为 6 mm。

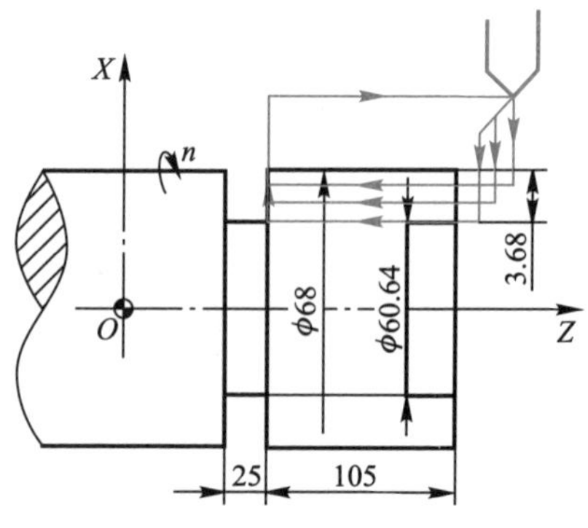

图 3.54 复合螺纹切削循环应用

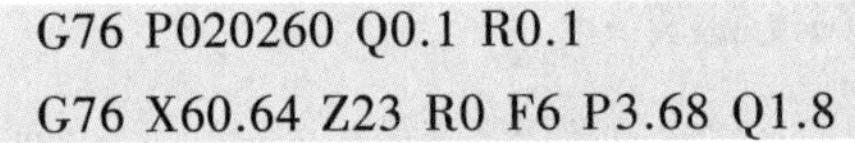

```
G76 P020260 Q0.1 R0.1
G76 X60.64 Z23 R0 F6 P3.68 Q1.8
```

4. 螺纹参数

普通三角形螺纹的基本牙型如图 3.55 所示，各基本尺寸的名称如下：

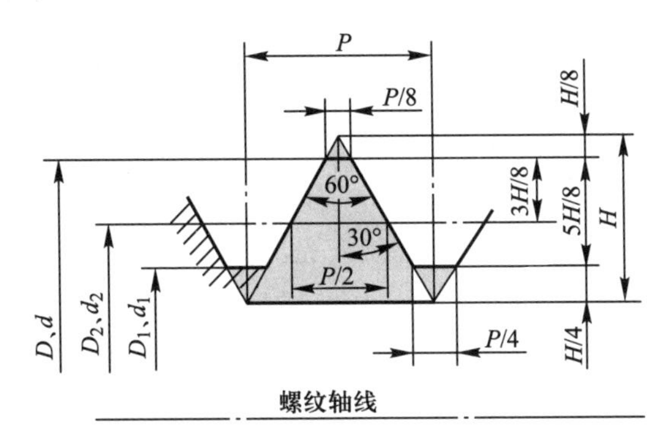

图 3.55　普通三角螺纹基本牙型

（1）三角形螺纹的基本尺寸

牙型角 α：螺纹轴向剖面内螺纹两侧面的夹角。普通三角形螺纹 $\alpha=60°$。

螺距：它是沿轴线方向上相邻两牙间对应点的距离。

导程：在同一条螺旋线上的相邻两牙在中径线上对应两点之间的轴向距离。

牙型高度：计算全齿高需要三个尺寸，一个是理论三角形高度，第二个是齿顶削平高度，第三个是齿底削平高度。理论三角形高度根据牙型角可以得出，如 60 度牙型角的理论三角形高度约是螺距的 86.6%。齿顶削平高度和齿底削平高度各个标准的螺纹有不同的规定，米制普通螺纹的齿顶削平高度是 1/8 的理论三角形高度，而齿底削平高度是 1/4 的理论三角形高度。这样螺纹全齿高度是 5/8 的理论三角形高度。就米制普通螺纹而言，理论上螺纹全齿高为螺距的 54%。

大径：$d=D$（公称直径）

中径：$d_2=D_2=d-2\times\frac{3}{8}H=d-0.649\ 5P$

小径：$d_1=D_1=d-2\times\frac{5}{8}H=d-1.082\ 5P$

理论上整个螺纹的切削深度即螺纹的全齿高，深度是螺距乘以 0.649 5，例如加工 M20×1.5 普通三角形外螺纹的切削深度为 1.5 mm×0.649 5＝0.97 mm，如果换算成直径就是车刀必须车到 20 mm－2 mm×0.97＝18.05 mm。但这只是个参考值，事实上这个深度受车刀的刀尖圆弧大小的影响，螺纹的中径会产生很大的偏差，如果刀尖圆弧较大，照此计算往往会造成过切削而使螺纹工件报废，所以车削螺纹时应当在车刀还没有达到理论深度时就用螺纹规检查是否已经能达到要求。

（2）螺纹车削工艺要点

1）一组常用螺纹切削的进给次数与吃刀量参考值。

螺纹车削加工为成形车削，且切削进给量较大，一般要求分数次径向进给加

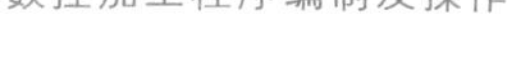

工。常用米制螺纹切削的进给次数与切削深度见表 3.9。

表 3.9　常用米制螺纹切削的进给次数与切削深度　　mm

螺距		1.0	1.5	2	2.5	3	3.5	4
牙深（半径量）		0.649	0.974	1.299	1.624	1.949	2.273	2.598
切削次数及吃刀量（直径量）	1 次	0.7	0.8	0.9	1.0	1.2	1.5	1.5
	2 次	0.4	0.6	0.6	0.7	0.7	0.7	0.8
	3 次	0.2	0.4	0.6	0.6	0.6	0.6	0.6
	4 次		0.16	0.4	0.4	0.4	0.6	0.6
	5 次			0.1	0.4	0.4	0.4	0.4
	6 次				0.15	0.4	0.4	0.4
	7 次					0.2	0.2	0.4
	8 次						0.15	0.3
	9 次							0.2

2）从螺纹粗加工到精加工，主轴的转速必须保持一常数。

3）在螺纹加工中不使用恒定线速度控制功能。

4）在螺纹加工轨迹中应设置足够的升速进刀段和降速退刀段，以消除伺服滞后造成的螺距误差。

5）螺纹车削加工前，切入端应倒角。

6）计算螺纹底径 $d=D-1.3P$（P 为螺距），上例中的 $d=30\ \text{mm}-2\times1.3\ \text{mm}=27.4\ \text{mm}$。

7）螺纹的加工长度应比标称长度稍长，以便有一个完美的轨迹。

8）安装螺纹刀时应注意控制刀具的高度与工件轴线对齐。

9）加工到尺寸后仍要走 2~3 刀空刀，以增加螺纹表面的光滑度。

10）加工过程中不能变速，刀具损坏后无法补救。

任务二　数控车削加工综合举例

轴承内盖的车削加工

【任务描述】

选择合适的工艺装备，完成加工工序卡的填写，并选择合适的功能指令完成较复杂回转体零件的编程。

【任务目标】

以如图 3.56 所示的零件，分析数控车削工艺制定和加工程序的编制。

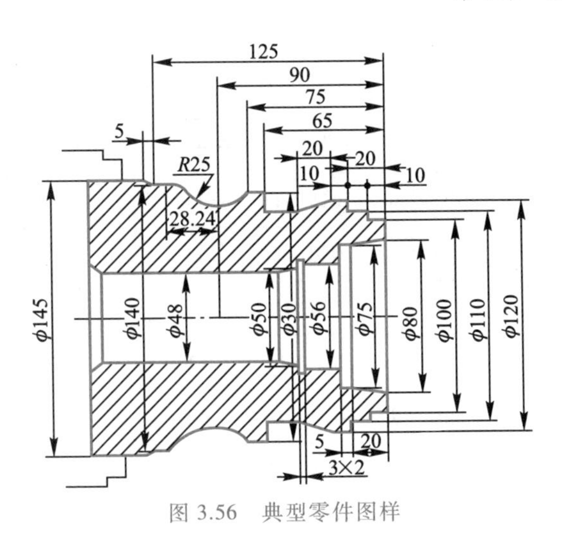

图 3.56　典型零件图样

3.3.1　确定工序和装夹方式

该零件(如图 3.56 所示)毛坯是直径 145 mm 的棒料。分粗、精加工两道工序完成加工。夹紧方式采用通用三爪自定心卡盘。

根据零件的尺寸标注特点及基准统一的原则,编程原点选择零件右端面。

3.3.2　设计和选择工艺装备

1. 选择刀具

以选用 WALTER 的刀具为例。

(1) 刀杆选择

根据零件轮廓选择图示刀杆类型,如图 3.57 所示。

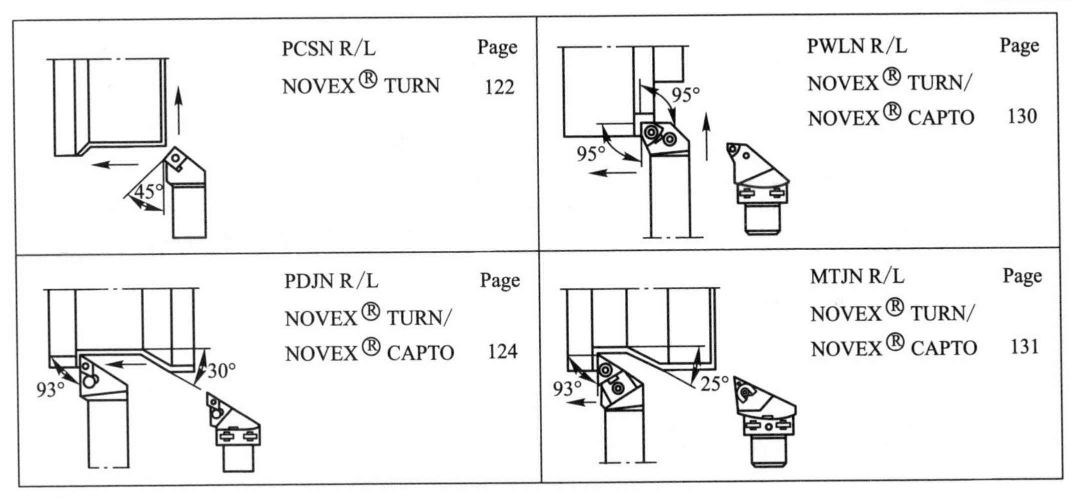

图 3.57　刀杆选择

根据切削深度、机床刀夹尺寸,从产品目录样本中选择刀杆型号 PDJN R/L 2525 M11,见表 3.10。

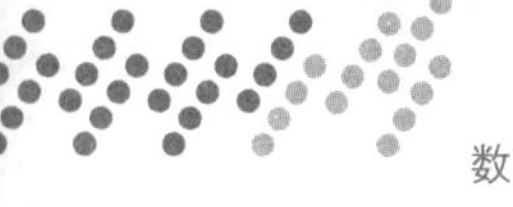

表 3.10 刀杆型号

刀具	型号	刀片	$h-h_1$ /mm	b /mm	d_m /mm	l_2 /mm	l_1 /mm
NOVEX@TURN	PDJN R/L 1616 H11	11	16	16		20	100
	PDJN R/L 2020 K11	11	20	20		25	125
	PDJN R/L 2525 M11	11	25	25		32	150
	PDJN R/L 3225 P11	11	32	25		32	170
	PDJN R/L 2020 K15	15	20	20		25	125
	PDJN R/L 2525 M15	15	25	25		32	150
	PDJN R/L 3225 P15	15	32	25		32	170
	PDJN R/L 3232 P15	15	32	32		40	170

(2) 工件材料：45 钢

选择工件材料组 P，见表 3.11。

表 3.11 工件材料组

工件材料组		代码
钢	非合金和合金钢 高合金钢 不锈钢，铁素体，马氏体	P(蓝)
不锈钢和铸钢	奥氏体 铁素体-奥氏体	M(黄)
铸铁	可锻铸铁，灰铸铁，球墨铸铁	K(红)
NF 金属	有色金属和非金属材料	N(绿)
难切削材料	以镍或钴为基体的热固性材料 钛，钛合金及难切削加工的高合金钢	S(棕)
硬材料	淬硬钢，淬硬铸件和冷硬模铸件，锰钢	H(白)

(3) 加工条件

加工条件见表 3.12。

表 3.12 加工条件

机床的稳定性，刀具夹持方式和工件加工表面 / 加工方式	很好	好	不足
无断续切削加工表面已经过粗加工			

续表

加工方式 \ 机床的稳定性，刀具夹持方式和工件加工表面	很好	好	不足
带铸件或锻件硬表层，不断变换切深轻微的断续切削			
中等断续切屑			
严重断续切削			

（4）断屑槽形

断屑槽形选择可以参考如图 3.58 所示的参数。

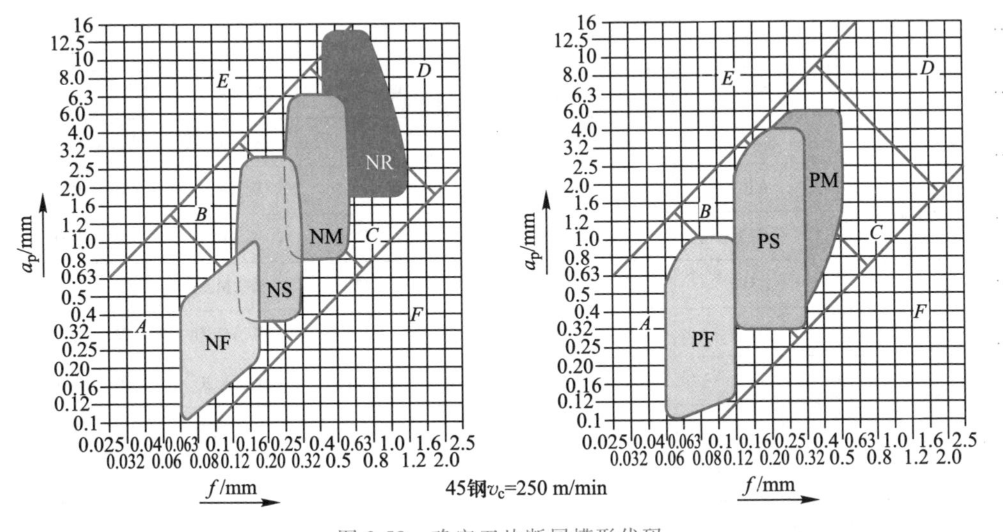

图 3.58　确定刀片断屑槽形代码

根据精加工切削深度 0.5 mm，进给量 0.1 mm/r，选择负型刀片 NS4 槽形。

根据粗加工切削深度 3 mm，进给量 0.4 mm/r，选择负型刀片 NM7 槽形。

（5）刀具材料

粗加工材料为 WAP10，精加工材料为 WAK10，见表 3.13。

（6）刀片选择

粗加工刀片，从产品目录样本中选择 DNMG 110408-NM7；精加工刀片，从产品目录样本中选择 DNMG 110408-NS4。

2. 决定切削用量

材料的切削性能、毛坯余量、零件精度等见表 3.14。

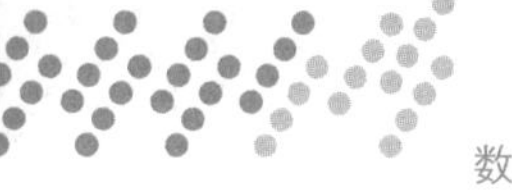

表 3.13 刀具材料

负型刀片					
工件材料组	ISO 分类范围	WALTER 槽形代码			
P(蓝)	AB	…-NS4	WAK10	WAP20	WAM20
	B	…-NS8	WAP10	WAP20	WAP30
	BC	…-NM4	WAP10	WAP20	WAP30
	C	…-NM7	WAP10	WAP20	WAP30
	CD	…-NR7	WAP10	WAP20	WAP30
M(黄)	AB	…-NS4	WAM20	WAM20	WAM20
	BC	…-NM4	WAP30	WAM20	WAM20
	CD	…-NR7	WAP30	WAP30	WAP30
K(红)	—	…-NS4	WAK10	WAP20	WAP20
	—	…-NS8	WAK10	WAP20	WAP30
	—	…-NM4	WAK10	WAK10	WAP30
	—	…NMA	WAK10	WAK10	—
正型刀片					
P(蓝)	AB	…-PS4	WAK10	WAP20	WAM20
	BC	…-PM5	WAP10	WAP20	WAP30
M(黄)	AB	…-PS4	WAM20	WAM20	WAM20
	BC	…-PM5	WAP30	WAP30	WAP30
K(红)	—	…-PS4	WAK10	WAK20	WAP20
	—	…-PM5	WAP10	WAP20	WAP30
N(绿)	—	…-PM2	WK1	WK1	WK1

表 3.14 切削用量

材料组	工件材料	洛氏硬度/HRC	加工组	切削速度 v_c/(m/min)								
				WAP10			WAP20			WAP30		
				F/mm			F/mm			F/mm		
				0.1	0.4	0.6	0.1	0.4	0.6	0.1	0.4	0.6
P	w_C 大约 0.15%退火	125	1	520	390	300	480	350	280	450	300	250
	w_C 大约 0.45%退火	190	2	440	320	260	400	280	220	380	250	200
	w_C 大约 0.45%回火	250	3	320	240	200	280	220	170	250	200	150
	w_C 大约 0.75%退火	270	4	350	280	240	310	250	210	270	220	180
	w_C 大约 0.75%退火	300	5	270	200	180	240	170	150	210	150	120

根据粗加工切削深度 3 mm,进给量 0.4 mm/r,查 WALTER(所选刀具的供应商)加工数据得切削速度为 320 m/min。

根据精加工切削深度 0.5 mm,进给量 0.1 mm/r,查 WALTER(所选刀具的供应商)加工数据得切削速度为 400 m/min。

3.3.3 程序编制

```
G50 X200 Z150 T0101
M03 S600
G96 S320
G01 Z32 F0.1
G00 X150 Z2
G95
G71 U3 R1
G71 P10 Q20 U1 W0 F0.4
N10 G00 X98 Z0.1
G01 X100 Z-0.4 F0.1
Z-10
X109
X110 Z-10.5
Z-20
X119
X120 Z-20.5
Z-30
X110 Z-50
Z-65
X129
X130 Z-65.5
Z-75
G02 X131.111 Z-105.714 R25 (I20 K-15)
G03 X140 Z-118.284 R20 (I-15.555 K-12.571)
G01 Z-125
X145 Z-130
N20 G01 X150
G00 U80 W218
T0202
G00 X150 Z20
G70 P10 Q20
G00 U80 W218
M30
```

本章提示

数控车削加工程序的特点在于，虽然主要针对二维空间回转体零件的加工，但循环功能指令丰富，所使用刀具的品种、系列繁多，就使数控车削工艺灵活多变。编者为读者提供了各种循环功能指令的动画资料、数控车床编程和加工操作的录像资料。

思考题与习题

一、判断题

1.（　）数控车床与普通车床用的可转位车刀有本质的区别，其基本结构、功能特点都是不相同的。

2.（　）选择数控车床用的可转位车刀时，钢和不锈钢属于同一工件材料组。

3.（　）使用 G71 粗加工时，在 $ns \to nf$ 程序段中的 F,S,T 是有效的。

4.（　）45°倒角指令中不会同时出现 X 和 Z 坐标。

5.（　）刀尖点编出的程序在进行倒角、锥面及圆弧切削时，会产生少切或过切现象。

二、选择题

1. G96 S150 表示切削点线速度控制在________。

A. 150 m/min　　B. 150 r/min；　　C. 150 mm/min；　　D. 150 mm/r

2. 程序停止，程序复位到起始位置的指令________。

A. M00；　　B. M01；　　C. M02；　　D. M30

3. 圆锥切削循环的指令是________。

A. G90；　　B. G92；　　C. G94；　　D. G96

4. 90°外圆车刀的刀尖位置编号________。

A. 1；　　B. 2；　　C. G3；　　D. 4

5. 从提高刀具耐用度的角度考虑，螺纹加工应优先选用________。

A. G32；　　B. G92；　　C. G76；　　D. G85

三、简答题

1. 试分析数控车床 X 方向的手动对刀过程。

2. 选择加工如图 3.59、图 3.60、图 3.61 所示零件所需刀具，编制数控加工程序。

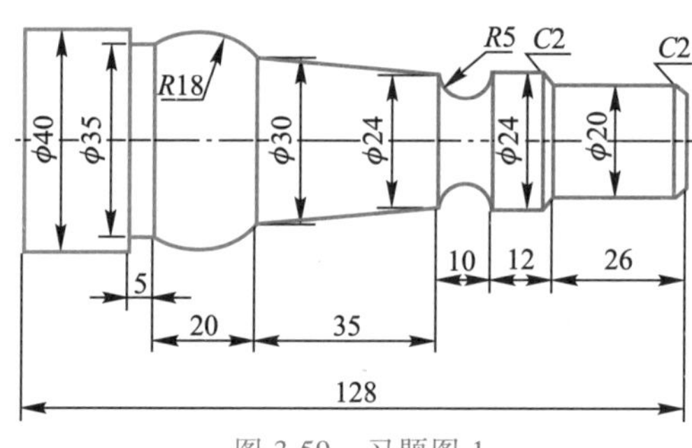

图 3.59　习题图 1

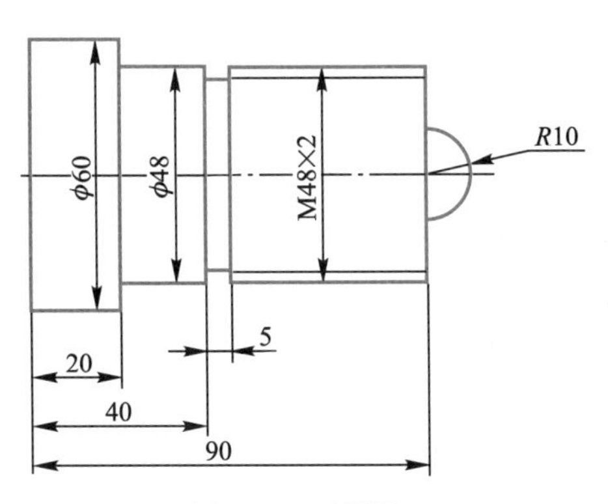

图 3.60　习题图 2

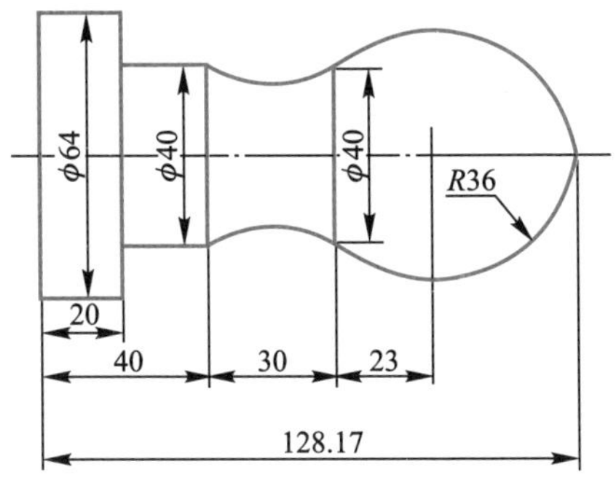

图 3.61　习题图 3

3. 简述刀尖圆弧半径补偿的作用。

4. 简述设置假设刀尖点位置编码的方法。

5. 简述圆锥切削循环指令中 I 的指定方法。

6. 试写出普通粗牙螺纹 M48×2 复合螺纹切削循环指令。

7. 简述 G71,G72,G73 指令的应用场合有何不同。

8. 用固定循环指令加工如图 3.62 所示零件,试分析下述程序并填充完成该加工程序。

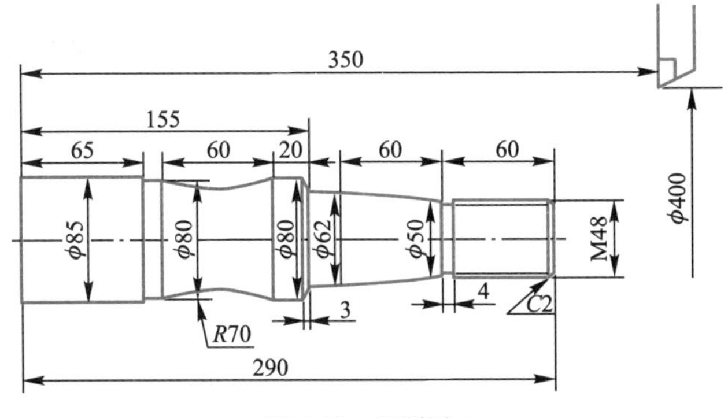

图 3.62　习题图 4

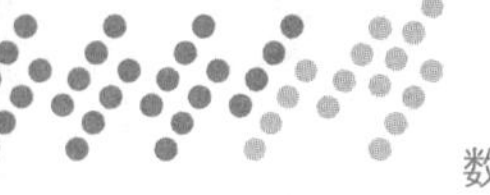


```
G50 X200 Z350 T0101
M03 S1000
G00 X60 Z2
G73 U9.5 W0 R4
________ P10 Q20 U1 W0.5 F0.2
________ G00 X41.9 Z292 M08
G01 X47.9 ________ F0.1
Z227
X50
X62 W ________
Z155
________
X80 W-1
W-19
G02 ________ I63.25 K ________
G01 Z65
________ X90
G00 X200 Z350
T0202
M03 S315
G00 X51 Z227
G01 ________ F0.15
G00 X51
X200 Z350
T0303
G00 ________ ________
G76 P01 2 60 Q0.1 R0.1
________ X ________ Z ________ P1.299 Q0.8 F ________
G00 X200 Z350
M30
```

第4章

数控铣床的程序编制

【学习指南】

首先，学习数控铣床的主要功能、工艺范围及装备，对数控铣床有一个初步认识；然后，学习数控铣床程序编制的基本方法，包括坐标系设定、刀具半径补偿功能、旋转功能、子程序调用、比例及镜像功能等指令编程；最后，以一个较复杂盘类零件为例，学习数控铣削的编程与操作。概括地说，就是如何使用数控铣床加工零件。

【内容概要】

数控铣床是机床设备中应用非常广泛的加工机床，它可以进行平面铣削、平面型腔铣削、外形轮廓铣削和三轴及三轴以上联动的复杂型面铣削，还可进行钻削、镗削、螺纹切削等孔加工。加工中心、柔性制造单元等都是在数控铣床的基础上产生和发展起来的。

任务一　数控铣床程序编制准备

【任务描述】

选择合适的工艺装备和工艺路线，为数控铣床程序编制做好准备。

【任务目标】

完成数控铣床加工程序编制前的工艺准备工作。

数控铣床具有丰富的加工功能和较宽的加工工艺范围，面对的工艺性问题也较多。在开始编制铣削加工程序前，一定要仔细分析数控铣削加工工艺性，掌握铣削加工工艺装备的特点，以保证充分发挥数控铣床的加工功能。

4.1.1　数控铣床的主要功能

各种类型数控铣床所配置的数控系统虽然各有不同，但各种数控系统的功能，除一些特殊功能不尽相同外，其主要功能基本相同。

1. 点位控制功能

此功能可以实现对相互位置精度要求很高的孔系加工。

2. 连续轮廓控制功能

此功能可以实现直线、圆弧的插补功能及非圆曲线的加工。

3. 刀具半径补偿功能

此功能可以根据零件图样的标注尺寸来编程，而不必考虑所用刀具的实际半径尺寸，从而减少编程时的复杂数值计算。

4. 刀具长度补偿功能

此功能可以自动补偿刀具的长短，以适应加工中对刀具长度尺寸调整的要求。

5. 比例及镜像加工功能

比例功能可将编好的加工程序按指定比例改变坐标值来执行。镜像加工又称轴对称加工，如果一个零件的形状关于坐标轴对称，那么只要编出一个或两个象限的程序，而其余象限的轮廓就可以通过镜像加工来实现。

6. 旋转功能

该功能可将编好的加工程序在加工平面内旋转任意角度来执行。

7. 子程序调用功能

有些零件需要在不同的位置上重复加工同样的轮廓形状，将这一轮廓形状的加工程序作为子程序，在需要的位置上重复调用，就可以完成对该零件的加工。

8. 宏程序功能

该功能可用一个总指令代表实现某一功能的一系列指令，并能对变量进行运算，使程序更具灵活性和方便性。

4.1.2 数控铣床的加工工艺范围

铣削加工是机械加工中最常用的加工方法之一，它主要包括平面铣削和轮廓铣削，也可以对零件进行钻、扩、铰、镗、锪及螺纹加工等。数控铣削主要适合于下列几类零件的加工：

1. 平面类零件

平面类零件是指加工面平行或垂直于水平面以及加工面与水平面的夹角为一定值的零件，这类加工面可展开为平面。

如图 4.1 所示的三个零件均为平面类零件。其中，曲线轮廓面 A 垂直于水平面，可采用圆柱立铣刀加工。凸台侧面 B 与水平面成一定角度，这类加工面可以采用专用的角度成形铣刀来加工。对于斜面 C，当工件尺寸不大时，可用斜板垫平后加工；当工件尺寸很大，斜面坡度又较小时，也常用行切加工法加工，这时会在加工面上留下进刀时的刀锋残留痕迹，要用钳工修磨方法加以清除。

2. 直纹曲面类零件

直纹曲面类零件是指由直线依某种规律移动所产生的曲面类零件。如图 4.2 所示零件的加工面就是一种直纹曲面，当直纹曲面从截面 1 至截面 2 变化时，其与水平面间的夹角从 3°10′均匀变化为 2°32′，从截面 3 到截面 4 时，又均匀变化为 1°20′，最后到截面 4，斜角均匀变化为 0°。直纹曲面类零件的加工面不能展开为平面。

当采用四坐标或五坐标数控铣床加工直纹曲面类零件时，加工面与铣刀圆周接触的瞬间为一条直线。这类零件也可在三坐标数控铣床上采用行切加工法实现近似加工。

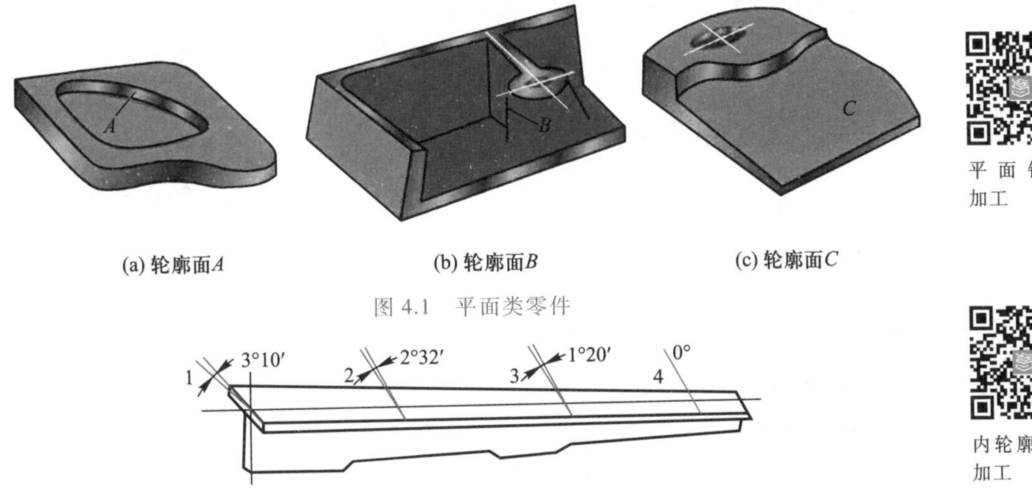

(a) 轮廓面A (b) 轮廓面B (c) 轮廓面C

图4.1 平面类零件

平面铣削加工

内轮廓铣削加工

图4.2 直纹曲面

3. 立体曲面类零件

加工面为空间曲面的零件称为立体曲面类零件。这类零件的加工面不能展成平面，一般使用球头铣刀切削，加工面与铣刀始终为点接触，若采用其他刀具加工，易于产生干涉而铣伤邻近表面。加工立体曲面类零件一般使用三坐标数控铣床，采用以下两种加工方法：

（1）行切加工法

采用三坐标数控铣床进行二轴半坐标控制加工，即行切加工法。如图4.3所示，球头铣刀沿XY平面的曲线进行直线插补加工，当一段曲线加工完后，沿X方向进给ΔX再加工相邻的另一曲线，如此依次用平面曲线来逼近整个曲面。相邻两曲线间的距离ΔX应根据表面粗糙度的要求及球头铣刀的半径选取。球头铣刀的球半径应尽可能选得大一些，以增加刀具刚度，提高散热性，降低表面粗糙度值。加工凹圆弧时的铣刀球头半径必须小于被加工曲面的最小曲率半径。

（2）三坐标联动加工

行切加工法

采用三坐标数控铣床三轴联动加工，即进行空间直线插补。如半球形，可用行切加工法加工，也可用三坐标联动的方法加工。这时，数控铣床用X,Y,Z三坐标联动的空间直线插补实现球面加工，如图4.4所示。

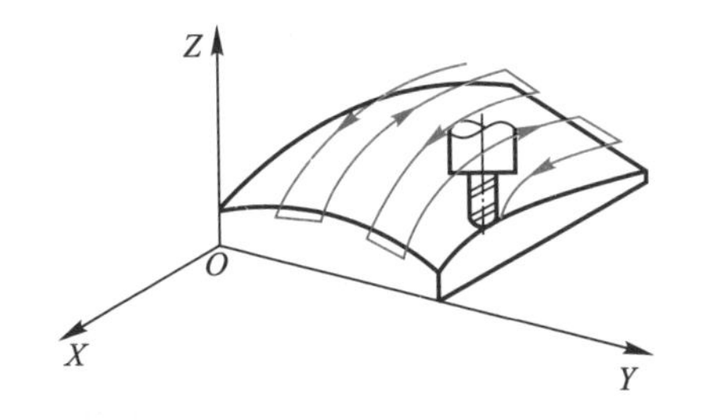

图4.3 行切加工法

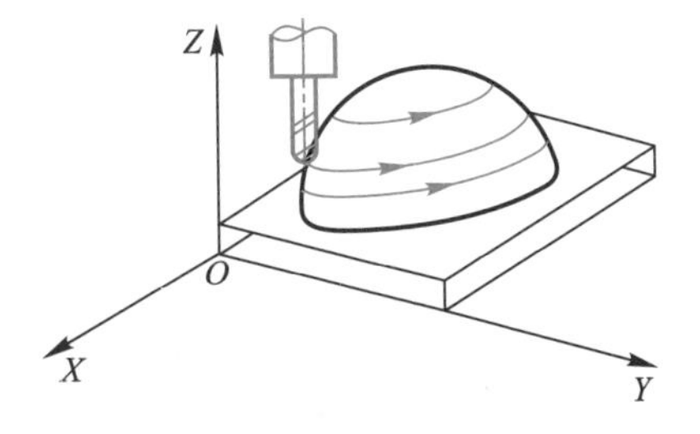

图4.4 三坐标联动加工

三坐标联动加工

4.1.3 数控铣床的工艺装备

数控铣床的工艺装备较多,这里主要分析夹具和刀具。

1. 夹具

数控机床主要用于加工形状复杂的零件,但所使用夹具的结构往往并不复杂,数控铣床夹具的选用可首先根据生产零件的批量来确定。对单件、小批量、工作量较大的模具加工来说,一般可直接在机床工作台面上通过调整实现定位与夹紧,然后通过加工坐标系的设定来确定零件的位置。

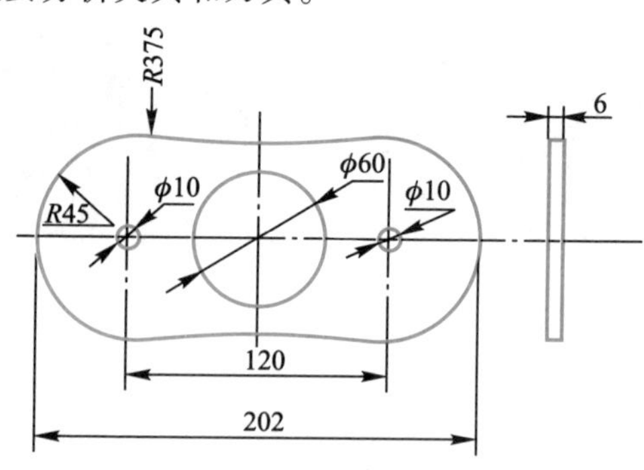

图 4.5 凸轮零件图

对有一定批量的零件来说,可选用结构较简单的夹具。例如,加工如图4.5 所示的凸轮零件的凸轮曲面时,可采用如图 4.6 所示的凸轮夹具。其中,两个定位销3,5 与定位块 4 组成一面两销的六点定位,压板 6 与夹紧螺母 7 实现夹紧。

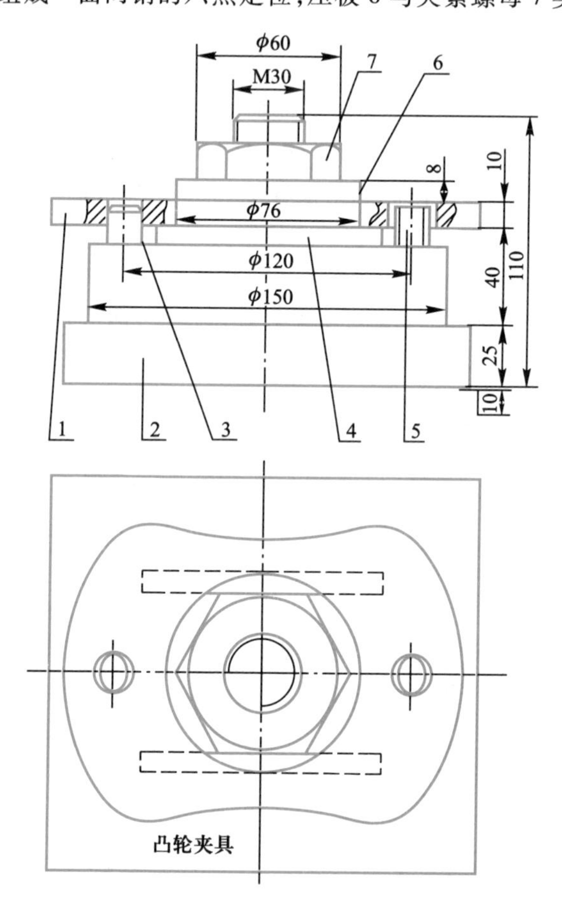

图 4.6 凸轮夹具

1—凸轮零件;2—夹具体;3—圆柱定位销;4—定位块;5—菱形定位销;6—压板;7—夹紧螺母

2. 刀具

数控铣床上所采用的刀具要根据被加工零件的材料、几何形状、表面质量要求、热处理状态、切削性能及加工余量等,选择刚性好、耐用度高的刀具。常见刀具如图 4.7 所示。

图 4.7　常见刀具

(1) 铣刀类型选择

被加工零件的几何形状是选择刀具类型的主要依据。

1) 加工曲面类零件时,为了保证刀具切削刃与加工轮廓在切削点相切,而避免刀刃与工件轮廓发生干涉,一般采用球头刀,粗加工用两刃铣刀,半精加工和精加工用四刃铣刀,如图 4.8 所示。

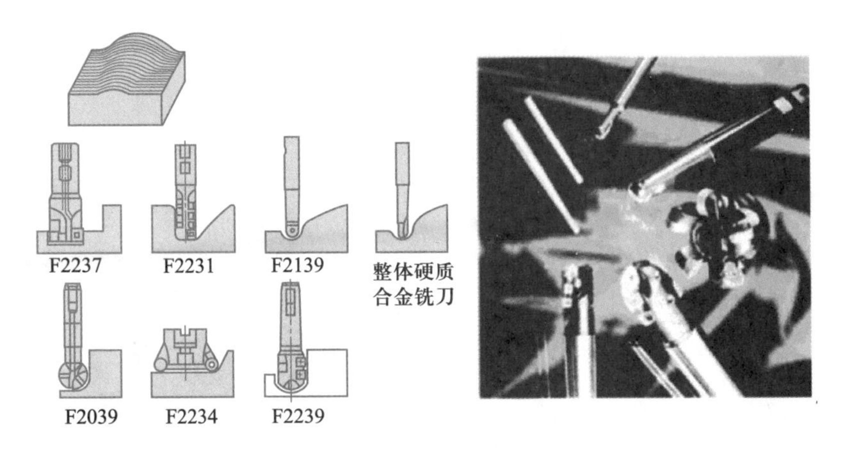

图 4.8　加工曲面类铣刀

2) 铣较大平面时,为了提高生产效率和提高加工表面的表面粗糙度,一般采用刀片镶嵌式盘形铣刀,如图 4.9 所示。

3) 铣小平面或台阶面时一般采用通用铣刀,如图 4.10 所示。

4) 铣键槽时,为了保证槽的尺寸精度,一般用两刃键槽铣刀,如图 4.11 所示。

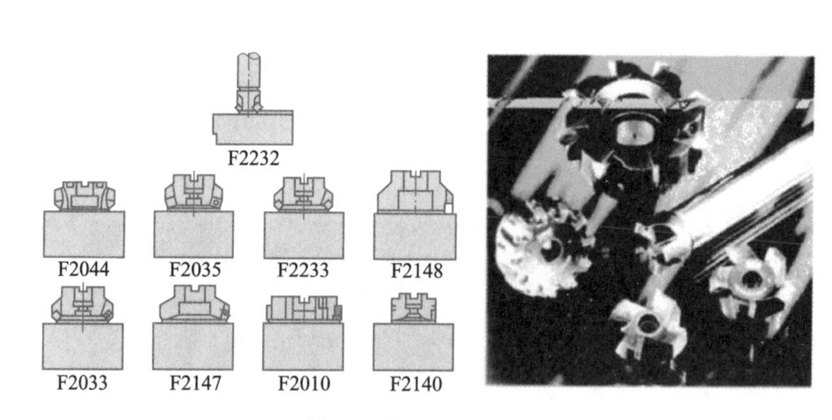

图 4.9　加工大平面铣刀

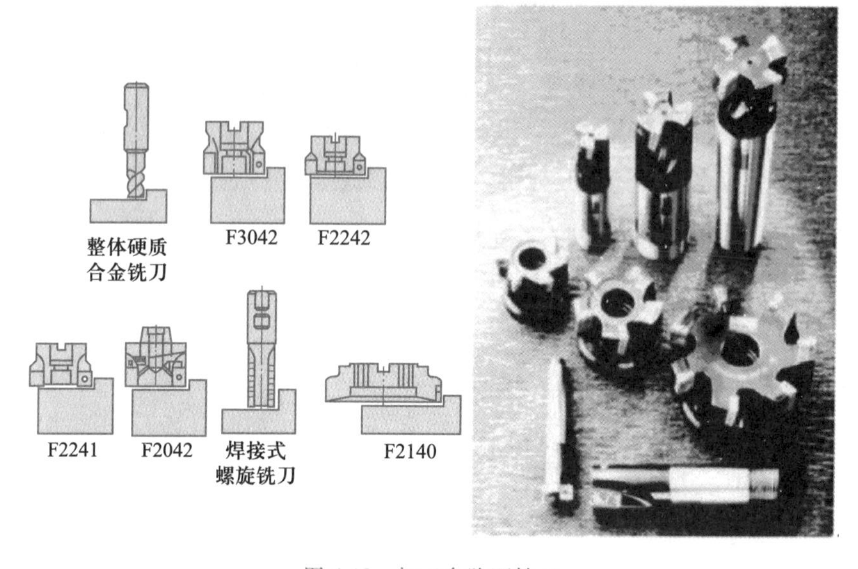

图 4.10　加工台阶面铣刀

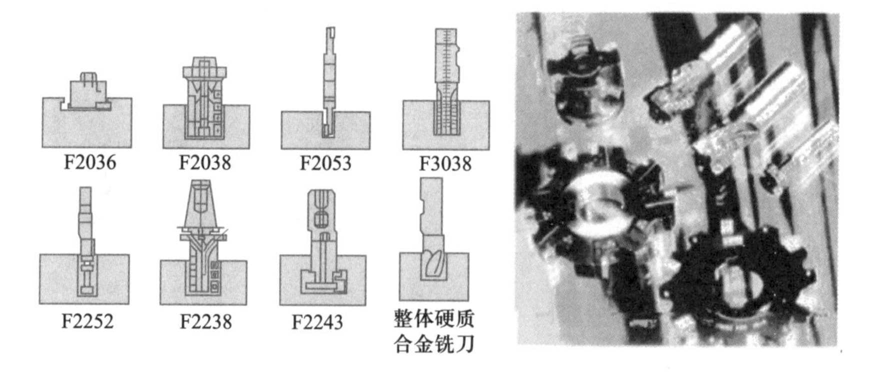

图 4.11　加工槽类铣刀

5）孔加工时，可采用钻头、镗刀等孔加工类刀具，如图 4.12 所示。

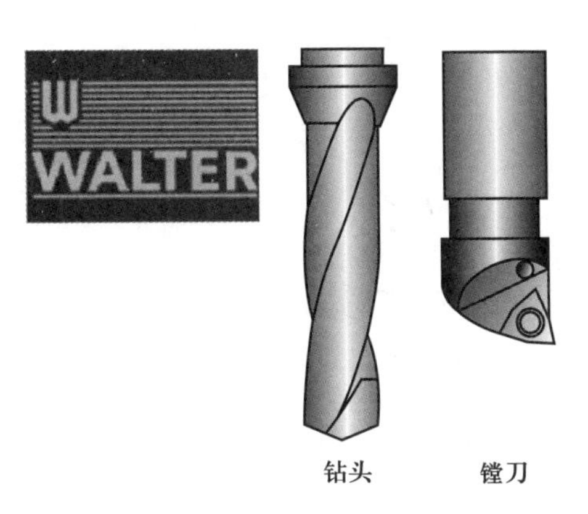

图 4.12　孔加工刀具

（2）铣刀结构选择

铣刀一般由刀片、定位元件、夹紧元件和刀体组成。由于刀片在刀体上有多种定位与夹紧方式，刀片定位元件的结构又有不同类型，因此铣刀的结构形式有多种，分类方法也较多。选用时，主要可根据刀片排列方式选择。刀片排列方式可分为平装结构和立装结构两大类。

1）平装结构（刀片径向排列）。平装结构铣刀（如图 4.13 所示）的刀体结构工艺性好，容易加工，并可采用无孔刀片（刀片价格较低，可重磨）。由于需要夹紧元件，刀片的一部分被覆盖，容屑空间较小，且在切削力方向上的硬质合金截面较小，故平装结构的铣刀一般用于轻型和中量型的铣削加工。

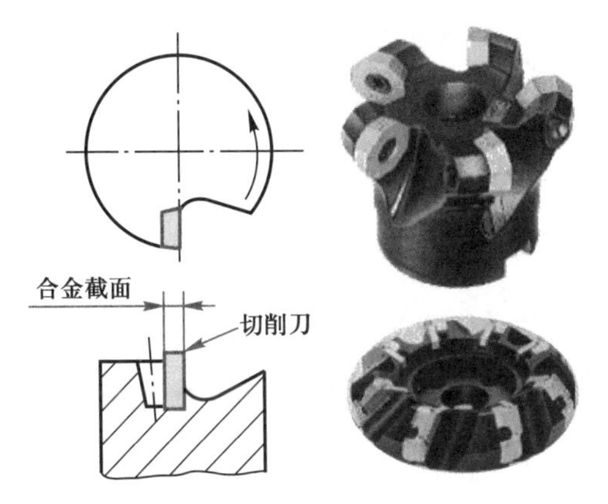

图 4.13　平装结构铣刀

2）立装结构（刀片切向排列）。立装结构铣刀（如图 4.14 所示）的刀片只用一个螺钉固定在刀槽上，结构简单，转位方便。虽然刀具零件较少，但刀体的加工难度较大，一般需用五坐标加工中心进行加工。由于刀片采用切削力夹紧，夹紧力随切削力的增大而增大，因此可省去夹紧元件，增大了容屑空间。由于刀片切向安装，在切削力方向的硬质合金截面较大，因而可进行大切深、大走刀量切削，这种铣刀适用于重型和中量型的铣削加工。

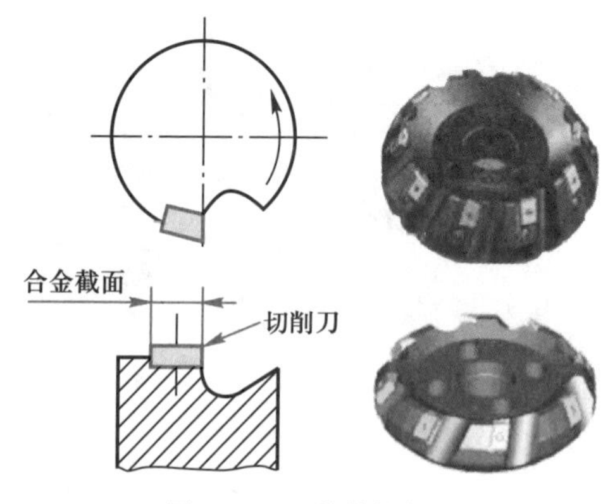

图 4.14　立装结构铣刀

(3) 铣刀角度的选择

铣刀的角度有前角、后角、主偏角、副偏角和刃倾角等。为满足不同的加工需要,有多种角度组合形式。各种角度中最主要的是主偏角和前角(制造厂的产品样本中对刀具的主偏角和前角一般都有明确说明)。

1) 主偏角 κ_r

主偏角为切削刃与切削平面的夹角,如图 4.15 所示。铣刀的主偏角有 90°,88°,75°,70°,60°,45°等几种。

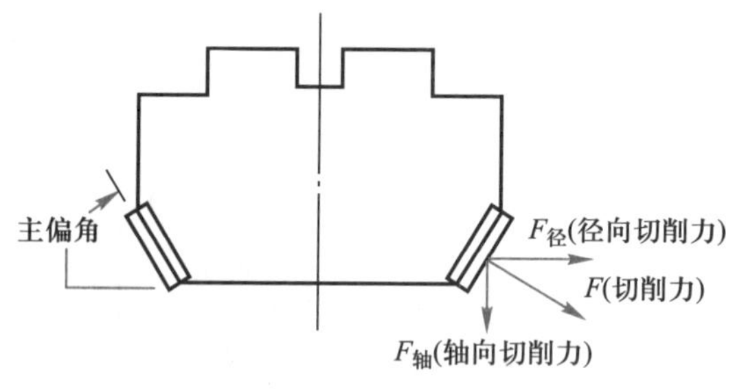

图 4.15　主偏角

主偏角对径向切削力和切削深度影响很大。径向切削力的大小直接影响切削功率和刀具的抗震性能。铣刀的主偏角越小,其径向切削力越小,抗震性也越好,但切削深度也随之减小。

90°主偏角,在铣削带凸肩的平面时选用,一般不用于单纯的平面加工。该类刀具通用性好(既可加工台阶面,又可加工平面),在单件、小批量加工中选用。由于该类刀具的径向切削力等于切削力,进给抗力大,易振动,因而要求机床具有较大功率和足够的刚性。在加工带凸肩的平面时,也可选用 88°主偏角的铣刀,较之 90°主偏角铣刀,其切削性能有一定改善。

60°~75°主偏角,适用于平面铣削的粗加工。由于径向切削力明显减小(特别是 60°时),其抗震性有较大改善,切削平稳、轻快,在平面加工中应优先选用。75°主偏角铣刀为通用型刀具,适用范围较广;60°主偏角铣刀主要用于镗铣床、加工中心上的粗铣和半精铣加工。

45°主偏角,此类铣刀的径向切削力大幅度减小,约等于轴向切削力,切削载荷分布在较长的切削刃上，具有很好的抗震性，适用于镗铣床主轴悬伸较长的加工场合。用该类刀具加工平面时，刀片破损率低，耐用度高；在加工铸铁件时，工件边缘不易产生崩刃。

2）前角 γ

铣刀的前角可分解为径向前角 γ_r（见图 4.16a）和轴向前角 γ_p（见图 4.16b），径向前角 γ_r 主要影响切削功率；轴向前角 γ_p 则影响切屑的形成和轴向力的方向，当 γ_p 为正值时切屑即飞离加工面。径向前角 γ_r 和轴向前角 γ_p 正负的判别见图 4.16。常用的前角组合形式如下：

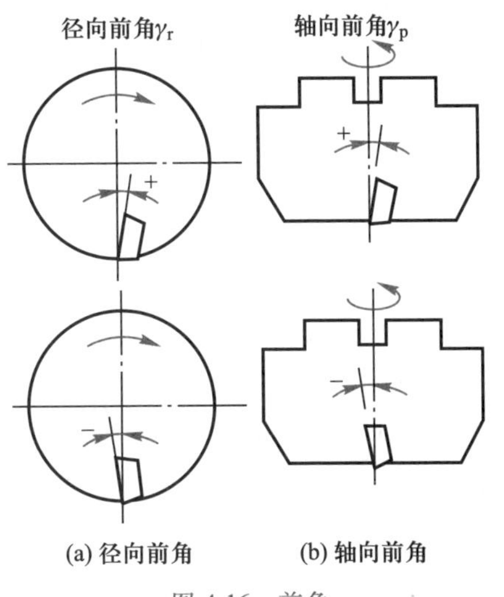

图 4.16　前角

双负前角　双负前角的铣刀通常均采用方形（或长方形）无后角的刀片，刀具切削刃多（一般为 8 个），且强度高、抗冲击性好，适用于铸钢、铸铁的粗加工。由于切屑收缩比大，需要较大的切削力，因此要求机床具有较大功率和较高刚性。由于轴向前角为负值，切屑不能自动流出，当切削韧性材料时易出现积屑瘤和刀具振动。

凡能采用双负前角刀具加工时建议优先选用双负前角铣刀，以便充分利用和节省刀片。当采用双正前角铣刀产生崩刃（即冲击载荷大）时，在机床允许的条件下亦应优先选用双负前角铣刀。

双正前角　双正前角铣刀采用带有后角的刀片，这种铣刀楔角小，具有锋利的切削刃。由于切屑收缩比小，所耗切削功率较小，切屑成螺旋状排出，不易形成积屑瘤。这种铣刀最宜用于软材料和不锈钢、耐热钢等材料的切削加工。对于刚性差（如主轴悬伸较长的镗铣床）、功率小的机床和加工焊接结构件时，也应优先选用双正前角铣刀。

正负前角（轴向正前角、径向负前角）　这种铣刀综合了双正前角和双负前角铣刀的优点，轴向正前角有利于切屑的形成和排出；径向负前角可提高刀刃强度，改善抗冲击性能。此种铣刀切削平稳，排屑顺利，金属切除率高，适用于大余量铣削加工。WALTER 的切向布齿重切削铣刀 F2265 就是采用轴向正前角、径向负前角结构的铣刀。

（4）铣刀的齿数（齿距）选择

铣刀齿数多，可提高生产效率，但受容屑空间、刀齿强度、机床功率及刚性等的限制，不同直径的铣刀的齿数均有相应规定。为满足不同用户的需要，同一直径的铣刀一般有粗齿、中齿、密齿三种类型。

粗齿铣刀　适用于普通机床的大余量粗加工和软材料或切削宽度较大的铣削加工；当机床功率较小时，为使切削稳定，也常选用粗齿铣刀。

中齿铣刀　系通用系列，使用范围广泛，具有较高的金属切除率和切削稳定性。

密齿铣刀　主要用于铸铁、铝合金和有色金属的大进给速度切削加工。在专

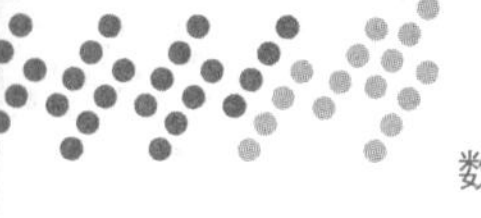

业化生产(如流水线加工)中,为充分利用设备功率和满足生产节奏要求,也常选用密齿铣刀(此时多为专用非标准铣刀)。

为防止工艺系统出现共振,使切削平稳,还有一种不等分齿距铣刀。如 WALTER 的 NOVEX 系列铣刀均采用了不等分齿距技术。在铸钢、铸铁件的大余量粗加工中建议优先选用不等分齿距的铣刀。

(5) 铣刀直径的选择

铣刀直径的选用视产品及生产批量的不同差异较大,刀具直径的选用主要取决于设备的规格和工件的加工尺寸。

1) 平面铣刀　选择平面铣刀直径时主要需考虑刀具所需功率应在机床功率范围之内,也可将机床主轴直径作为选取的依据。平面铣刀直径可按 $D=1.5\,d$(d 为主轴直径)选取。在批量生产时,也可按工件切削宽度的 1.6 倍选择刀具直径。

2) 立铣刀　立铣刀直径的选择主要应考虑工件加工尺寸的要求,并保证刀具所需功率在机床额定功率范围以内。如系小直径立铣刀,则应主要考虑机床的最高转速能否达到刀具的最低切削速度(60 m/min)。

3) 槽铣刀　槽铣刀的直径和宽度应根据加工工件尺寸选择,并保证其切削功率在机床允许的功率范围之内。

(6) 铣刀的最大切削深度

不同系列的可转位面铣刀有不同的最大切削深度。最大切削深度越大的刀具所用刀片的尺寸越大,价格也越高,因此从节约费用、降低成本的角度考虑,选择刀具时一般应按加工的最大余量和刀具的最大切削深度选择合适的规格。当然,还需要考虑机床的额定功率和刚性应能满足刀具使用最大切削深度时的需要。

(7) 刀片牌号的选择

合理选择刀片硬质合金牌号的主要依据是被加工材料的性能和硬质合金的性能。一般选用铣刀时,可按刀具制造厂提供加工的材料及加工条件来配备相应牌号的硬质合金刀片。

由于各厂生产的同类用途硬质合金的成分及性能各不相同,硬质合金牌号的表示方法也不同,为方便用户,国际标准化组织规定,切削加工用硬质合金按其排屑类型和被加工材料分为三大类:P 类、M 类和 K 类。根据被加工材料及适用的加工条件,每大类中又分为若干组,用两位阿拉伯数字表示,每类中数字越大,其耐磨性越低、韧性越高。

P 类合金(包括金属陶瓷)用于加工产生长切屑的金属材料,如钢、铸钢、可锻铸铁、不锈钢和耐热钢等。其中,组号越大,则可选用越大的进给量和切削深度,而切削速度则应越小。

M 类合金用于加工产生长切屑和短切屑的黑色金属或有色金属,如钢、铸钢、奥氏体不锈钢、耐热钢、可锻铸铁和合金铸铁等。其中,组号越大,则可选用越大的进给量和切削深度,而切削速度则应越小。

K 类合金用于加工产生短切屑的黑色金属、有色金属及非金属材料,如铸铁、铝合金、铜合金、塑料和硬胶木等。其中,组号越大,则可选用越大的进给量和切削深度,而切削速度则应越小。

上述三类牌号的选择原则见表 4.1。

表 4.1　P,M,K 类合金切削用量的选择

	P01	P05	P10	P15	P20	P25	P30	P40	P50
	M10	M20	M30	M40					
	K01	K10	K20	K30	K40				
进给量	——————→								
背吃刀量	——————→								
切削速度	←——————								

各厂生产的硬质合金虽然有各自编制的牌号,但都有对应国际标准的分类号,选用十分方便。

4.1.4　数控铣削的工艺性分析

数控铣削加工工艺性分析是编程前的重要工艺准备工作之一,根据加工实践,数控铣削加工工艺分析所要解决的主要问题大致可归纳为以下几个方面。

1. 选择并确定数控铣削加工部位及工序内容

在选择数控铣削加工内容时,应充分发挥数控铣床的优势和关键作用。主要选择的加工内容有:

1）工件上的曲线轮廓,特别是由数学表达式给出的非圆曲线与列表曲线等曲线轮廓,如图 4.17 所示的正弦曲线。

2）已给出数学模型的空间曲面,如图 4.18 所示的球面。

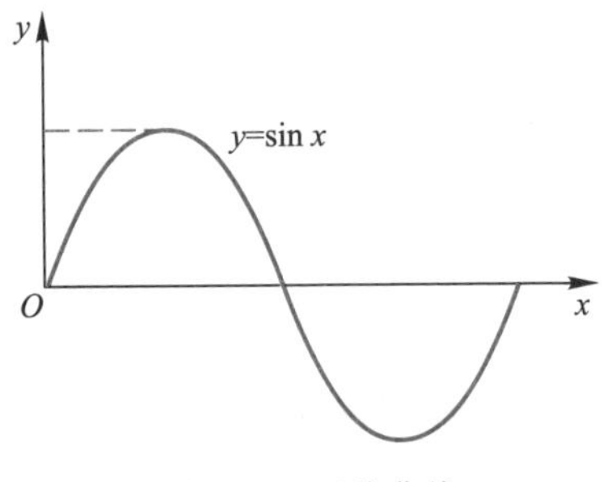

图 4.17　正弦曲线

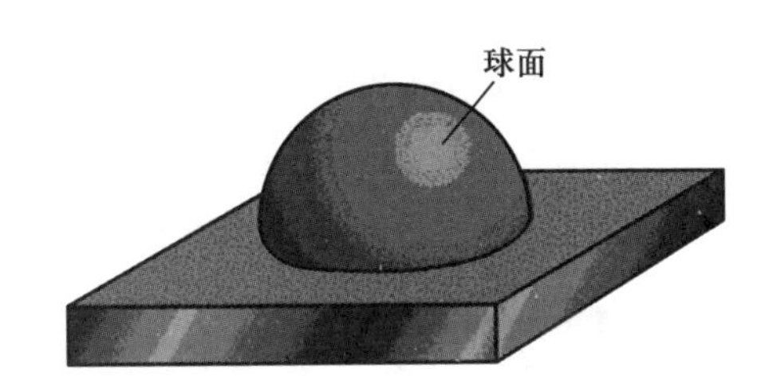

图 4.18　球面

3）形状复杂、尺寸繁多、划线与检测困难的部位。

4）用通用铣床加工时难以观察、测量和控制进给的内、外凹槽。

5）以尺寸协调的高精度孔和面。

6）能在一次安装中铣出来的简单表面或形状。

7）用数控铣削方式加工后,能成倍提高生产率,大大减轻劳动强度。

2. 零件图样的工艺性分析

根据数控铣削加工的特点,对零件图样进行工艺性分析时,应主要分析与考虑以下一些问题。

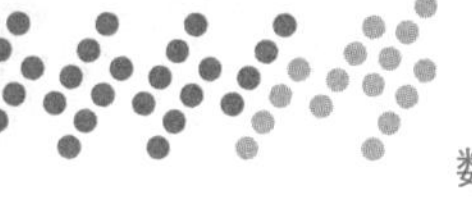

(1) 零件图样尺寸的正确标注

由于加工程序是以准确的坐标点来编制的,因此各图形几何元素间的相互关系(如相切、相交、垂直和平行等)应明确,各种几何元素的条件要充分,应无引起矛盾的多余尺寸或者影响工序安排的封闭尺寸等。例如,零件在用同一把铣刀、同一个刀具半径补偿值编程加工时,由于零件轮廓各处尺寸公差带不同,如图 4.19 所示就很难同时保证各处尺寸在各自的尺寸公差范围内。这时一般采取的方法是:兼顾各处尺寸公差,在编程计算时,改变轮廓尺寸并移动公差带,改为对称公差,采用同一把铣刀和同一个刀具半径补偿值加工,对图 4.19 中括号内的尺寸,其公差带均做了相应改变,计算与编程时用括号内尺寸来进行。

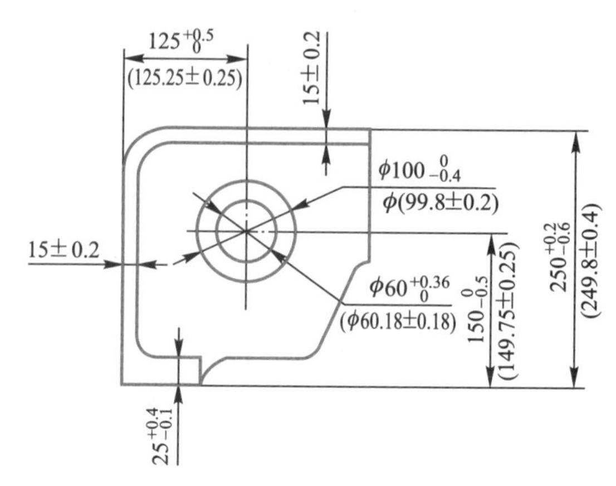

图 4.19　零件尺寸公差带的调整

(2) 统一内壁圆弧的尺寸

轮廓上内壁圆弧的尺寸往往限制刀具的尺寸。

1) 内壁转接圆弧半径 R

如图 4.20 所示,当工件的被加工轮廓高度 H 较小,内壁转接圆弧半径 R 较大时,则可采用刀具切削刃长度 L 较小,直径 D 较大的铣刀加工。这样,底面 A 的走刀次数较少,表面质量较好,因此工艺性较好。反之如图 4.21 所示,铣削工艺性则较差。

通常,当 $R<0.2H$ 时,则属工艺性较差。

2) 内壁与底面转接圆弧半径 r

如图 4.22 所示,铣刀直径 D 一定时,工件的内壁与底面转接圆弧半径 r 越小,铣刀与铣削平面接触的最大直径 $d=D-2r$ 也越大,铣刀端刃铣削平面的面积越大,则加工平面的能力越强,因而铣削工艺性越好。反之工艺性越差,如图4.23 所示。

当底面铣削面积大,转接圆弧半径 r 也较大时,只能先用一把 r 较小的铣刀加工,再用符合要求的刀具加工,分两次完成切削。

总之,一个零件上内壁转接圆弧半径尺寸的大小和一致性影响着加工能力、加工质量和换刀次数等。因此,转接圆弧半径尺寸的大小要力求合理,半径尺寸尽可能一致,至少要力求半径尺寸分组靠拢,以改善铣削工艺性。

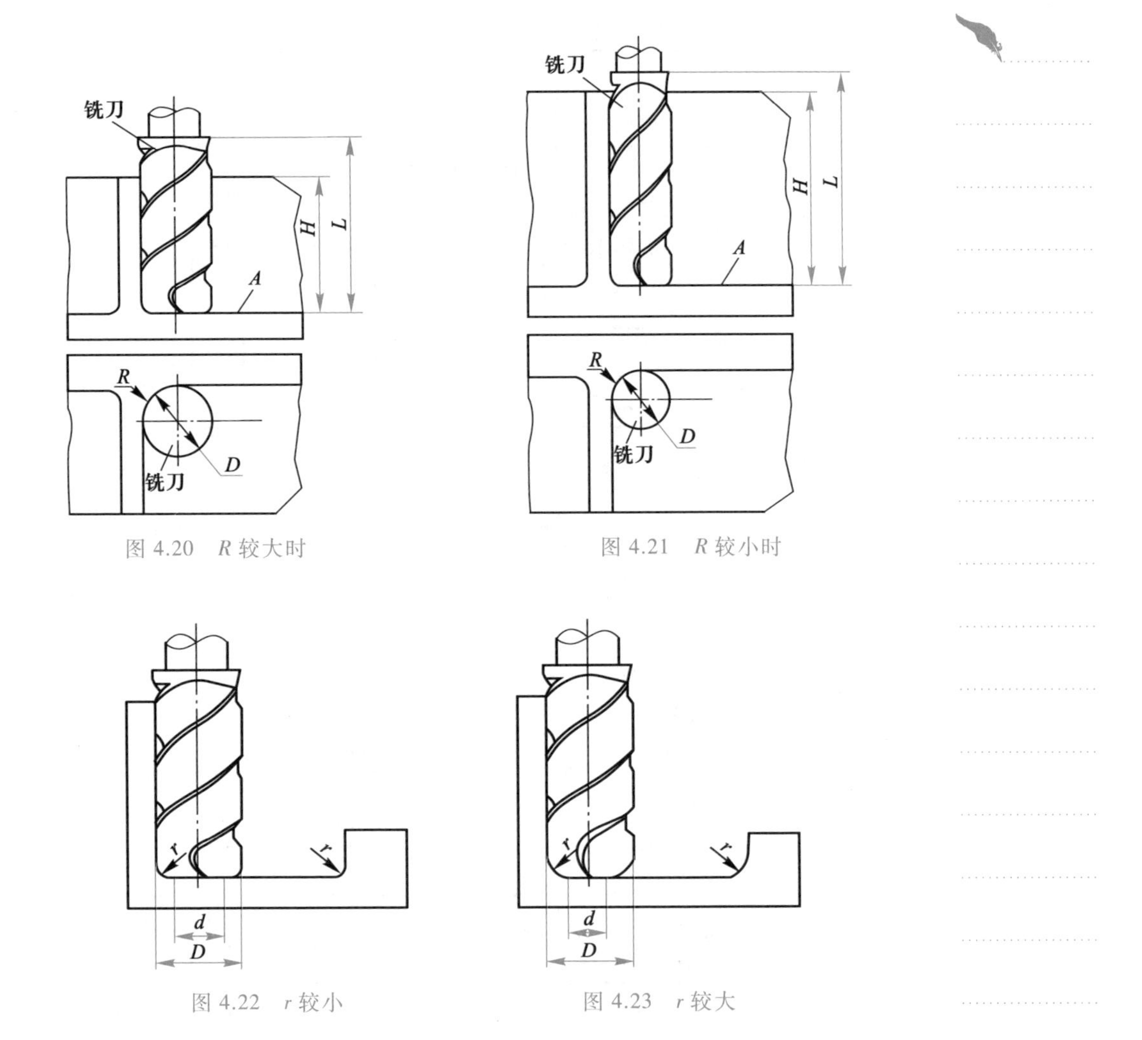

图 4.20　R 较大时　　图 4.21　R 较小时

图 4.22　r 较小　　图 4.23　r 较大

3. 保证基准统一的原则

有些工件需要在铣削完一面后，再重新安装铣削另一面，由于数控铣削时，不能使用通用铣床加工时常用的试切方法来接刀，因此最好采用统一基准定位。

4. 分析零件的变形情况

铣削工件在加工时的变形将影响加工质量。这时，可采用常规方法如粗、精加工分开及对称去余量法等，也可采用热处理的方法，如对钢件进行调质处理，对铸铝件进行退火处理等。加工薄板时，切削力及薄板的弹性退让极易产生切削面的振动，使薄板厚度尺寸公差和表面粗糙度难以保证，这时应考虑合适的工件装夹方式。

总之，加工工艺取决于产品零件的结构形状、尺寸和技术要求等。如表 4.2 所示给出了改进零件结构提高工艺性的一些实例。

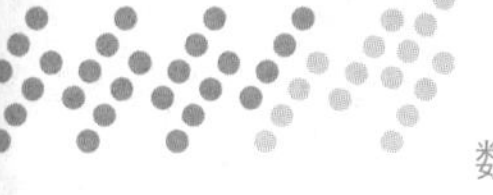

表 4.2　改进零件结构提高工艺性

提高工艺性方法	结　　构		结果
	改进前	改进后	
铣　加　工			
改进内壁形状	$R_2<\left(\frac{1}{5}\sim\frac{1}{6}H\right)$，$R_1$，$H$	$R_2>\left(\frac{1}{5}\sim\frac{1}{6}H\right)$，$R_1$，$H$	可采用较高刚性刀具
统一圆弧尺寸	r_1，r_2，r_3，r_4	r	减少刀具数和更换刀具次数，减少辅助时间
选择合适的圆弧半径 R 和 r	r，R	r，ϕd，R	提高生产效率
用两面对称结构			减少编程时间，简化编程
合理改进凸台分布	R，$a<2R$，$a>2R$	R，$a>2R$	减少加工工作量

续表

提高工艺性方法	结构		结果
	改进前	改进后	
铣加工			
改进结构形状	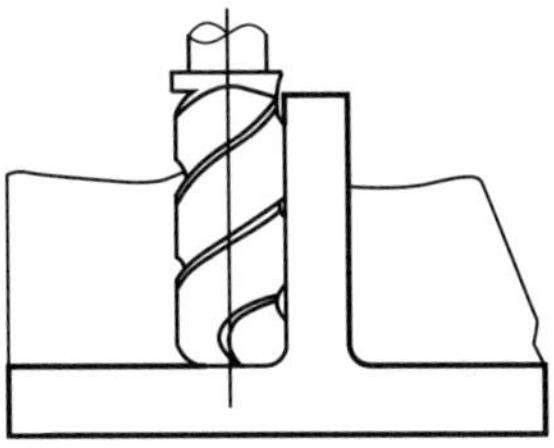	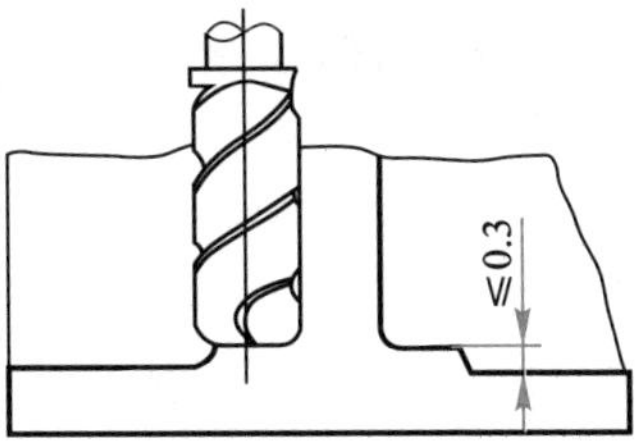 $\leqslant 0.3$	减少加工工作量
	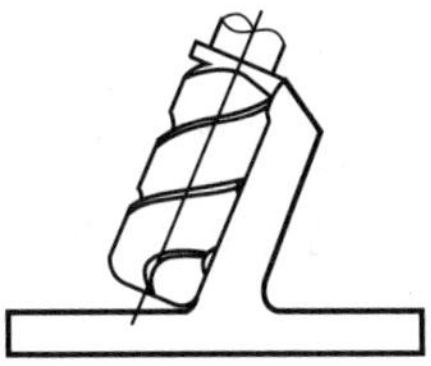	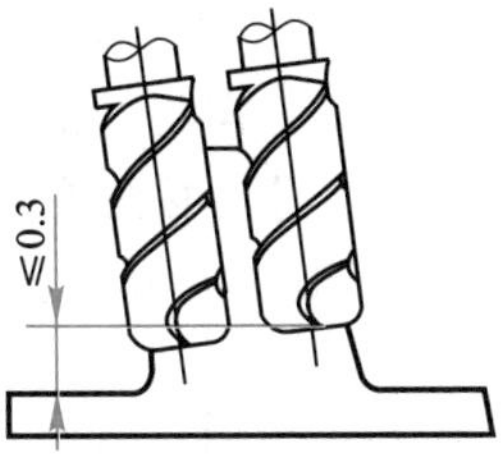 $\leqslant 0.3$	
改进尺寸比例	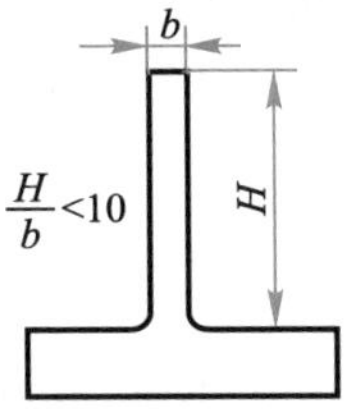 b　$\frac{H}{b}<10$　H	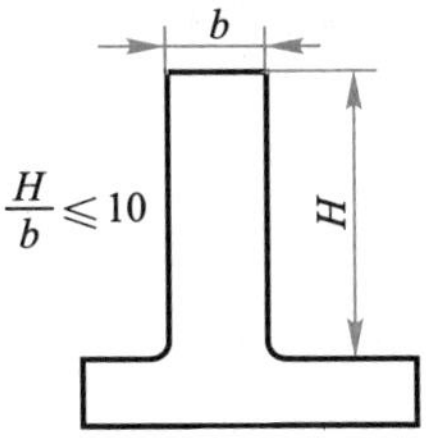 b　$\frac{H}{b}\leqslant 10$　H	可用较高刚度刀具加工，提高生产率
在加工和不加工表面间加入过渡	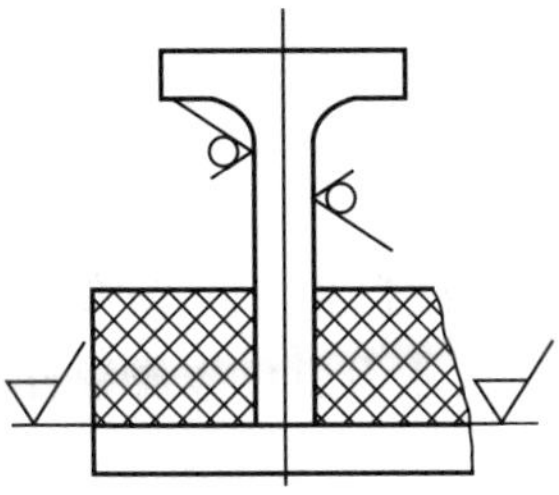	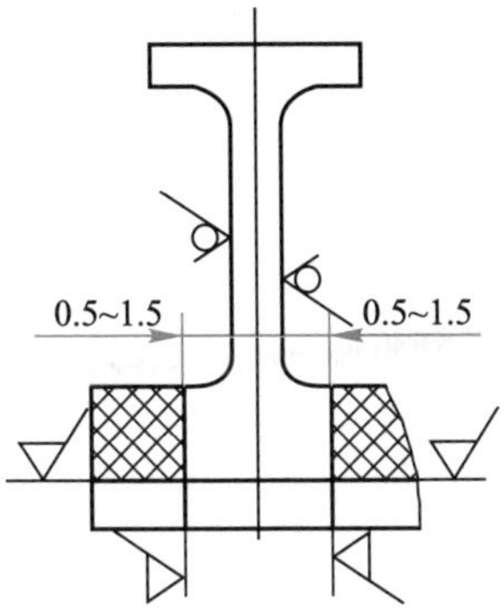 0.5~1.5　0.5~1.5	减少加工工作量
改进零件几何形状	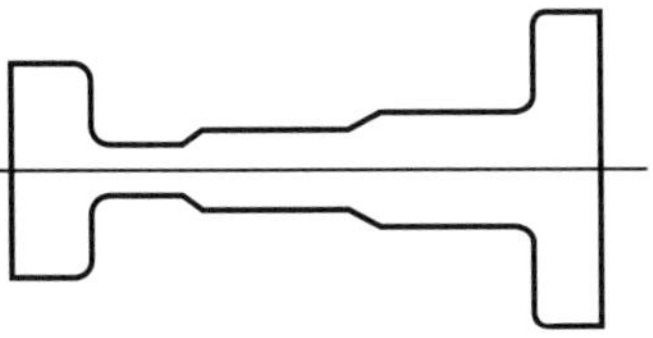	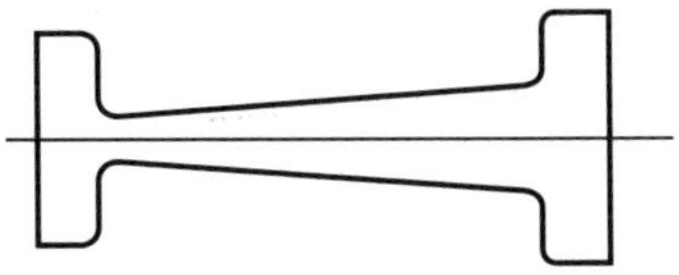	斜面筋代替阶梯筋，节约材料

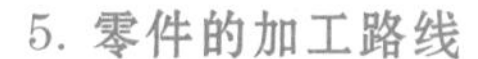

5. 零件的加工路线

(1) 铣削轮廓表面

在铣削轮廓表面时一般采用立铣刀侧面刃口进行切削。对于二维轮廓加工，通常采用的加工路线为：

1）从起刀点下刀到下刀点；

2）沿切向切入工件；

3）轮廓切削；

4）刀具向上抬刀，退离工件；

5）返回起刀点。

(2) 顺铣和逆铣对加工影响

在铣削加工中，采用顺铣还是逆铣方式是影响加工表面粗糙度的重要因素之一。逆铣时切削力 F 的水平分力 F_X 的方向与进给运动 v_W 方向相反，顺铣时切削力 F 的水平分力 F_X 的方向与进给运动 v_W 的方向相同。铣削方式的选择应视零件图样的加工要求，工件材料的性质、特点以及机床、刀具等条件综合考虑。通常，由于数控机床传动采用滚珠丝杠结构，其进给传动间隙很小，顺铣的工艺性就优于逆铣。

如图 4.24a 所示为采用顺铣切削方式精铣外轮廓，图 4.24b 所示为采用逆铣切削方式精铣型腔轮廓，图 4.24c 所示为顺、逆铣时的切削区域。

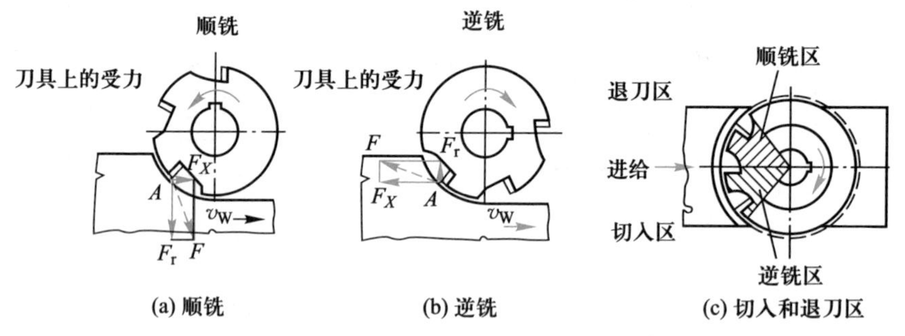

图 4.24　顺铣和逆铣切削方式

同时，为了降低表面粗糙度值，提高刀具耐用度，对于铝镁合金、钛合金和耐热合金等材料，尽量采用顺铣加工。但如果零件毛坯为黑色金属锻件或铸件，表皮硬而且余量一般较大，这时采用逆铣较为合理。

任务二　常规盘类零件的编程

【任务描述】

根据数控铣床加工程序编制的基本方法，选择合适的功能指令，完成常规盘类零件的编程。

以 XK5032 立式数控铣床为基础,研究数控铣床程序编制的基本方法。

XK5032 立式数控铣床所配置的是 FANUC-OMC 数控系统。该系统的主要特点是:轴控制功能强,其基本可控制轴数为 X,Y,Z 三轴,扩展后可联动控制轴数为四轴;编程代码通用性强,编程方便,可靠性高。常用文字码及其含义见表 4.3。

表 4.3　常用文字码及其含义

功能	文字码	含义
程序号	O:ISO/EIA	表示程序名代号(1~9 999)
程序段号	N	表示程序段代号(1~9 999)
准备机能	G	确定移动方式等准备功能
坐标字	X,Y,Z,A,B,C	坐标轴移动指令(±99 999.999 mm)
	R	圆弧半径(±99 999.999 mm)
	I,J,K	圆弧圆心坐标(±99 999.999 mm)
进给功能	F	表示进给速度(1~1 000 mm/min)
主轴功能	S	表示主轴转速(0~9 999 r/min)
刀具功能	T	表示刀具号(0~99)
辅助功能	M	冷却液开、关控制等辅助功能(0~99)
偏移号	H	表示偏移代号(0~99)
暂停	P 和 X	表示暂停时间(0~99 999.999 s)
子程序号及子程序调用次数	P	子程序的标定及子程序重复调用次数设定(1~9 999)
宏程序变量	P,Q,R	变量代号

4.2.1　加工坐标系的建立

1. G92——设置加工坐标系

编程格式:G92 X~Y~Z~

G92 指令是将加工原点设定在相对于刀具起始点的某一空间点上。

若程序格式为:G92 X a Y b Z c

则将加工原点设定到距刀具起始点距离为 $X=-a,Y=-b,Z=-c$ 的位置上。

例:G92 X20 Y10 Z10

其确立的加工原点在距离刀具起始点 $X=-20,Y=-10,Z=-10$ 的位置上,如图 4.25 所示。

2. G53——选择机床坐标系

编程格式:G53 G90 X~Y~Z~

G53 指令使刀具快速定位到机床坐标系中的指定位置上,其中 X,Y,Z 后的值为机床坐标系中的坐标值,其尺寸均为负值。

例: G53 G90 X-100 Y-100 Z-20

执行后刀具在机床坐标系中的位置如图 4.26 所示。

X 轴对刀操作

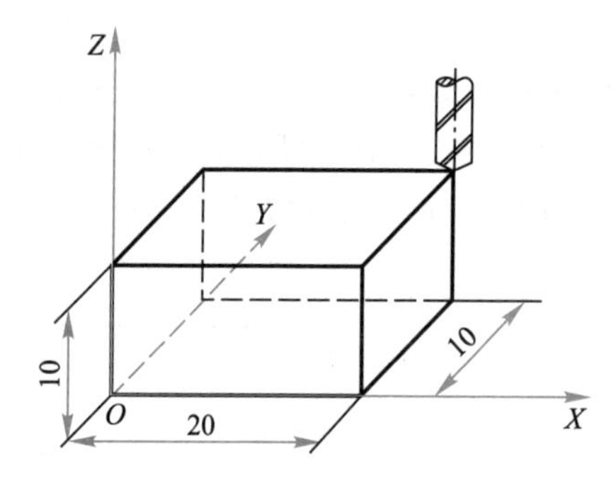

图 4.25 G92 设置加工坐标系

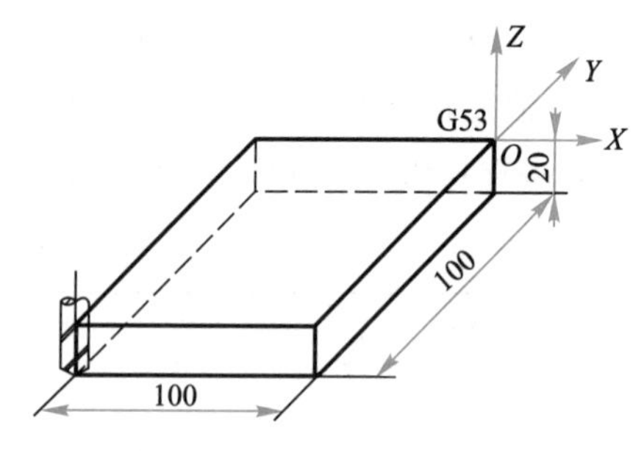

图 4.26 G53 选择机床坐标系

3. G54, G55, G56, G57, G58, G59 选择 1 ~ 6 号加工坐标系

这些指令可以分别用来选择相应的加工坐标系。

编程格式:G54 G90 G00 (G01) X~ Y~ Z~ (F~)

该指令执行后,所有坐标值指定的坐标尺寸都是选定的工件加工坐标系中的位置。1~6 号工件加工坐标系是通过 CRT/MDI 方式设置的。

例: 在图 4.27 中,用 CRT/MDI 在参数设置方式下设置了两个加工坐标系:

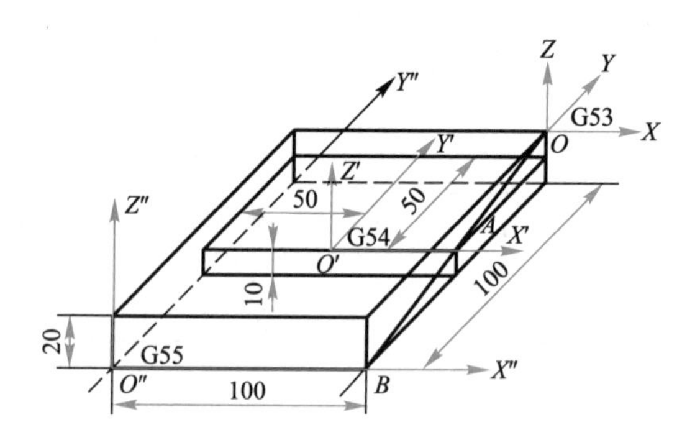

图 4.27 设置加工坐标系

G54: X-50 Y-50 Z-10

G55: X-100 Y-100 Z-20

这时,建立了原点在 O'的 G54 加工坐标系和原点在 O''的 G55 加工坐标系。若执行下述程序段:

```
N10 G53 G90 X0 Y0 Z0
N20 G54 G90 G01 X50 Y0 Z0 F100
N30 G55 G90 G01 X100 Y0 Z0 F100
```

则刀尖点的运动轨迹如图 4.27 中 *OAB* 所示。

4. 注意事项

(1) G54 与 G55~G59 的区别

G54~G59 设置加工坐标系的方法是一样的,但在实际情况下,机床厂家为了用户的不同需要，在使用中有以下区别：利用 G54 设置机床原点的情况下，进行回参考点操作时机床坐标值显示为 G54 的设定值，且符号均为正；利用 G55～G59 设置加工坐标系的情况下，进行回参考点操作时机床坐标值显示零值。

（2）G92 与 G54～G59 的区别

G92 指令与 G54～G59 指令都是用于设定工件加工坐标系的，但在使用中是有区别的。G92 指令是通过程序来设定、选用加工坐标系的，它所设定的加工坐标系原点与当前刀具所在的位置有关，这一加工原点在机床坐标系中的位置是随当前刀具位置的不同而改变的。

（3）G54～G59 的修改

G54～G59 指令是通过 MDI 在设置参数方式下设定工件加工坐标系的，一旦设定，加工原点在机床坐标系中的位置是不变的，它与刀具的当前位置无关，除非再通过 MDI 方式修改。

（4）应用范围

本课程所列加工坐标系的设置方法，仅是 FANUC 系统中常用的方法之一，其余不一一列举。其他数控系统的设置方法应按随机说明书执行。

5. 常见错误

当执行程序段“G92 X10 Y10”时，常会认为是刀具在运行程序后到达（10，10）点上。其实，G92 指令程序段只是设定加工坐标系，并不产生任何动作，这时刀具已在加工坐标系中的（10，10）点上。

G54～G59 指令程序段可以和 G00，G01 指令组合，如“G54 G90 G01 X10 Y10”时，运动部件在选定的加工坐标系中进行移动。程序段运行后，无论刀具当前点在哪里，它都会移动到加工坐标系中的（10，10）点上。

4.2.2　刀具半径补偿功能 G40，G41，G42

数控机床在实际加工过程中是通过控制刀具中心轨迹来实现切削加工任务的。在编程过程中，为了避免复杂的数值计算，一般按零件的实际轮廓来编写数控程序，但刀具具有一定的半径尺寸，如果不考虑刀具半径尺寸，那么加工出来的实际轮廓就会与图纸所要求的轮廓相差一个刀具半径值。因此，采用刀具半径补偿功能来解决这一问题。

1. 刀具半径补偿功能的定义及编程格式

刀具半径补偿功能的定义及编程格式在本课程前面已讨论过，这里不详述。在针对具体零件编程中，要注意正确选择 G41 和 G42，以保证顺铣和逆铣的加工要求。

2. 刀具半径补偿设置方法

刀具半径补偿设置

方法一：在数控系统操作面板上手工输入刀具半径补偿值。

1）数控系统操作面板上按下功能键 OFFSET SETTING 。

2）按下章节选择软键［OFFSET］或者多次按下 OFFSET SETTING 键直到显示如

图 4.28 所示的刀具补偿页面。图中 NO. 这一列中显示的是刀具补偿号，GEOM(D)这一列中可以输入刀具半径补偿值。

```
OFFSET                O0001 N00000
 NO.   GEOM(H)   WEAR(H)   GEOM(D)   WEAR(D)
 001               0.000     0.000     0.000
 002   -1.000      0.000     0.000     0.000
 003    0.000      0.000     0.000     0.000
 004   20.000      0.000     0.000     0.000
 005    0.000      0.000     0.000     0.000
 006    0.000      0.000     0.000     0.000
 007    0.000      0.000     0.000     0.000
 008    0.000      0.000     0.000     0.000
ACTUAL POSITION(RELATIVE)
   X    0.000        Y       0.000
   Z    0.000

 >_
 MDI**** *** ***         16:05:59
 [OFFSET] [SETTING] [WORK] [      ] [(OPRT)]
```

图 4.28　刀具补偿页面

3）通过页面键和光标键将光标移到要设定和改变补偿值的地方，输入一个补偿值并按下软键[INPUT]。即可设定好刀具半径补偿量。

方法二：用程序输入刀具补偿值。

指令格式：G10 L12 P～ R～

刀具补偿存储器的种类：

D：代码的几何补偿值；

P：刀具补偿号；

R：刀具补偿值。绝对值指令(G90)方式指定时，设定值就是刀具补偿值；用增量值指令(G91)方式时，刀具补偿值为该值与指定的刀具补偿号的值的和。

3. 应用举例

使用直径为 10 mm 的刀具加工如图 4.29 所示的零件，加工深度为 5 mm，加工程序编制如下：

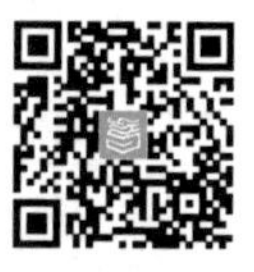

底座零件的铣削编制

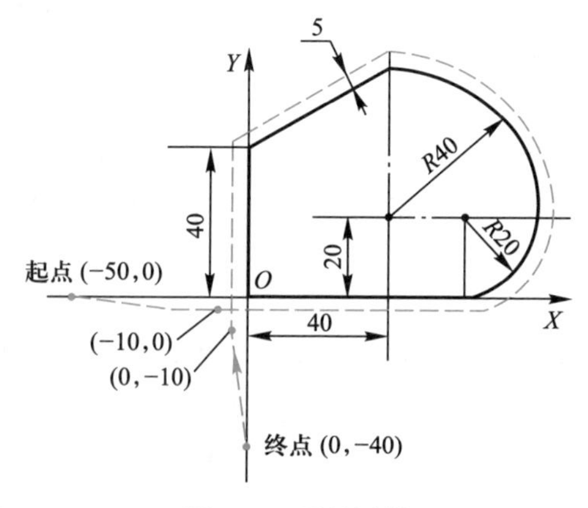

图 4.29　零件图样

```
O10
G55 G90 G01 Z40 F2000        //进入 2 号加工坐标系
M03 S500                     //主轴启动
G01 X-50 Y0                  //到达 X,Y 坐标起始点
G01 Z-5 F100                 //到达 Z 坐标起始点
G01 G42 X-10 Y0 D01          //建立右偏刀具半径补偿
G01 X60 Y0                   //切入轮廓
G03 X80 Y20 R20              //切削轮廓
G03 X40 Y60 R40              //切削轮廓
G01 X0 Y40                   //切削轮廓
G01 X0 Y-10                  //切出轮廓
G01 G40 X0 Y-40              //撤销刀具半径补偿
G01 Z40 F2000                //Z 坐标退刀
M05                          //主轴停
M30                          //程序停
设置 G55：X=-400,Y=-150,Z=-50,D01=5。
```

4. 练习与思考

利用刀具半径补偿功能指令编写型腔轮廓加工程序,型腔轮廓如图 4.29 所示(即将上述例题的外轮廓加工,改为型腔内轮廓加工)。

4.2.3　坐标系旋转功能 G68，G69

该指令可使编程图形按照指定旋转中心及旋转方向旋转一定的角度,G68 表示开始坐标系旋转,G69 用于撤销旋转功能。

1. 基本编程方法

编程格式：G68 X ~ Y ~ R ~

G69

…

其中：X 和 Y——旋转中心的坐标值(可以是 X,Y,Z 中的任意两个,它们由当前平面选择指令 G17,G18,G19 中的一个确定),当 X、Y 省略时,G68 指令认为当前的位置即为旋转中心;

R——旋转角度,逆时针旋转定义为正方向,顺时针旋转定义为负方向。

当程序在绝对方式下时,G68 程序段后的第一个程序段必须使用绝对方式移动指令,才能确定旋转中心。如果这一程序段为增量方式移动指令,那么系统将以当前位置为旋转中心,按 G68 给定的角度旋转坐标。现以如图 4.30 所示轨迹为例,应用旋转指令的程序为:

```
N10 G92 X-5 Y-5              //建立图 4.30 所示的加工坐标系
N20 G68 G90 X7 Y3 R60        //开始以点(7,3)为旋转中心,逆时针旋转 60°
                               的旋转
N30 G90 G01 X0 Y0 F200       //按原加工坐标系描述运动,到达(0,0)点
```

```
(G91 X5 Y5)              //若按括号内程序段运行,将以(-5,-5)的当前
                           点为旋转中心旋转60°
N40 G91 X10              //X向进给到(10,0)
N50 G02 Y10 R10          //顺圆进给
N60 G03 X-10 I-5 J-5     //逆圆进给
N70 G01 Y-10             //回到(0,0)点
N80 G69 G90 X-5 Y-5      //撤销旋转功能,回到(-5,-5)点
M02                      //结束
```

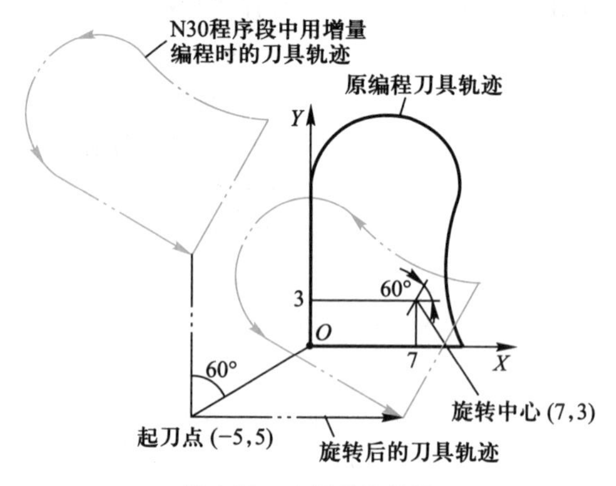

图 4.30　坐标系的旋转

2. 坐标系旋转功能与刀具半径补偿功能的关系

旋转平面一定要包含在刀具半径补偿平面内。以如图 4.31 所示轨迹为例：

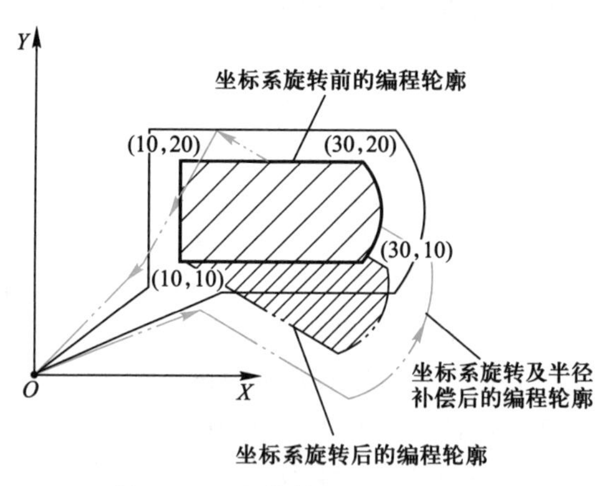

图 4.31　坐标旋转与刀具半径补偿

```
N10 G92 X0 Y0
N20 G68 G90 X10 Y10 R-30
N30 G90 G42 G00 X10 Y10 F100 D01
N40 G91 X20
```

```
N50 G03 Y10 I-10 J 5
N60 G01 X-20
N70 Y-10
N80 G40 G90 X0 Y0
N90 G69 M30
```

当选用半径为 *R*5 的立铣刀时,设置:D01=5。

3. 与比例编程方式的关系

在比例模式时,再执行坐标旋转指令,旋转中心坐标也执行比例操作,但旋转角度不受影响,这时各指令的排列顺序如下:

```
G51…
G68…
G41/G42…
G40…
G69…
G50…
```

4.2.4　子程序调用

数控程序有两种形式,主程序和子程序。一般情况下,数控系统根据主程序运行,但是当主程序中遇到调子程序的指令时,转到子程序运行,当子程序中遇到返回到主程序的指令时,控制返回到主程序。

应用主程序调用子程序的方法可以更加简化编程,优化程序,有利于程序的修改和重复调用。在实际工作中可以取得事半功倍的作用。

1. 子程序的定义(见图 4.32)

指令说明:

1) M99 不必作为独立的程序段指令,如下所示:

例:X100.0 Y100.0 M99

2) 当子程序结束时,如果用 P 指定一个顺序号,则控制不返回到调用程序号之后的程序段,而返回到由 P 指定顺序号的程序段(如图 4.33 所示)。但是注意,如果主程序运行于存储器方式以外的方式时(如 DNC 方式),P 被忽略。这个方法返回到主程序的时间比正常返回要长,注意此时容易被误认为机床故障。

图 4.32　子程序的定义　　图 4.33　子程序返回指定的一个顺序号

3）如果在主程序中执行 M99，控制返回到主程序的开头。例如把/M99 放置在主程序的适当位置，并且在执行主程序时设定跳过任选程序段开关为断开，则执行 M99。当 M99 执行时控制返回到主程序的开头，然后从主程序的开头重复执行。

当跳过任选程序段开关断开时，执行被重复。如果跳过任选程序段开关接通时，/M99 程序段被跳过，控制进到下个程序段继续执行。

如果/M99 P*n*；被指令，控制不返回到主程序的开始，而到顺序号 *n*。（如图 4.34 所示）

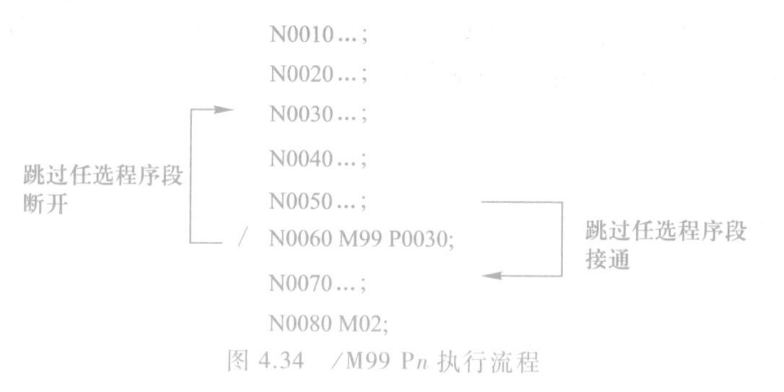

图 4.34　/M99 P*n* 执行流程

2. 子程序调用指令（如图 4.35 所示）

指令说明：

1）调用指令可以重复地调用子程序，最多 999 次。当不指定重复数据时，子程序默认调用一次。

例：主程序调用子程序的执行顺序（如图 4.36 所示）。

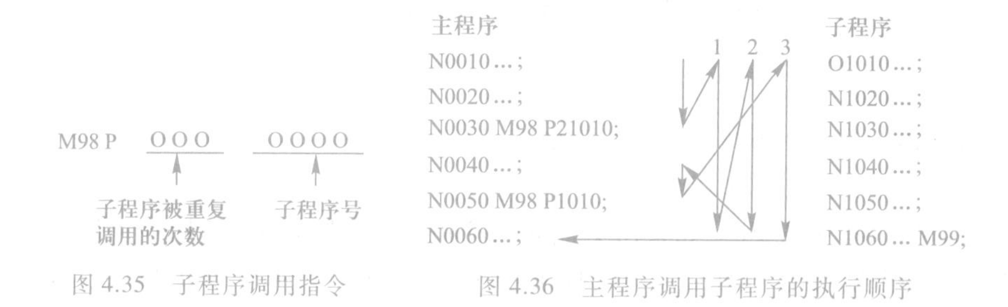

图 4.35　子程序调用指令　　图 4.36　主程序调用子程序的执行顺序

2）当主程序调用子程序时，它被认为是一级子程序。子程序调用可以嵌套 4 级（如图 4.37 所示）。

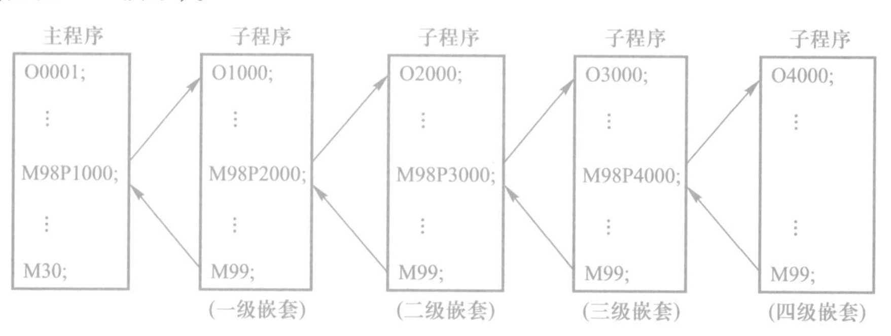

图 4.37　主程序嵌套调用子程序

3）直接使用子程序要用 MDI 寻找子程序的开头，像执行主程序一样。此时如果执行包含 M99 的程序段，控制返回到子程序的开头重复执行。如果执行包含 M99 P*n* 的程序段，控制返回到在子程序中顺序号为 *n* 的程序段，重复执行（如图 4.38 所示）。要结束这个程序，包含/M02 或/M30 的程序段必须放置在适当的位置，并且任选程序段开关必须设为断开，这个开关的初始设定为接通。

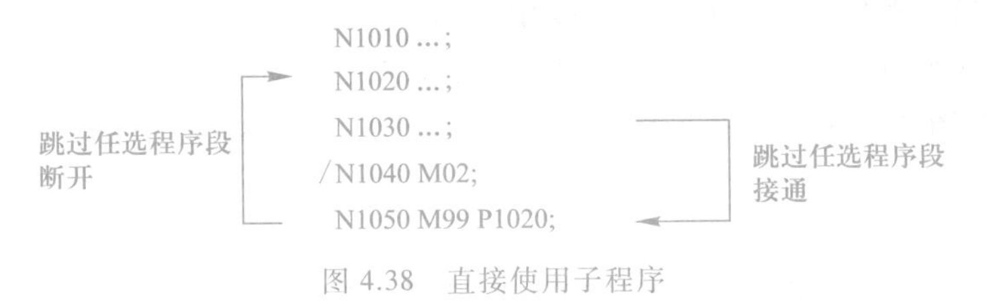

图 4.38　直接使用子程序

3. 局部坐标系

当在编程坐标系中编制程序时，为方便编程可以设定编程坐标系的子坐标系，子坐标系称为局部坐标系（如图 4.39 所示）。子程序经常用于在工件上的不同位置处加工相同的内容，这就需要为子程序单独指定一个坐标系，只有这样，不同位置处的程序才会一样。局部坐标系功能给子程序设计带来了很大的便利。

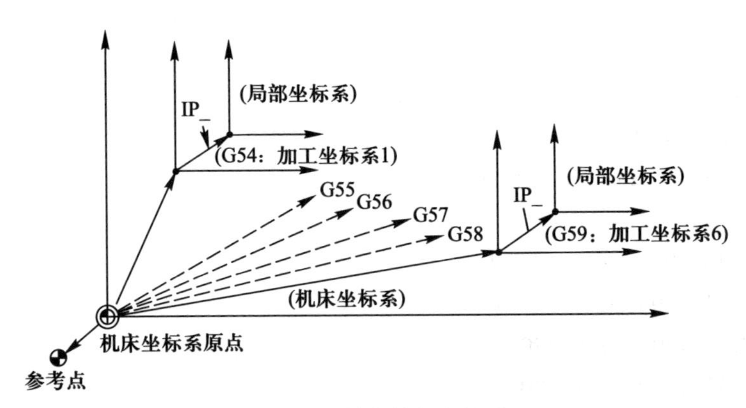

图 4.39　设定局部坐标系

设定局部坐标系指令：G52 IP_；

取消局部坐标系指令：G52 IP0；

IP_：局部坐标系的原点在编程坐标系中的坐标。

指令说明：

1）用指令 G52 IP_ 可以在 G54～G59 中设定局部坐标系。局部坐标的原点设定在编程坐标系中以 IP_指定的位置。

2）当局部坐标系设定时，后面的以绝对值方式 G90 指定的移动是在局部坐标系中的坐标值。用 G52 指定新的零点可以改变局部坐标系的位置。

3）为了取消局部坐标系，并在编程坐标系中指定坐标值，应使局部坐标系零点与编程坐标系零点一致。

4）当轴用手动返回参考点功能返回参考点时，该轴的局部坐标系零点与编程坐标系的零点一致，与发出下面指令的结果是一样的。

G52 α0

α：返回参考点的轴

5）局部坐标系设定不改变加工坐标系和机床坐标系。

6）当用 G92 指令设定编程坐标系时，如果不是指令所有轴的坐标值的话，未指定坐标值的轴的局部坐标系不取消且保持不变。

7）G52 会暂时清除刀具半径补偿中的偏置。

8）在 G52 程序段以后，以绝对值方式立即指定运动指令。

例：在图中的 8 个位置上各钻四个孔（如图 4.40 所示）。

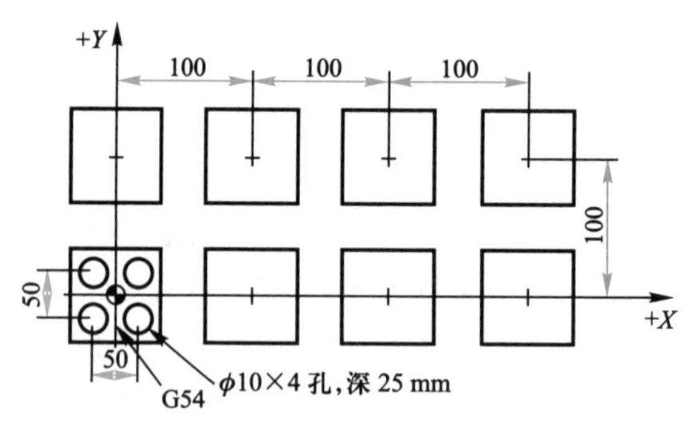

图 4.40　子程序应用例图

```
O2001                              //主程序
N10 G54 G90 G00 X25. Y25.
N20 G43 Z5. H01 M03 S500
N30 M08
N40 G52 X0 Y0 M98 P2011
N50 G52 X100. M98 P2011
N60 G52 X200. M98 P2011
N70 G52 X300. M98 P2011
N80 G52 X300. Y100. M98 P2011
N90 G52 X200. Y100. M98 P2011
N100 G52 X100. Y100. M98 P2011
N110 G52 X0. Y100. M98 P2011
N120 G91 G28 Z0. M9
N130 M30
O2011                              //一级子程序
N10 G00 X25. Y25.
N20 M98 P2012
N30 X -25.
N40 M98 P2012
N50 Y -25.
N60 M98 P2012
```

```
N70 X25.
N80 M98 P2012
N90 G52 X0 Y0
N100 M99
O2012                              //二级子程序
N10 G01 Z-25 F80
N20 G00 Z3
N30 M99
```

例：如图 4.41 所示，在一块平板上加工 6 个边长为 10 mm 的等边三角形，每边的槽深为-2 mm，工件上表面为 Z 向零点。其程序的编制就可以采用调用子程序的方式来实现（编程时不考虑刀具补偿）。

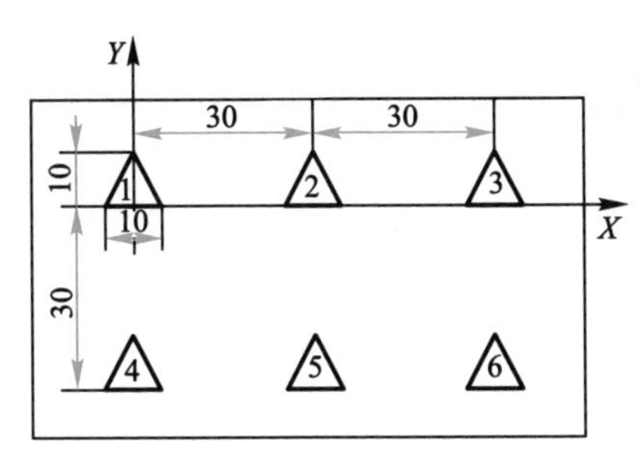

图 4.41　零件图样

```
主程序：
O10
N10 G54 G90 G01 Z40 F2000          //进入工件加工坐标系
N20 M03 S800                       //主轴启动
N30 G00 Z3                         //快进到工件表面上方
N40 G00 X0 Y8.66                   //到三角形 1 上顶点
N50 M98 P20                        //调 20 号切削子程序切削三角形
N60 G90 G00 X30 Y8.66              //到三角形 2 上顶点
N70 M98 P20                        //调 20 号切削子程序切削三角形
N80 G90 G00 X60 Y8.66              //到三角形 3 上顶点
N90 M98 P20                        //调 20 号切削子程序切削三角形
N100 G90 G00 X0 Y-21.34            //到三角形 4 上顶点
N110 M98 P20                       //调 20 号切削子程序切削三角形
N120 G90 G00 X30 Y-21.34           //到三角形 5 上顶点
N130 M98 P20                       //调 20 号切削子程序切削三角形
N140 G90 G00 X60 Y-21.34           //到三角形 6 上顶点
N150 M98 P20                       //调 20 号切削子程序切削三角形
N160 G90 G00 Z40                   //抬刀
N170 M05                           //主轴停
```

```
N180 M30                    //程序结束
子程序：
O20
N10 G90 G01 Z-2 F100        //在三角形上顶点切入(深)2 mm
N20 G91 G01 X-5 Y-8.66      //切削三角形
N30 G01 X10 Y0              //切削三角形
N40 G01 X5 Y8.66            //切削三角形
N50 G90 G01 Z5 F2000        //抬刀
N60 M99                     //子程序结束
设置 G54：X=-400,Y=-100,Z=-50。
```

4.2.5 比例及镜像功能

比例及镜像功能可使原编程尺寸按指定比例缩小或放大；也可让图形按指定规律产生镜像变换。

G51 为比例编程指令；G50 为撤销比例编程指令。G50、G51 均为模式 G 代码。

1. 各轴按相同比例编程

编程格式：G51 X~Y~Z~P~

…

G50

其中：X,Y,Z——比例中心坐标(绝对方式)；

P——比例系数，最小输入量为 0.001，比例系数的范围为：0.001~999.999。该指令以后的移动指令，从比例中心点开始，实际移动量为原数值的 P 倍。P 值对偏移量无影响。

例如图 4.42 所示，$P_1 \sim P_4$ 为原编程图形，$P_1' \sim P_4'$为比例编程后的图形，P_0 为比例中心。

2. 各轴以不同比例编程

各个轴可以按不同比例来缩小或放大，当给定的比例系数为-1 时，可获得镜像加工功能。

编程格式：G51 X~Y~Z~I~J~K~

…

G50

其中：X,Y,Z——比例中心坐标；

I,J,K——对应 X,Y,Z 轴的比例系数，在±0.001~±9.999 范围内。

本系统设定 I,J,K 不能带小数点，比例为 1 时，应输入 1 000，并都应在程序中输入，不能省略。比例系数与图形的关系如图 4.43 所示，图中：b/a 为 X 轴系数；d/c 为 Y 轴系数；O 为比例中心。

3. 镜像功能

再举一例来说明镜像功能的应用。如图 4.44 所示，其中槽深为 2 mm，比例系数取为+1 000 或-1 000。设刀具起始点在零点，程序如下：

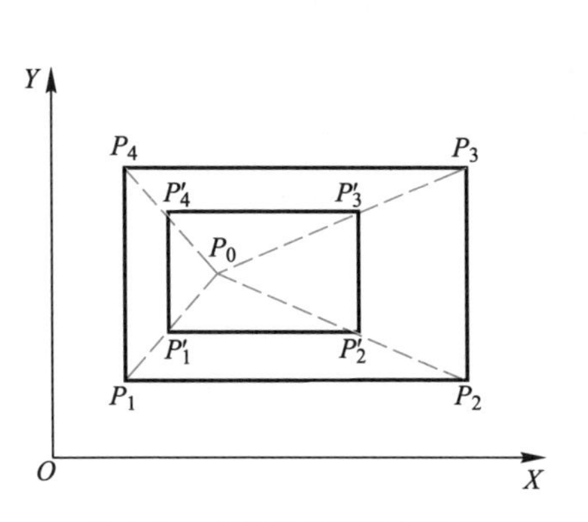

图 4.42　各轴按相同比例编程

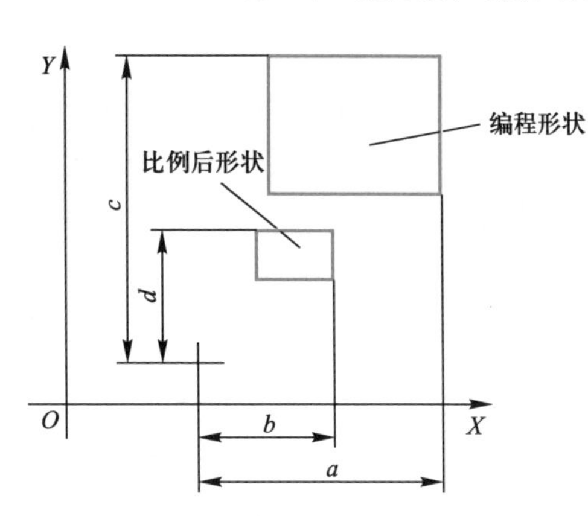

图 4.43　各轴以不同比例编程

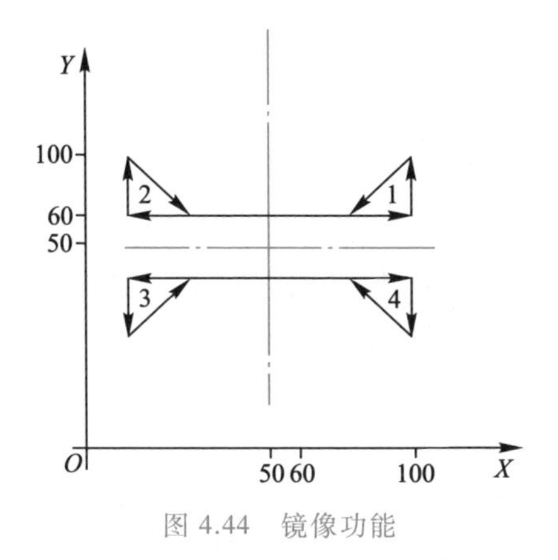

图 4.44　镜像功能

```
子程序：O 9000
N10 G00 X60 Y60                  //到三角形左顶点
N20 G01 Z-2 F100                 //切入工件
N30 G01 X100 Y60                 //切削三角形一边
N40 X100 Y100                    //切削三角形第二边
N50 X60 Y60                      //切削三角形第三边
N60 G00 Z4                       //向上抬刀
N70 M99                          //子程序结束
主程序：O100
N10 G92 X0 Y0 Z10                //建立加工坐标系
N20 G90                          //选择绝对方式
N30 M98 P9000                    //调用 9000 号子程序切削三角形 1
N40 G51 X50 Y50 I-1000 J1000     //以 X50 Y50 为比例中心，以 X 比例为
                                   -1、Y 比例为+1 开始镜像
N50 M98 P9000                    //调用 9000 号子程序切削三角形 2
N60 G51 X50 Y50 I-1000 J-1000    //以 X50 Y50 为比例中心，以 X 比例为
                                   -1、Y 比例为-1 开始镜像
```

```
N70 M98 P9000                      //调用 9000 号子程序切削三角形 3
N80 G51 X50 Y50 I1000 J-1000       //以 X50 Y50 为比例中心,以 X 比例为+1、
                                     Y 比例为-1 开始镜像
N90 M98 P9000                      //调用 9000 号子程序切削三角形 4
N100 G50                           //取消镜像
N110 M30                           //程序结束
```

4. 设定比例方式参数

1）在操作面板上选择 MDI 方式；

2）按下 PARAM DGNOS 按钮，进入设置页面，其中：

PEV　X——为设定 *X* 轴镜像，当 PEV　*X* 置“1”时，*X* 轴镜像有效；当 PEV　*X* 置“0”时，*X* 轴镜像无效；

PEV　Y——为设定 *Y* 轴镜像，当 PEV　*Y* 置“1”时，*Y* 轴镜像有效；当 PEV　*Y* 置“0”时，*Y* 轴镜像无效。

4.2.6　图形的数学处理

在程序编制前，对由直线、圆弧组成的平面轮廓进行铣削，所需的数学处理一般较简单，但由于某些工艺条件限制，也会产生一些特殊情况需要处理。非圆曲线、空间曲线和曲面的轮廓铣削加工的数学处理比较复杂，这一部分将主要研究轮廓的数学处理问题。

1. 两平行铣削平面的数学处理

在实际工作中，常会遇到这种情况：零件图样中某些部分看起来是一条简单的直线轮廓，但由于铣削方法或铣削刀具等的问题会使按零件图样尺寸计算与编程的加工结果达不到设计要求。这时，必须根据加工的具体条件进行教学处理。

两平行铣削平面的阶差小于底部转接圆弧半径时，如图 4.45 所示，*M* 和 *N* 是两平行铣削面，但其阶差 Δh 小于底部转接圆弧半径 *r*，此时若用端铣刀的底刃加工平面（见图 4.45a 底刃铣削 *N* 面），按图中尺寸 *l* 编程，实际加工结果是只切削至 *B* 点而保证不了尺寸 *l*；若用端铣刀的侧刃加工平面（见图 4.45b 侧刃铣削 *N* 面），也只能铣削至 *B* 点位置，也保证不了尺寸 *l*。所以，必须对图形进行偏移处理（或改变刀具运动轨迹）。

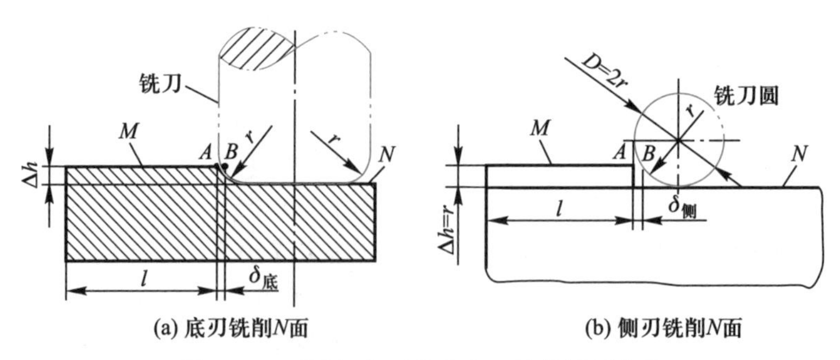

图 4.45　两平行底面阶差小于转接圆弧半径

对于上述平行铣削面，因阶差 Δh 为定值，很容易得到下列偏移计算公式：

1）当用端铣刀的底刃加工时，其偏移量为：

$$\delta_{底} = r - \sqrt{r^2 - (r - \Delta h)^2}$$

此时 l 的编程计算尺寸为 $l-\delta_{底}$。

2）当用端铣刀的侧刃加工时，其偏移量为：

$$\delta_{侧} = D/2 - \sqrt{(D/2)^2 - (D/2 - \Delta h)^2}$$

此时 l 的编程计算尺寸为 $l-\delta_{侧}$。

2. 两相交铣削平面的数学处理

两相交铣削平面的阶差小于底部转接圆弧半径时，相交铣削平面的情况比上述平行铣削面的情况要复杂一些，因为其差 Δh 不再是定值，而是变量。一般来说，当 r 较小而两平面间夹角也很小的情况下，在加工允差范围内按原图编程加工也是可以的。但当 r 较大而两平面夹角也较大的情况下，若不进行适当的偏移处理，就会产生如图 4.46a 所示的结果，加工后留下一块材料，达不到零件图样对轮廓形状的设计要求。若简单地根据上面提出的平行铣削面偏移公式计算偏移量，仅对平移运动轨迹进行编程加工的话，其结果就会产生如图 4.46b 所示的情形，多铣去一块材料而造成零件轮廓被铣伤，达不到设计要求。

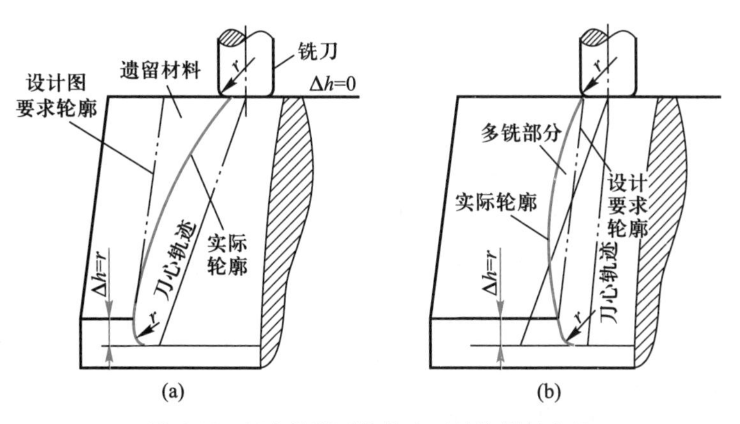

图 4.46　相交铣削面阶差小于转接圆弧半径

对上述情况，可采用如图 4.47 所示办法处理。在图 4.47 中，我们设较低的平面 N 为 XOY 平面，建立相对坐标系。并设两相交平面在直线轮廓上的任一点的阶差为 Δh_i；铣刀底刃圆弧半径为 r（与零件图样中要求一致）；Δh_i 从零变化至与 r 值相等时（当 $\Delta h_i \geq r$ 时就不必偏移）的直线长度为 l；实际编程时作偏移运动的轨迹上的动点 P 在阶差为 Δh_i 时的坐标为 (x, y)。

从图 4.47 中可以看出，为了加工出图样规定的直线轮廓 AB，铣刀必须按动点 $P(x, y)$ 的轨迹运动。

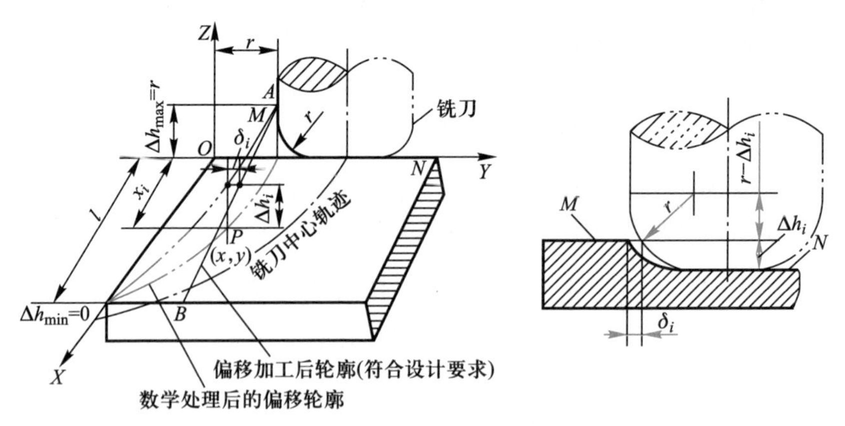

图 4.47 偏移运动轨迹图

由 $\Delta h_i/r=(l-x)/l$

得 $\Delta h_i=r(l-x)/l$

又 $\delta_i=r-\sqrt{r^2-(r-\Delta h_i)^2}$， $y=r-\delta_i$

得 $y=\sqrt{r^2-(r-\Delta h_i)^2}$

将 $\Delta h_i=r(l-x)/l$ 代入

$$y=\sqrt{r^2-(r-\Delta h_i)^2}$$

即得动点 $P(X,Y)$ 的运动轨迹为

$$x^2/l^2+y^2/r^2=1$$

因此，在这一相对坐标系中，刀具的实际偏移运动轨迹为一个标准椭圆，其长轴为两相交铣削面之阶差从零变化至与底圆弧半径 r 相等时的线段长度，其短轴为底圆弧半径 r 的数值。对这一椭圆运动轨迹可采用直线来逼近处理，实现加工要求。

3. 空间曲面的数学处理

(1) 铣削空间曲面的方法

数控铣床加工三坐标曲面零件时，常采用球头铣刀进行加工，一般只要使球头铣刀的球头中心位于所加工曲面的等距面上，不论刀具路线如何安排，均能铣出所要求的几何形状，如图 4.48a 所示。球头铣刀的有效刀刃角的范围大，可达 180°，因此可切削很陡的曲面。球头铣刀的半径 R 较小，刀具干涉的可能性小。但这种刀具的缺点是，切削速度随刀具与工件接触点的变化而变化，且球头铣刀端点的切削速度为零，如图 4.48b 所示。当刀具中心轨迹为一平面折线时，只需数控铣床二坐标联动，如图 4.49a 所示，当一条平面折线加工完毕后，再在平面上移动一个行距 S 进行第二条平面折线加工，即二轴半数控加工。显然，这时刀具与被加工曲面的切点的连线为一空间折线。三坐标数控加工时，球头铣刀与被加工曲面切点的连线为一平面折线，而刀具中心轨迹为一空间折线，所以数控铣床应是三坐标联动的，如图 4.49b 所示。

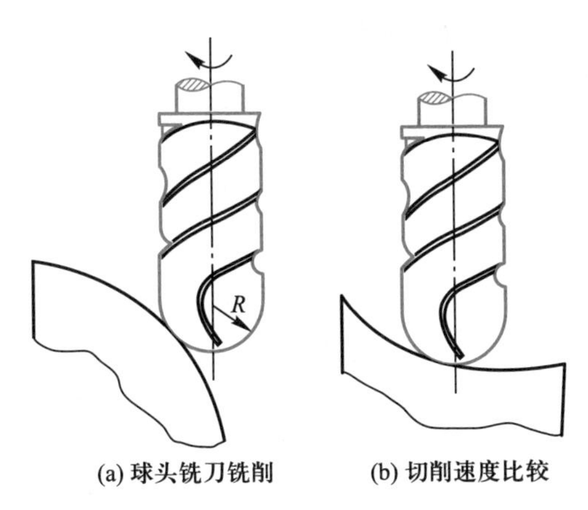

图 4.48　球头铣刀

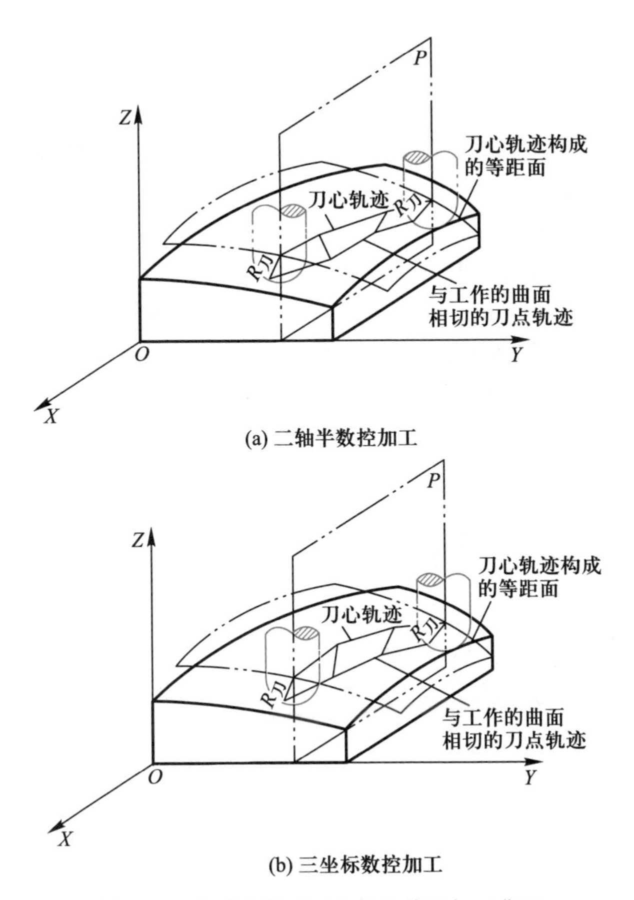

图 4.49　按球头铣刀刀心轨迹编程加工曲面

对于曲率变化较平缓的曲面零件,为编程方便,通常可按轮廓编程,而不采用刀具中心轨迹编程。如图 4.50 所示,用一组平行于 ZOX 坐标平面并垂直于 Y 轴的假想平面 $M_1, M_2 \cdots$,将曲面分割为若干条窄条片(其宽度即为行距 S),因假想平面与曲面的交线均为平面曲线,只要用数控铣床三坐标中的任意两坐标联动,就可以加工出来(编程时分别对每条平面曲线进行直线或圆弧逼近),即行切加工法。这样得到的曲面是由平面曲线群构成的。由于这种计算方法编程比较简单，所以经常被采用。

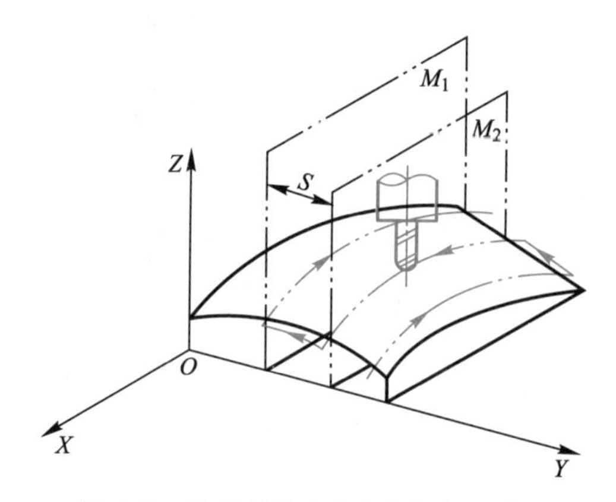

图 4.50　按零件轮廓编程行切加工曲面

（2）确定行距与步长（插补段的长度）

由于空间曲面一般都采用行切法加工，故无论采用三坐标还是两坐标联动铣削，都必须计算或确定行距与步长。

1）行距 S 的计算方法。

如图 4.51a 所示可以看出，行距 S 的大小直接关系到加工后曲面上残留沟纹高度 h（图上为 CE）的大小，大了则表面粗糙度大，无疑将增大钳修工作难度及零件加工最终精度。但 S 选得太小，虽然能提高加工精度，减少钳修困难，但程序太长，占机加工时间成倍增加，效率降低。因此，行距 S 的选择应力求做到恰到好处。

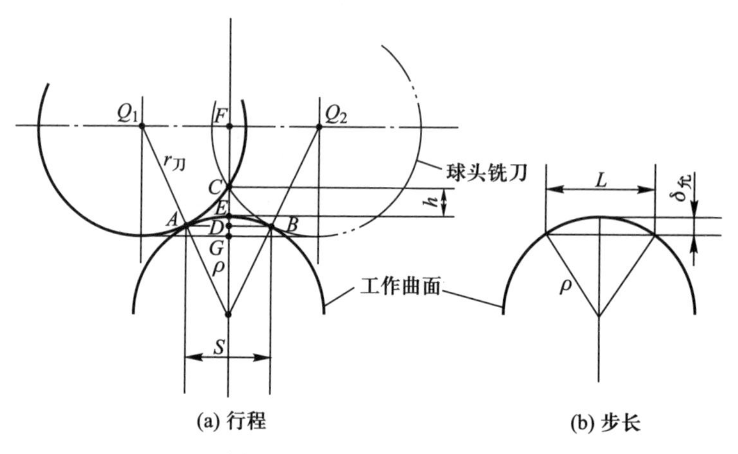

图 4.51　行距与步长的计算

一般来说，行距 S 的选择取决于铣刀半径 $r_刀$ 及所要求或允许的刀峰高度 h 和曲面的曲率变化情况。在计算时，可考虑用下列方法来进行：

取点 A 或点 B 的曲率半径作圆，近似求行距 S。

$$S = 2AD$$

而
$$AD=\frac{O_1F\cdot\rho}{\rho+r_{刀}}$$

当球刀半径 $r_{刀}$ 与曲面上曲率半径相差较大,并且为达到一定的表面粗糙度要求 h 较小时,可以取 O_1F 的近似值,即:

$$\begin{aligned}O_1F&=\sqrt{r_{刀}^2-(FC)^2}\\&=\sqrt{r_{刀}^2-(FG-CG)^2}\\&\approx\sqrt{r_{刀}^2-(r_{刀}-h)^2}\end{aligned}$$

则行距:
$$S=\frac{2\sqrt{h(2r_{刀}-h)}\cdot\rho}{\rho+r_{刀}}$$

上式中,当零件曲面在 AB 段内是凸时取正号,凹时取负号。

实际编程时,如果零件曲面上各点的曲率变化不太大,可取曲率最大处作为标准计算。有时为了避免曲率计算的麻烦,也不妨用下列近似公式来计算行距 S:

$$S\approx2\sqrt{2r_{刀}h}$$

如果从工艺角度考虑,在粗加工时,行距 S 可选得大一些,精加工时选得小一些。有时为了减少刀峰高度 h,也可以在原来的两行距之间(刀峰处)加密行切一次,即进行一次去刀峰处理,这样相当于将 S 减小一半,实际效果更好些。

2) 确定步长 L。

步长 L 的确定方法与平面轮廓曲线加工时步长的计算方法相同,取决于曲面的曲率半径与插补误差 $\delta_{允}$(其值应小于零件加工精度)。如设曲率半径为 ρ,见图 4.51b。则:

$$L=2\sqrt{\delta_{允}(2\rho-\delta_{允})}\approx2\sqrt{2\rho\,\delta_{允}}$$

实际应用时,可按曲率最大处近似计算,然后用等步长法编程,这样做要方便得多。此外,若能将曲面的曲率变化划分几个区域,也可以分区域确定步长,而各区域插补段长度不相等,这对于在一个曲面上存在若干个凸出或凹陷面(即曲面有突出区)的情况是十分必要的。由于空间曲面一般比较复杂,数据处理工作量大,涉及的许多计算工作是人工无法承担的,通常需用计算机进行处理,最好是采用自动编程的方法。

任务二　较复杂盘类零件的编程与加工调整

【任务描述】

选择合适的工艺装备,制定合理的工艺路线,选择合适的功能指令完成较复杂盘类零件的编程与加工调整。

【任务目标】

按照如图 4.52 所示的底座零件分析铣削工艺并编制加工程序。

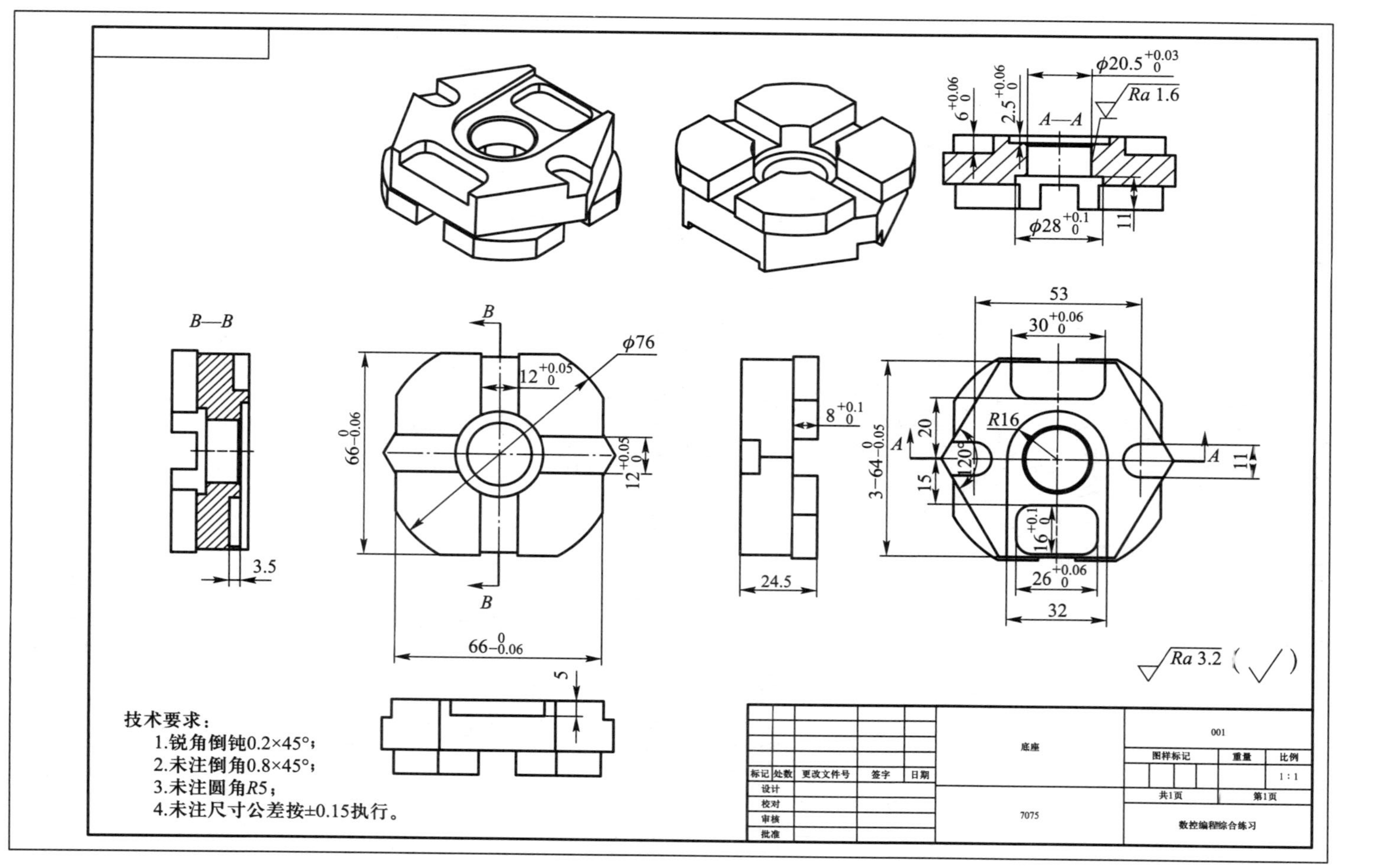
A—A
B—B
Ra 1.6
Ra 3.2
φ76
R16
120°
53
32
24.5
3.5
技术要求：
1.锐角倒钝0.2×45°；
2.未注倒角0.8×45°；
3.未注圆角R5；
4.未注尺寸公差按±0.15执行。
底座
7075
001
图样标记
重量
比例
1:1
共1页
第1页
数控编程综合练习
标记
处数
更改文件号
签字
日期
设计
校对
审核
批准

图 4.52　底座

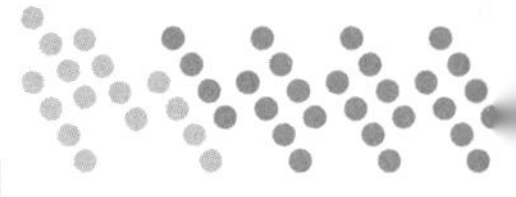

1. 工艺分析

零件毛坯为 $\phi80$ mm 高 26 mm 的棒料。从图上要求看出，该零件外形由规则的形状组成，$\phi28_{0}^{+0.03}$ mm 孔为设计基准。首先铣削两侧作为工艺用的装夹面，用平口钳装夹。图中主视图的轮廓在一次装夹中加工，随后翻面，后视图的轮廓也在一次装夹中加工。

2. 加工调整

加工坐标系在 X 和 Y 方向上的位置设在零件中心，第一面加工用分中对刀法设定 XY 的原点，第二面用杠杆表校正孔心的方法设定 XY 的原点。在 G54 中输入零件中心 X 和 Y 坐标的机床坐标数值。Z 坐标可以通过刀具长度和夹具、零件高度决定。选用 $\phi10$ mm 的立铣刀，零件上端面为 Z 向坐标零点，将此机床坐标输入到 G54 加工坐标系中。

3. 编写加工程序

按照加工轮廓，编写的加工程序分解见表 4.4。

表 4.4　加工程序分解

序号	加工内容	程序名
1	铣定位平面	001
2	铣上下两个平面	002
3	铣正六边形的外轮廓	011
4	铣顶面 30 mm×12 mm 的槽	012
5	铣顶面两个对称的槽	013
6	铣顶面有孔不封闭的槽	014
7	铣顶面 26 mm×16 mm 的封闭槽	015
8	在顶面中心钻通一个直径 10 mm 的孔	016
9	铣顶面直径 20.5 mm 的通孔	017
10	铣外轮廓直径 76 mm 的圆	021
11	铣外轮廓的 4 个面	022
12	铣直径 28 mm 的孔	024
13	铣顶面十字型的槽	025

底座正面
程序仿真

底座背面
程序仿真

铣定位平面：

```
001
G54 G90 G00 X15 Y15 Z20
M03 S2000
G00 Z10
G01 Z-2 F500
G01 X15 Y-15
X8
```

```
Y15
X1
Y-15
X-6
Y15
X-13
Y-15
X-20
Y15
G01 Z10
G00 Z50
X0 Y0
M30
```

铣上下两个平面：

```
002
G54 G90 G00 X40 Y-40 Z20
M03 S2000
G00 Z10
G01 Z-0.25 F500
G01 X40 Y40
X33
Y-40
X26
Y40
X19
Y-40
X12
Y40
X5
Y-40
X-2
Y40
X-9
Y-40
X-16
Y40
X-23
Y-40
```

```
X-30
Y40
X-37
Y-40
X-42
Y40
G01 Z10
G00 Z20
X0 Y0
M30
```

铣正六边形的外轮廓：

```
O11
G54 G90 G00 X45 Y-45 Z20
M03 S2000
G00 Z10
G01 Z-16.5 F100
G41 G01 X45 D01
G01 Y-32
X-18.5
X-37 Y0
X-18.5 Y32
X18.5
X37 Y0
X18.5 Y-32
X0
Y-45
G40 G01 X50 Y-50
G00 Z50
M30
```

铣顶面 30 mm×12 mm 的槽：

```
O12
G54 G90 G00 X-20 Y-45 Z20
M03 S2000
G00 Z10
G01 Z-5 F200
G42 G01 X-20 D01
G01 X-15
Y-25
G02 X-10 Y-20 R5
```

```
G01 X10 Y-20
G02 X15 Y-25 R5
G01 X15 Y-45
G40 G01 X0 Y-50
G00 Z50
M30
```

铣顶面两个对称的槽：

```
013
G54 G90 G00 X-50 Y0 Z20
M03 S2000
G00 Z10
G01 Z-6 F100
G42 G01 X-45 D01
G01 Y5.5
X-26.5
G02 X-26.5 Y-5.5 R5.5
G01 X-45 Y-5.5
G40 G01 X-50 Y0
G00 Z50
X50 Y0
G00 Z10
G01 Z-6 F100
G41 G01 X45 D01
G01 Y5.5
X26.5
G03 X26.5 Y-5.5 R5.5
G01 X50 Y-5.5
G40 G01 X50 Y0
G00 Z50
M30
```

铣顶面有孔不封闭的槽：

```
014
G54 G90 G00 X-20 Y50 Z20
M03 S2000
G00 Z10
G01 Z-2.5 F500
G41 G01 X-20 D01
G01 X-16
Y0
```

```
G03 X16 Y0 R16
G01 X16 Y45
G40 G01 X0 Y50
G00 Z50
M30
```

铣顶面 26 mm×16 mm 的封闭槽：

```
015
G54 G90 G00 X0 Y23 Z20
M03 S2000
G00 Z10
G01 Z-6 F200
G42 G01 X0 D01
G01 X0 Y31
X8
G02 X13 Y26 R5
G01 X13 Y20
G02 X8 Y15 R5
G01 X-8 Y15
G02 X-13 Y20 R5
G01 X-13 Y26
G02 X-8 Y31 R5
G01 X5 Y31
Y26
G40 G01 X0 Y26
G00 Z50
M30
```

在顶面中心钻通一个直径 10 mm 的孔：

```
016
G54 G90 G00 X0 Y0 Z20
M03 S500
G00 Z10
G01 Z5 F100
G98 G81 X0 Y0 Z-27 R5 F50
G80
G00 Z50
M30
```

铣顶面直径 20.5 mm 的通孔：

```
017
G54 G90 G00 X0 Y0 Z20
```

```
M03 S2000
G00 Z10
G01 Z-17 F100
G01 X0
G01 X-5.25 Y0
G02 I5.25 J0
G01 X0 Y0
G01 X0 Y0
G00 Z50
M30
```

铣外轮廓直径 76 mm 的圆：

```
021
G54 G90 G00 X-50 Y0 Z20
M03 S2000
G00 Z10
G01 Z-8 F100
G41 G01 Y0 D01
G01 X-38 Y0
G02 I38 J0
G01 X-50 Y0
G00 Z50
M30
```

铣外轮廓的 4 个面：

```
022
G54 G90 G00 X-45 Y-50 Z20
M03 S2000
G00 Z10
G01 Z-8 F100
G41 G01 X-40 D01
G01 X-33
Y33
X33
Y-50
G40 G01 X-50 Y-50
G00 Z50
M30
```

铣直径 28 mm 的孔：

```
024
G54 G90 G00 X0 Y0 Z20
```

```
M03 S2000
G00 Z10
G01 Z-11 F100
G01 X0
G01 X-9 Y0
G02 I9 J0
G01 X0 Y0
G40 G01 X0 Y0
G00 Z50
M30
```

铣顶面十字型的槽：

```
025
G54 G90 G00 X-50 Y0 Z20
M03 S2000
G00 Z10
G01 Z-8 F100
G42 G01 Y0 D01
G01 Y6
X45
Y-6
X-50
G40 G01 X-50 Y0
G00 Z50
X0 Y-50
G00 Z10
G01 Z-8 F100
G42 G01 X0 D01
G01 X-6
Y45
X6
Y-50
G40 G01 X0 Y-50
G00 Z50
M30
```

本章提示

数控铣削加工涉及的加工工艺范围广，数控编程指令丰富，是本课程学习的重点部分。编者为帮助您掌握主要内容，提供了各种功能指令的动画资料、数控铣床编程和加工操作的录像资料。

思考题与习题

一、判断题

1. (　　)被加工零件轮廓上的内转角尺寸要尽量统一。

2. (　　)编写曲面加工程序时,步长越小越好。

3. (　　)G68 所在程序段以及其后的第一程序段必须使用增量方式移动指令,才能确定旋转中心。

4. (　　)在轮廓铣削加工中,刀具半径补偿指令的建立与取消应在轮廓上进行,这样才能保证零件的加工精度。

5. (　　)G68 指令只能在平面中旋转坐标系。

二、选择题

1. 某加工程序中的一个程序段为: N003 G90 G19 G94 G02 X30.0 Y35.0 I30.0 F200;该程序段的错误在于(　　)。

A. 不应该用 G90; B. 不应该用 G19; C. 不应该用 G94; D. 不应该用 G02

2. M98 PO1000200 是调用________程序。

A. O100;　　B. O200;　　C. O100200;　　D. PO100

3. 有些零件需要在不同的位置上重复加工同样的轮廓形状,应采用________。

A. 比例加工功能;　　B. 镜像加工功能;

C. 旋转功能;　　D. 子程序调用功能

4. 数控铣床是一种加工功能很强的数控机床,但不具有________工艺手段。

A. 镗削;　　B. 钻削;

C. 螺纹加工;　　D. 车削

5. 数控铣床的 G41/G42 是对________进行补偿。

A. 刀尖圆弧半径;　　B. 刀具半径;

C. 刀具长度;　　D. 刀具角度

三、简答题

1. 数控铣削适用于哪些加工场合?

2. 被加工零件轮廓上的内转角尺寸是指哪些尺寸?为何要尽量统一?

3. 在 FUNUC-OMC 系统中,G53 与 G54~G59 的含义是什么?它们之间有何关系?

4. 如果已在 G53 坐标系中设置了如下两个坐标系:

G57: X=-40,Y=-40,Z=-20

G58: X=-80,Y=-80,Z=-40

试用坐标简图表示出来,并写出刀具中心从 G53 坐标系的零点运动到 G57 坐标系零点,再到 G58 坐标系零点的程序段。

5. 数控铣削加工空间曲面的方法主要有哪些?哪种方法常被采用?其原理如何?

6. 什么叫行距？它的大小取决于什么？

7. 什么叫步长？计算时如何考虑？

8. 简述局部坐标系建立和取消的方法。

9. 如图 4.53～图 4.58 所示为平面曲线零件，试用直线插补指令和圆弧插补指令按绝对坐标编程与增量坐标编程方式分别编写其数控铣削加工程序。

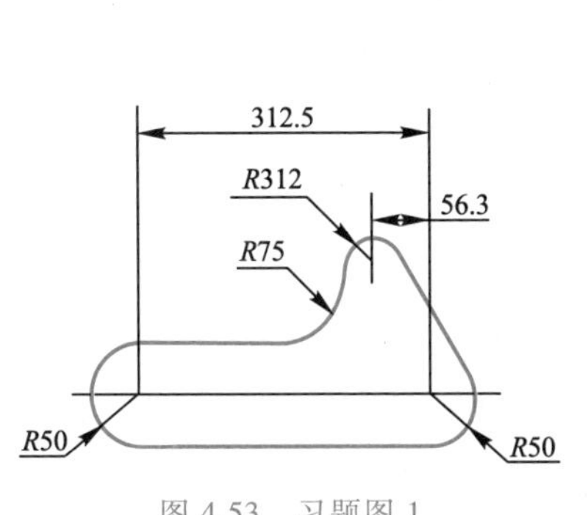

图 4.53　习题图 1

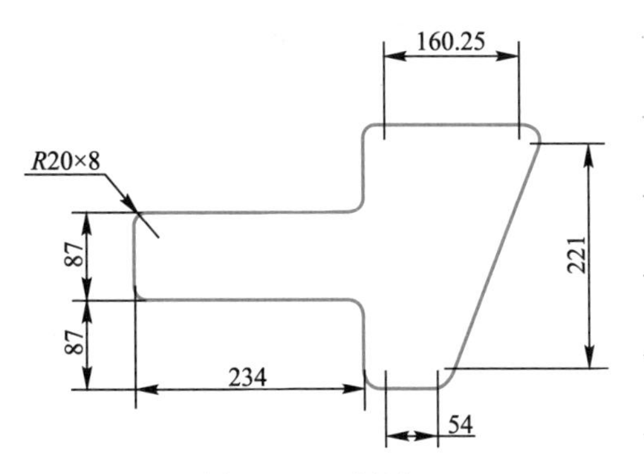

图 4.54　习题图 2

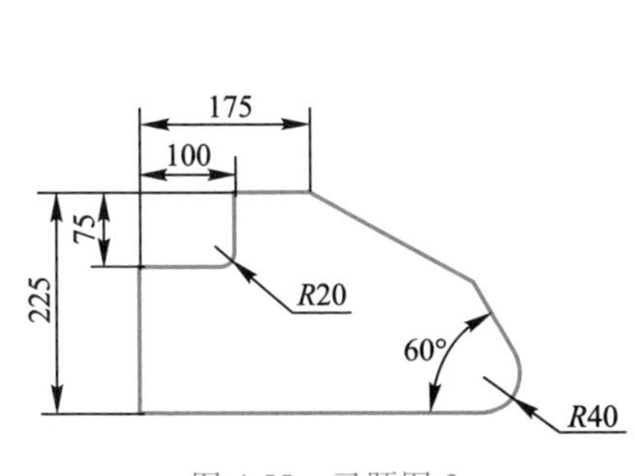

图 4.55　习题图 3

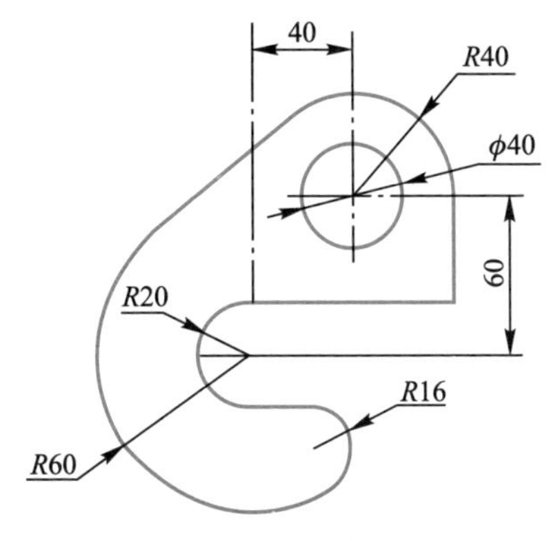

图 4.56　习题图 4

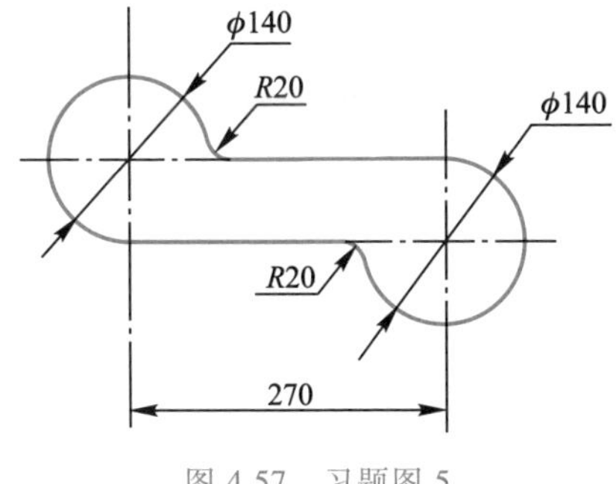

图 4.57　习题图 5

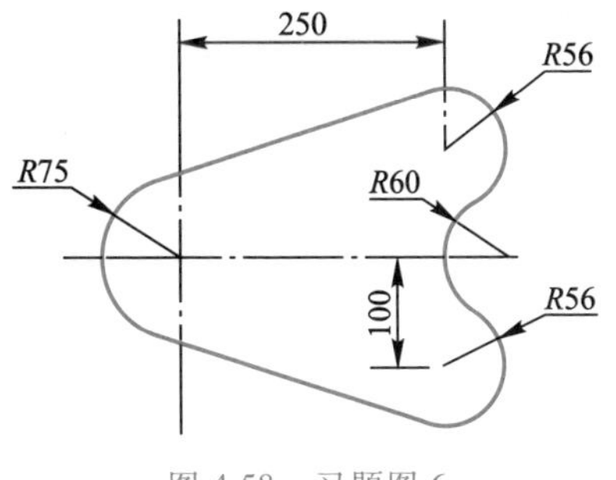

图 4.58　习题图 6

10. 如图 4.59 所示为螺旋面型腔零件，槽宽 8 mm，其中螺旋槽左右两端深度为 4 mm，中间相交处为 1 mm，槽上下对称，试编写其数控加工程序。

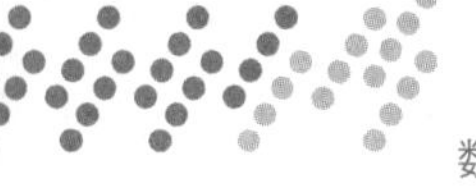

11. 如图 4.60、图 4.61 所示为平面曲线零件，试编写其数控加工程序。

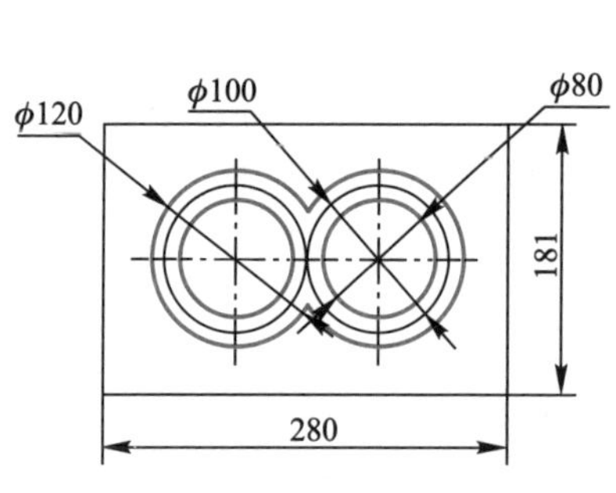

图 4.59　习题图 7

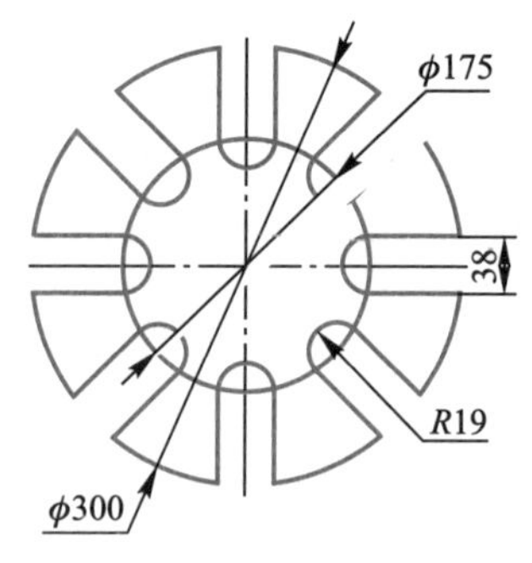

图 4.60　习题图 8

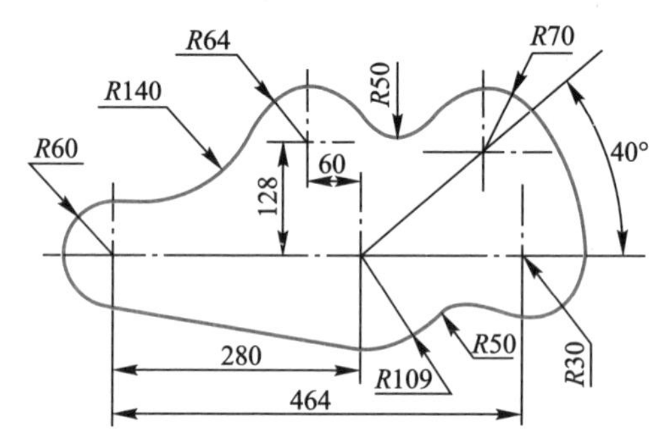

图 4.61　习题图 9

第5章 加工中心的程序编制

【学习指南】

首先，学习加工中心的主要功能、工艺范围及装备，对加工中心有一个初步认识；然后，在数控铣床编制的基础上，学习 FANUC/SIEMENS 系统孔类固定循环功能指令、极坐标指令、宏程序指令的使用方法；最后，学习加工中心的操作与调整。重点是能根据主要功能、工艺范围及零件特征合理选用加工中心。

【内容概要】

加工中心（Machining Center）简称 MC，是由机械设备与数控系统组成的适用于加工复杂零件的高效率自动化机床。加工程序的编制，是决定加工质量的重要因素。在本章的教学内容中，我们将研究影响加工中心应用效果的编程特点、工艺及工装、机床功能等因素。

加工中心所配置的数控系统各有不同，各种数控系统程序编制的内容和格式也不尽相同，但是程序编制方法和使用过程是基本相同的。以下所述内容，均以配置 FANUC-0*i* 数控系统的 XH714 加工中心为例展开讨论。

任务一 加工中心程序编制准备

【任务描述】

选择合适的工艺装备和工艺路线，为加工中心程序编制做好准备。

【任务目标】

完成加工中心程序编制前的工艺准备工作。

加工中心是高效、高精度数控机床，工件在一次装夹中便可完成多道工序的加工，同时还备有刀具库，有自动换刀功能。加工中心所具有的这些丰富的功能，决定了加工中心程序编制的复杂性。

5.1.1 加工中心的主要功能

加工中心能实现三轴或三轴以上的联动控制，以保证刀具进行复杂表面的加工。加工中心除具有直线插补和圆弧插补功能外，还具有各种加工固定循环、刀具半径自动补偿、刀具长度自动补偿、加工过程图形显示、人机对话、故障自动诊断以及离线编程等功能。

加工中心是从数控铣床发展而来的。它与数控铣床的最大区别在于，加工中心具有自动交换加工刀具的能力，通过在刀库上安装不同用途的刀具，可在一次装夹中通过自动换刀装置改变主轴上的加工刀具，实现多种加工功能。

加工中心从外观上可分为立式、卧式和复合加工中心等。立式加工中心的主轴垂直于工作台，主要适用于加工板材类、壳体类工件，也可用于模具加工。卧式加工中心的主轴轴线与工作台面平行，它的工作台大多为由伺服电动机控制的数控回转台，在工件一次装夹中，通过工作台旋转可实现多个加工面的加工，适用于箱体类工件加工。复合加工中心主要是指在一台加工中心上有立、卧两个主轴或主轴可以90°改变角度，因而可在工件一次装夹中实现5个面的加工。

5.1.2 加工中心的工艺及工艺装备

加工中心是一种工艺范围较广的数控加工机床，能进行铣削、镗削、钻削和螺纹加工等多项工作。加工中心特别适合于箱体类零件和孔系的加工。加工工艺范围如图5.1~图5.4所示。

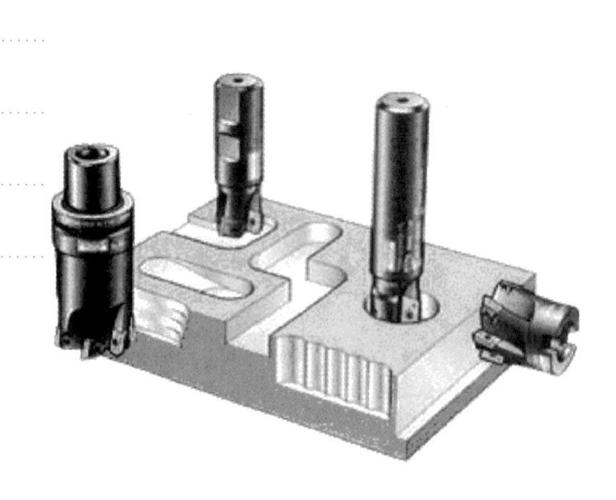

图5.1 铣削加工

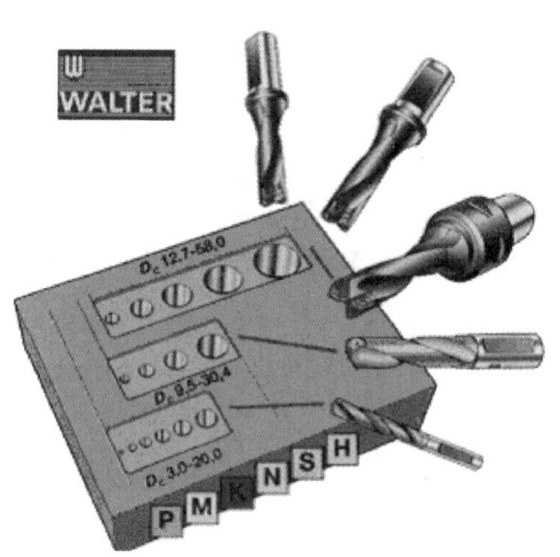

图5.2 钻削加工

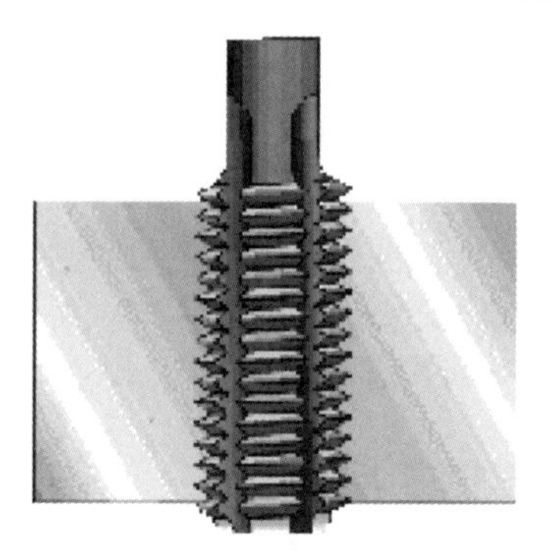

图5.3 螺纹加工

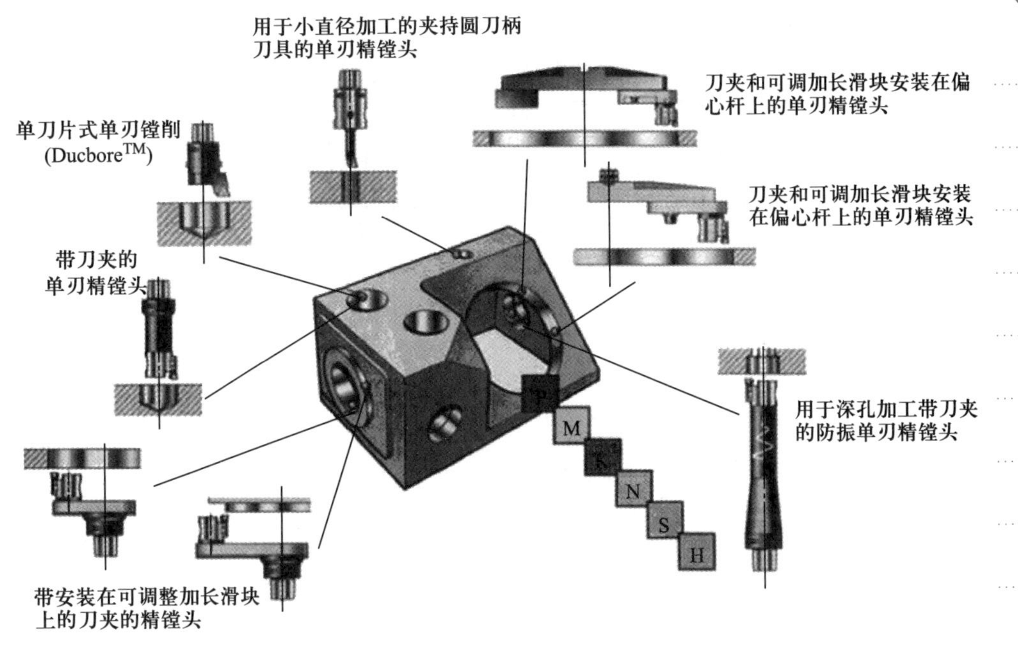

图 5.4　镗削加工

1. 工艺性分析

一般主要考虑以下几个方面：

(1) 选择加工内容

加工中心最适合加工形状复杂、工序较多、要求较高的零件，这类零件常需使用多种类型的通用机床、刀具和夹具，经多次装夹和调整才能完成加工。

(2) 检查零件图样

零件图样应表达准确，标注齐全。同时要特别注意，图样上应尽量采用统一的设计基准，从而简化编程，保证零件的精度要求。

例如图 5.5 所示零件图样，图 5.5a 中 A，B 两面均已在前面工序中加工完毕，在加工中心上只进行所有孔的加工。以 A，B 两面定位时，由于高度方向没有统一的设计基准，ϕ48H7 孔和上方两个 ϕ25H7 孔与 B 面的尺寸是间接保证的，欲保证 32.5±0.1 mm和 52.5±0.04 mm 尺寸，须在上道工序中对 105±0.1 mm 尺寸公差进行压缩。若改为如图 5.5b 所示标注尺寸，各孔位置尺寸都以 A 面为基准，基准统一，且工艺基准与设计基准重合，各尺寸都容易保证。

(3) 分析零件的技术要求

根据零件在产品中的功能，分析各项几何精度和技术要求是否合理；考虑在加工中心上加工，能否保证其精度和技术要求；选择哪一种加工中心最为合理。

(4) 审查零件的结构工艺性

分析零件的结构刚度是否足够，各加工部位的结构工艺性是否合理等。

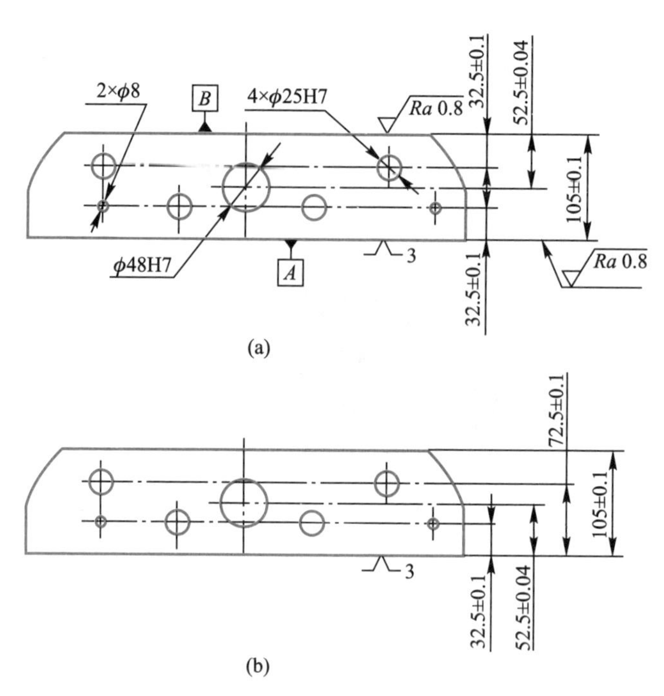

图 5.5 零件加工的基准统一

2. 工艺过程设计

工艺设计时，主要考虑精度和效率两个方面，一般遵循先面后孔、先基准后其他、先粗后精的原则。加工中心在一次装夹中，尽可能完成所有能够加工表面的加工。对位置精度要求较高的孔系加工，要特别注意安排孔的加工顺序。安排不当，就有可能将传动副的反向间隙带入，直接影响位置精度。例如，安排如图 5.6a 所示零件的孔系加工顺序时，若按如图 5.6b 所示的路线加工，由于 5,6 孔与 1,2,3,4 孔在 Y 向的定位方向相反，Y 向反向间隙会使误差增加，从而影响 5 和 6 孔与其他孔的位置精度。按如图 5.6c 所示路线加工，可避免反向间隙的引入。

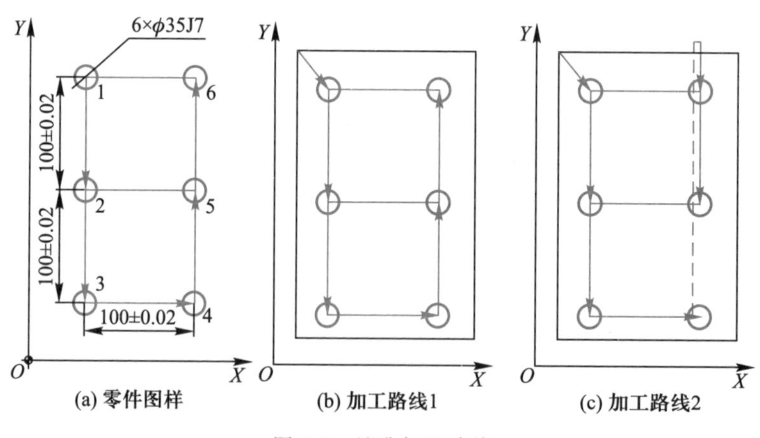

图 5.6 镗孔加工路线

加工过程中，为了减少换刀次数，可采用刀具集中工序，即用同一把刀具把零件上相应的部位都加工完，再换第二把刀具继续加工。但是，对于精度要求很高的孔系，若零件是通过工作台回转确定相应的加工部位时，因存在重复定位误差，不能采取这种方法。

3. 零件的装夹

(1) 定位基准的选择

在加工中心加工时，零件的定位仍应遵循六点定位原则。同时，还应特别注意以下几点：

1) 进行多工位加工时，定位基准的选择应考虑能完成尽可能多的加工内容，即便于各个表面都能被加工的定位方式。例如，对于箱体零件，尽可能采用一面两销的组合定位方式。

2) 当零件的定位基准与设计基准难以重合时，应认真分析装配图样，明确该零件设计基准的设计功能，通过尺寸链的计算，严格规定定位基准与设计基准间的尺寸位置精度要求，确保加工精度。

3) 编程原点与零件定位基准可以不重合，但两者之间必须要有确定的几何关系。编程原点的选择主要考虑便于编程和测量。例如图 5.7 所示零件在加工中心上加工 ϕ80H7 孔和4×ϕ25H7 孔，其中 4×ϕ25H7 都以 ϕ80H7 孔为基准，编程原点应选择在 ϕ80H7 孔的中心线上。当零件定位基准为 *A*，*B* 两面时，定位基准与编程原点不重合，但同样能保证加工精度。

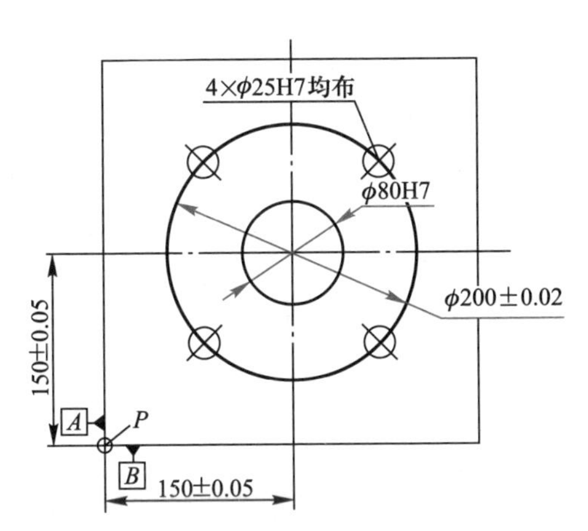

图 5.7　编程原点与定位基准

(2) 夹具的选用

在加工中心上，夹具的任务不仅是装夹零件，而且要以定位基准为参考基准，确定零件的加工原点。因此，定位基准要准确可靠。

(3) 零件的夹紧

在考虑夹紧方案时，应保证夹紧可靠，并尽量减少夹紧变形。

4. 刀具的选择

加工中心对刀具的基本要求是：

1) 良好的切削性能：能承受高速切削和强力切削并且性能稳定；

2) 较高的精度：刀具的精度指刀具的形状精度和刀具与装卡装置的位置

精度;

3）配备完善的工具系统：满足多刀连续加工的要求。

加工中心所使用刀具的刀头部分与数控铣床所使用的刀具基本相同,请参见本教材中关于数控铣削刀具的选用。加工中心所使用刀具的刀柄部分与一般数控铣床用刀柄部分不同,加工中心用刀柄带有夹持槽供机械手夹持。

加工中心换刀过程

5.1.3 加工中心编程的特点

由于加工中心的加工特点,在编写加工程序前,首先要注意换刀程序的应用。

不同的加工中心,其换刀过程是不完全一样的,通常选刀和换刀可分开进行。换刀完毕启动主轴后,方可进行下面程序段的加工内容。选刀动作可与机床的加工重合起来,即利用切削时间进行选刀。多数加工中心都规定了固定的换刀点位置,各运动部件只有移动到这个位置,才能开始换刀动作。

XH714 加工中心装备有盘形刀库,通过主轴与刀库的相互运动,实现换刀。换刀过程用一个子程序描述,习惯上取程序号为 O9000。换刀子程序如下：

```
O9000
N10 G90           //选择绝对方式
N20 G53 Z-124.8   //主轴 Z 向移动到换刀点位置(即与刀库在 Z 方向上相应)
N30 M06           //刀库旋转至其上空刀位对准主轴,主轴准停
N40 M28           //刀库前移,使空刀位上刀夹夹住主轴上刀柄
N50 M11           //主轴放松刀柄
N60 G53 Z-9.3     //主轴 Z 向向上,回设定的安全位置(主轴与刀柄分离)
N70 M32           //刀库旋转,选择将要换上的刀具
N80 G53 Z-124.8   //主轴 Z 向向下至换刀点位置(刀柄插入主轴孔)
N90 M10           //主轴夹紧刀柄
N100 M29          //刀库向后退回
N110 M99          //换刀子程序结束,返回主程序。
```

需要注意的是,为了使换刀子程序不被随意更改,以保证换刀安全,设备管理人员可将该程序隐含。当加工程序中需要换刀时,调用 O9000 号子程序即可。调用程序段可如下编写：

N ~ T ~ M98 P9000

其中：N 后为程序顺序号;T 后为刀具号,一般取 2 位;M98 为调用换刀子程序;P9000 为换刀子程序号。

加工中心的编程方法与数控铣床的编程方法基本相同,加工坐标系的设置方法也一样。因而,下面将主要介绍加工中心的加工固定循环功能、B 类宏程序应用、对刀方法等内容。

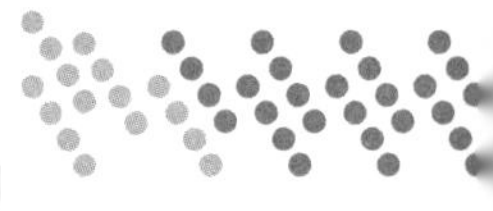

任务二　FANUC 系统固定循环功能指令编程

【任务描述】

利用 FANUC 系统，选择合适的编程指令，完成孔类零件的编程。

【任务目标】

掌握固定循环功能指令的使用方法。

在前面介绍的常用加工指令中，每一个 G 指令一般都对应机床的一个动作，并用一个程序段来实现。为了进一步提高编程工作效率，FANUC-0i 系统设计有固定循环功能，它规定对于一些典型孔加工中的固定、连续的动作，用一个 G 指令表达，即用固定循环指令来选择孔加工方式。

常用的固定循环指令能完成的工作有：钻孔、攻螺纹和镗孔等。这些循环通常包括下列六个基本操作动作：

1）在 *XY* 平面定位；

2）快速移动到 R 平面；

3）孔的切削加工；

4）孔底动作；

5）返回到 R 平面；

6）返回到起始点。

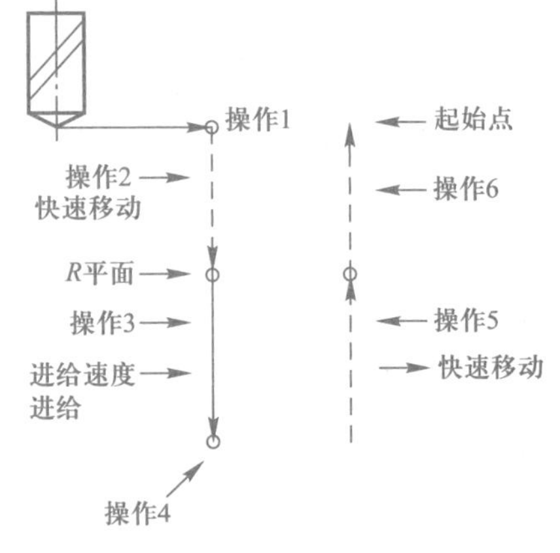

图 5.8　固定循环的基本动作

如图 5.8 所示实线表示切削进给，虚线表示快速运动。R 平面为在孔口时快速运动与进给运动的转换位置。

常用的固定循环有高速深孔钻循环、螺纹切削循环、精镗循环等。

5.2.1　固定循环的程序段格式

孔加工固定循环

固定循环的程序段格式如图 5.9 所示。

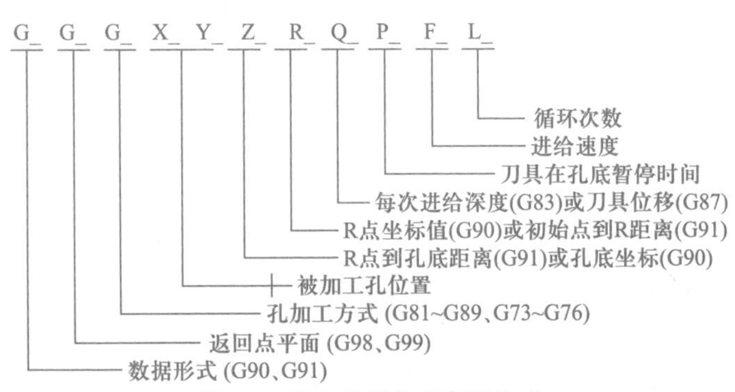

图 5.9　固定循环的程序段格式

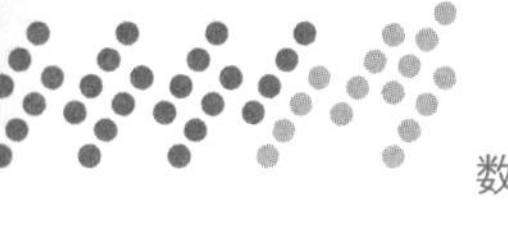

① 数据形式 G90(绝对坐标)或 G91(增量坐标):两种指令的区别是 G90 编程方式中的 Z、R 等点的数据是工件坐标系 *Z* 轴的坐标值,而 G91 编程方式中的 Z、R 点的数据是相对前一点的增量值。G90 或 G91 如果在前面程序段中已给定,则可不再注出。

② 返回点平面指令:G98 为返回初始平面,G99 为返回 R 点平面。

③ 孔加工方式:根据需要可选择指令 G73~G76、G81~G89 中任一个。

④ X、Y:是被加工孔的位置坐标。

⑤ Z:为参考点 R 到孔底的距离(G91 时)或孔底坐标(G90 时)。

⑥ R:为 R 点坐标值(G90)或初始点到 R 点的距离(G91)。

⑦ Q:指定每次进给深度(G73、G83 时)或指定刀具位移增量(G76、G87 时)。

⑧ P:指定刀具在孔底的暂停时间。

⑨ F:为切削进给速度。

⑩ L:指定固定循环的次数。

1. 加工模式指令

此部分含三项,每一项均由 G 代码指定。

1) 坐标位置用 G90(绝对值)或用 G91(增量值)方式表示,如图 5.10 所示。

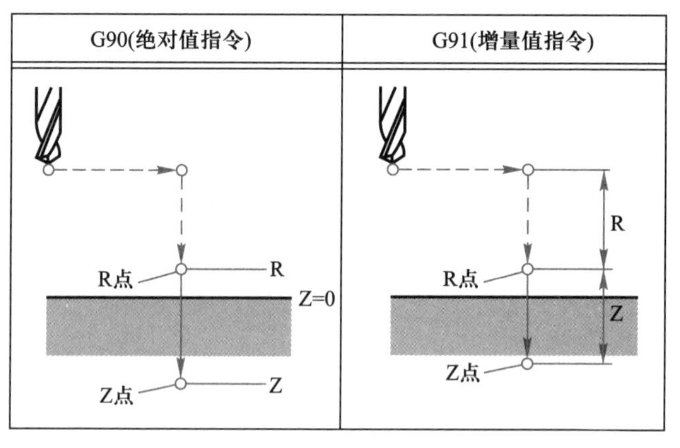

图 5.10 G90(绝对值)和 G91(增量值)方式

2) 返回点平面指令 G98/G99(如图 5.11 所示)。当刀具到达孔底后,刀具可以返回到 R 点平面或初始位置平面,由 G98 和 G99 指定。G98 表示返回至初始平面;G99 表示返回至 R 平面。若程序中未指定,则视控制系统开机时的设置而定(一般设置为 G98)。通常,G99 用于第一次钻孔,而 G98 用于最后钻孔,即使在 G99 方式中执行钻孔,初始位置平面也不变。

3) 加工型态的选择:依加工需要,选择正确的指令:G73、G74、G76、G80~G89。

2. X、Y——配合上述 G90 或 G91 指定孔的坐标位置

3. 孔加工参数

Z——用绝对值或增量值表示孔在 *Z* 轴上的坐标位置。增量值时是指从 R 点到孔底部的向量值,绝对值时是指孔底的 *Z* 轴坐标值。

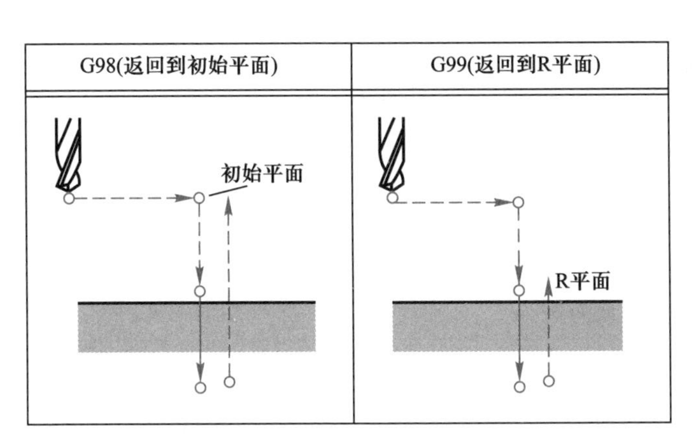

图 5.11　返回点平面指令 G98/G99

R——增量值时是指从起始点到 R 点的向量值，绝对值时是指 R 点的 Z 轴坐标值。

Q——G73 与 G83 加工型态时所指定的每次切削深度或 G76 与 G87 的偏移量，不可用小数点方式表示数值。

P——指定在孔底位置暂停时间，不可用小数点方式表示数值，以 ms 为单位。

F——进给速率。

4. 重复次数 *K*

指定动作 1～动作 6 的重复次数，用于对等间距孔进行重复钻孔，K 仅在被指定的程序段内有效。如果用绝对值方式 *G*90 指令的话，则在相同位置重复钻孔。重复次数 K 最大指令值为 9999。如果指定 K=0，钻孔数据被贮存，但不执行钻孔。省略时，视为执行 1 次。

自动切削循环指令是模态指令，所以执行相同的加工模式时，不需要在每条指令中都指定所有参数。

自动切削循环指令执行完毕、不再继续使用时，应使用 G80 指令或 01 组群的 G 功能取消，否则不能回归机械原点。01 组 G 代码：G00、G01、G02、G03。

注意：

① 当固定循环指令和 M 代码在同一程序段中指定时，在第一个定位动作的同时，执行 M 代码然后系统处理下一个钻孔动作。

② 当指定重复次数 *K* 时，只在第一个孔执行 M 代码，对第二个及以后的孔不执行 M 代码。

③ 当在固定循环中指定刀具长度偏置（G43，G44 或 G49）时，在定位到 R 点的同时加偏置。

④ 固定循环指令在不包含 X、Y、Z、R 或任何其他轴的程序段中不执行钻孔。

5.2.2　孔加工固定循环指令代码

孔加工固定循环指令代码有：G73～G76、G80～G89，其指令的功能见表 5.1。

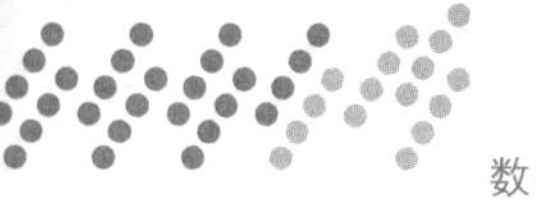

表 5.1　孔加工固定切削循环指令及之动作

指令	动作 3-Z 方向的进刀	动作 4 孔底位置的动作	动作 5+Z 方向的退回动作	用途
G73	间歇进给		快速移动	高速深孔钻循环
G74	切削进给	主轴停止→主轴正转	切削进给	攻左螺纹循环
G76	切削进给	主轴定向停止	快速移动	精镗孔循环
G80				自动切削循环取消
G81	切削进给		快速移动	钻孔循环
G82	切削进给	暂停	快速移动	钻孔、锪镗循环
G83	间歇进给		快速移动	啄式钻深孔循环
G84	切削进给	主轴停止→主轴反转	切削进给	攻右螺纹循环
G85	切削进给		切削进给	铰孔循环
G86	切削进给	主轴停止	快速移动	镗孔循环
G87	切削进给	主轴停止	快速移动	背镗孔循环
G88	切削进给	暂停→主轴停止	手动操作	镗孔循环
G89	切削进给	暂停	切削进给	镗孔循环

固定循环指令 G73～G76、G81～G89 及其中的 Z、R、P、F、Q 等都是模态指令，一旦被指定，在加工过程中保持不变，直到指定其他循环孔加工方式（G01～G03 等）或使用取消固定循环的 G80 指令为止。所以，加工同一种孔时，加工方式连续执行，不需要对每个孔重新指定加工方式。因而在使用固定循环功能时，应给出循环孔加工所需要的全部数据。固定循环加工方式指令由 G80 消除，同时，参考点 R、Z 的值也被取消。在加工盲孔时孔底平面就是孔底的 Z 轴高度，加工通孔时一般刀具还要伸出工件底平面一段距离，主要是保证全部孔深，钻削加工时还应考虑钻头钻尖对孔深的影响。

5.2.3　孔加工类固定循环指令的用法

1. 高速深孔钻循环：G73

指令格式：G73 X～Y～Z～R～Q～F～K～

执行此指令时（如图 5.12 所示），钻头先快速定位至 X、Y 所指定的坐标位置，再快速定位到 R 点，接着以 F 所指定的进给速率向 Z 轴下钻 q 所指定的距离（q 必为正值，用增量值表示），再快速退回 d 距离，依此方式一直钻孔到 Z 所指定的孔底位置。此种间歇进给的加工方式，可使切屑裂断且切削液易到达切削位置进而使排屑容易且冷却、润滑效果佳。

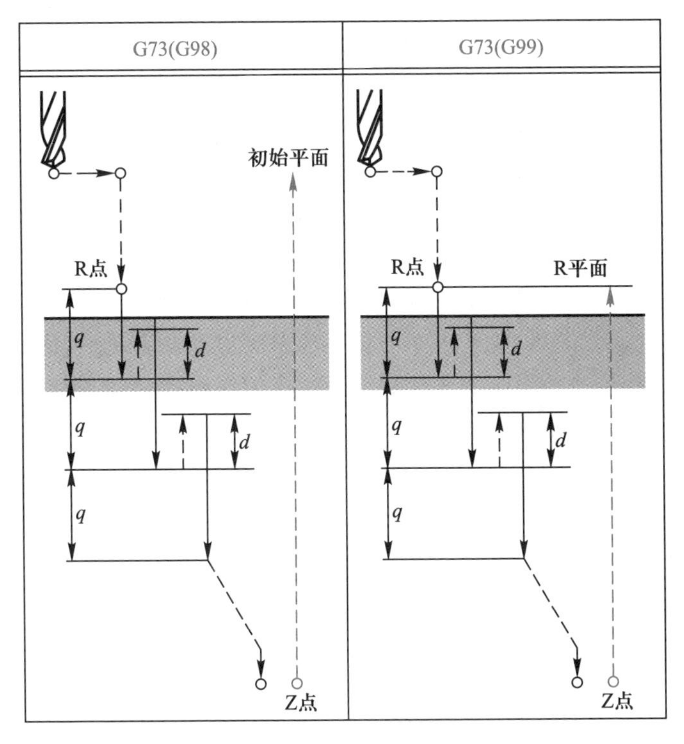

图 5.12　高速深孔钻循环

2. 攻左螺纹循环：G74

指令格式：G74 X ~ Y ~ R ~ Z ~ F ~ K ~

此指令用于攻左旋螺纹，故需先使主轴反转，再执行 G74 指令，则攻左螺丝先快速定位至 *X*、*Y* 所指定的坐标位置，再快速定位到 R 点，接着以 F 所指定的进给速率攻螺纹至 *Z* 所指定的孔底位置后，主轴转换为正转且同时向 *Z* 轴正方向退回至 R 点，退至 R 点后主轴恢复原来的反转（如图 5.13 所示）。

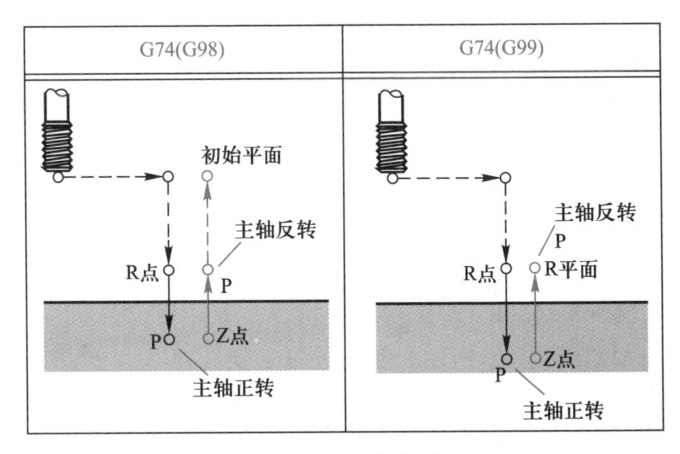

图 5.13　攻左螺纹循环

攻螺纹的进给速率(mm/min)=导程(mm/r)×主轴转速(r/min)。

注意：

① 在左旋攻螺纹期间，进给倍率被忽略，不会停止机床进给，直到回退动作完成。

② 在指定G74之前使用辅助功能M代码使主轴逆时针旋转。

3. 精镗孔循环： G76

指令格式：G76 X~Y~R~Z~Q~P~F~K~

执行G76指令时(如图5.14所示)，镗孔刀即快速定位至*X*、*Y*坐标点，再快速定位到R点，接着以F指定的进给速率镗孔至*Z*指定的深度后，主轴定向停止，使刀尖指向一固定的方向后，镗孔刀中心偏移使刀尖离开加工孔面，如此镗孔刀以快速定位退出孔外时，才不至于刮伤孔面。当镗孔刀退回到R点或起始点时，刀具中心即回复原来位置，且主轴恢复转动。

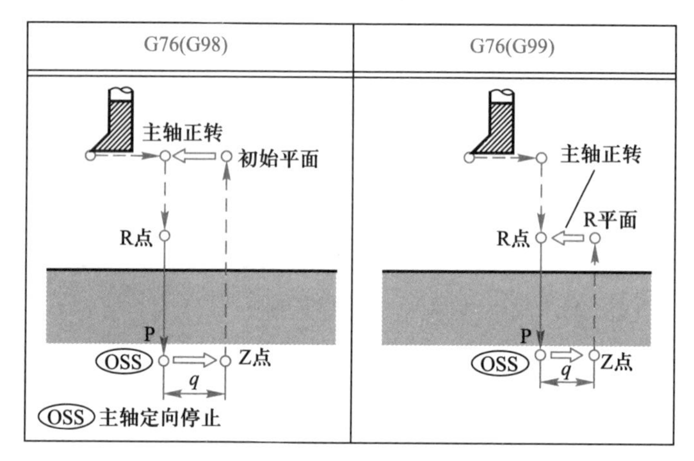

图5.14 精镗孔循环

偏移量用*q*指定。*q*值一定是正值，偏移方向可用参数No. 5101的#4 RD1和#5 RD2设定，指定*q*值时不能太大。*q*在孔底的偏移量是在固定循环内保存的模态值，必须慎重指定以避免碰撞工件，因为它也用作G73和G83的切削深度。

4. 自动切削循环取消： G80

指令格式：G80

当自动切削循环指令不再使用时，应指令G80取消自动切削循环，而恢复到一般基本指令状态(如G00、G01、G02、G03等)，此时循环指令中的孔加工数据也取消。

5. 钻孔循环： G81

指令格式：G81 X~Y~R~Z~F~K~

执行此指令时(如图5.15所示)，钻头先快速定位至*X*、*Y*所指定的坐标位置，再快速定位至R点，接着以F所指定的进给速率向下钻削至*Z*所指定的孔底位置，最后快速退刀至R点或起始点完成循环。

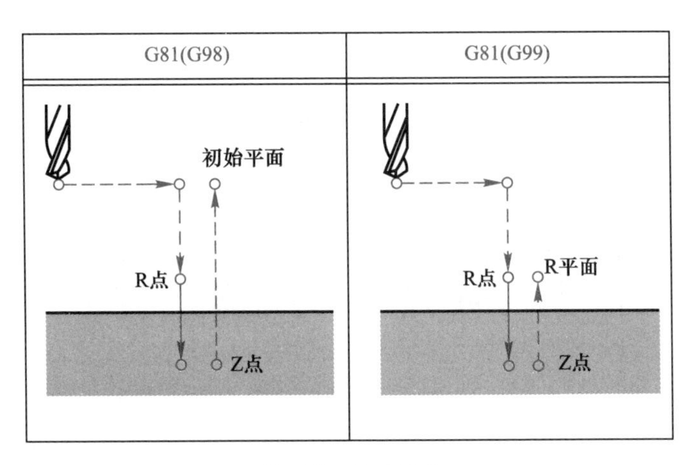

图 5.15　钻孔循环

6. 钻孔、锪镗循环 G82

指令格式：G82 X ~ Y ~ R ~ Z ~ P ~ F ~ K ~

G82 指令除了在孔底会暂停 P 后面所指定的时间外，其余加工动作均与 G81 相同（如图 5.16 所示）。刀具切削到孔底后暂停几秒，可改善钻盲孔、锪孔的孔底精度。P 不可用小数点方式表示数值，如欲暂停 0.5 s 应写成 P500。

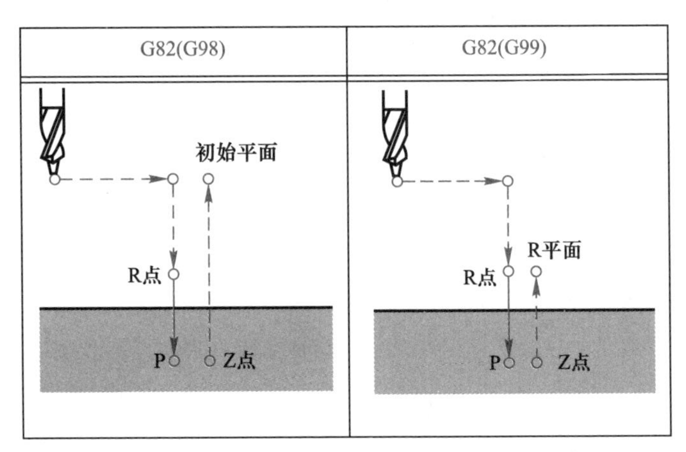

图 5.16　钻孔、锪镗循环

7. 啄式钻深孔循环：　G83

指令格式：G83 X ~ Y ~ R ~ Z ~ Q ~ F ~ K ~

钻头先快速定位至 *X*、*Y* 所指定的坐标位置，再快速定位至 R 点，接着以 F 所指定的进给速率向下钻削 *q* 所指定距离后（*q* 必为正值，用增量值表示），快速退刀回 R 点，再向下快速定位于前一切削深度上方距离 *d* 处（FANUC 0i 由参数 0532 设定，一般设定为 1 000 ，表示 1.0 mm），再向下钻削 *q* 所指定的距离后，再快速退回 R 点，以后依此方式一直钻孔到 *Z* 所指定的孔底位置（如图 5.17 所示）。

G83 与 G73 的不同处是每次退刀时皆退回到 R 点。以免切屑将螺旋槽塞满而增加钻削阻力及切削液无法到达切削区域，故适于深孔钻削。

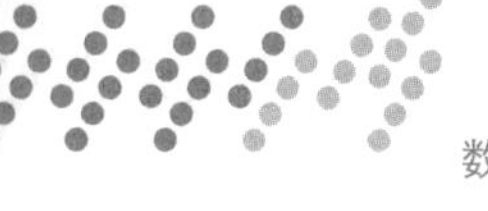

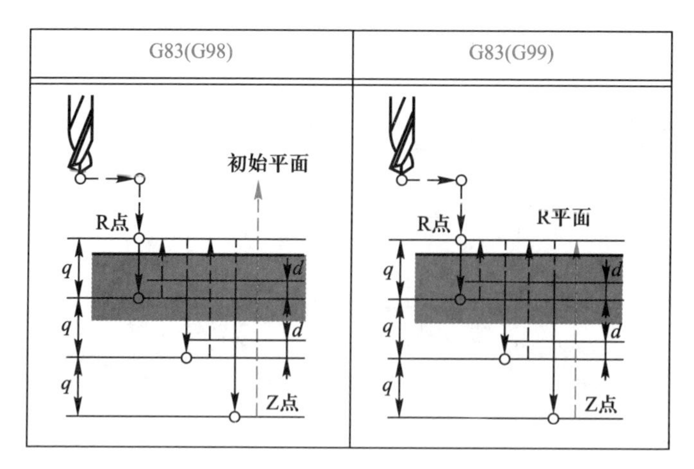

图 5.17　啄式钻深孔循环

8. 攻右螺纹循环：　G84

指令格式：G84 X～ Y～ R～ Z～ F～ K～

此指令用于攻右旋螺纹，故需先使主轴正转，再执行 G84 指令，则攻右螺丝先快速定位至 X、Y 所指定的坐标位置，再快速定位到 R 点，接着以 F 所指定的进给速率攻螺纹至 Z 所指定的孔底位置后，主轴转换为反转且同时向 Z 轴正方向退回至 R 点，退至 R 点后主轴恢复原来的正转（如图 5.18 所示）。

攻螺纹的进给速率（mm/min）= 导程（mm/r）×主轴转速（r/min）

在 G74、G84 攻螺纹循环指令执行中，进给速率调整钮无效，即使按下进给暂停键，循环在回复动作结束之前也不会停止。

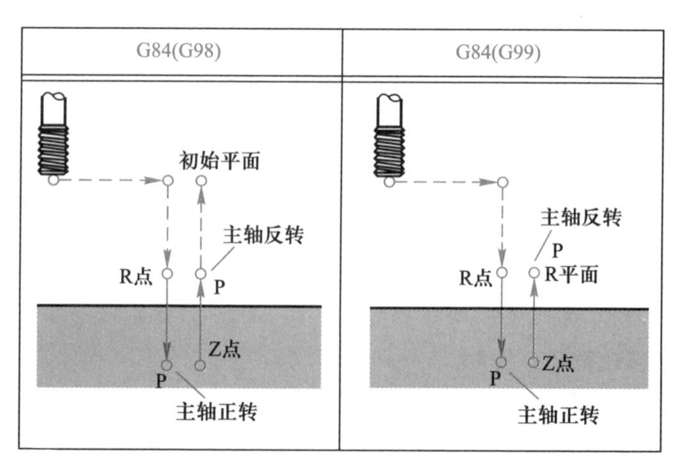

图 5.18　攻右螺纹循环

9. 铰孔循环：　G85

指令格式：G85 X～Y～ R～ Z～ F～ K～

执行指令时，（如图 5.19 所示）铰刀先快速定位至 X、Y 所指定的坐标位置，再快速定位至 R 点，接着以 F 所指定的进给速率向下铰削至 Z 所指定的孔底位置后，仍以切削进给方式向上退回。故此指令适宜铰孔。

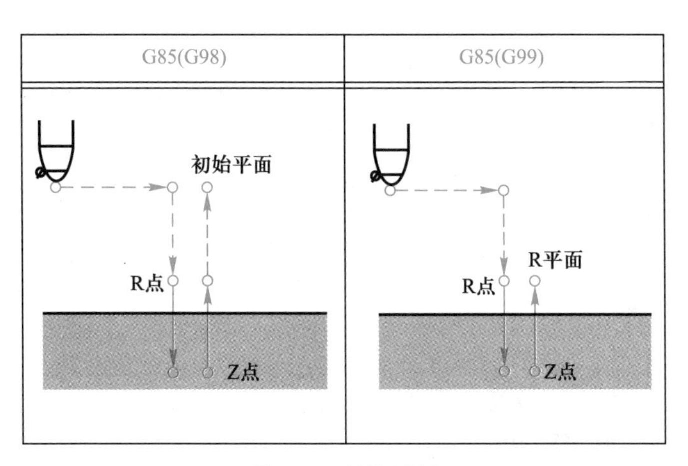

图 5.19　铰孔循环

10. 镗孔循环： G86

指令格式：G86 X～ Y～ R～ Z～ F～ K～

执行此指令的刀具动作(如图 5.20 所示)，除了在孔底位置主轴停止并快速进给向上退回外，其余与 G81 相同。

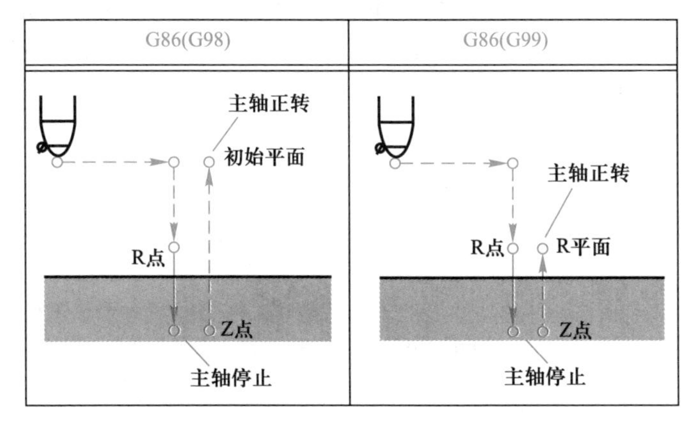

图 5.20　镗孔循环

11. 背镗孔循环： G87

指令格式：G87 X～ Y～ R～ Z～ Q～ F～ K～

执行此指令的刀具动作(如图 5.21 所示)，背镗孔刀先快速定位至 X、Y 所指定的坐标位置后主轴定向停止，使刀尖指向一固定的方向，背镗孔刀中心偏移 q 所指定的偏移量使刀尖离开加工孔面，接着快速定位至 R 所指定的位置后主轴定向停止并偏移 q 的量使刀尖离开孔面，接着快速定位至起始点后刀具中心移回原位置，主轴正转完成循环。

偏移量 q 的大小与方向和 G76 的 q 相同，请参考 G76 指令说明。

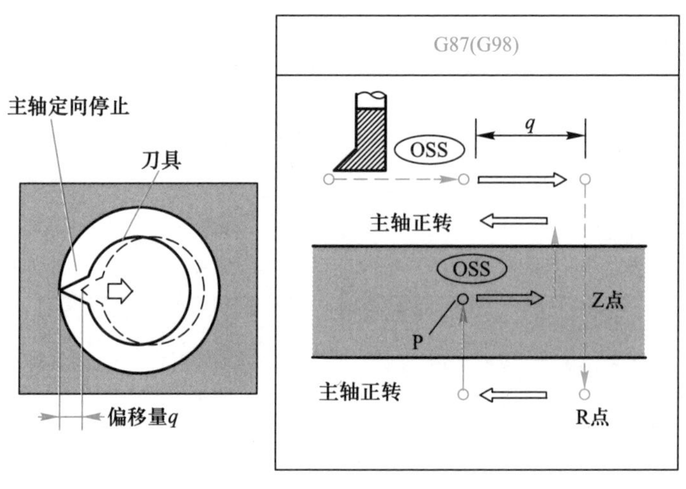

图 5.21　背镗孔循环

12. 镗孔循环： G88

指令格式：G88 X～ Y～ R～ Z～ P～ F～ K～

执行此指令时(如图 5.22 所示)，除了在孔底暂停 P 所指定的时间且主轴停止转动外，操作者可用手动微调方式(操作模式要设于“MPG”)将刀具偏移后往上提升。欲恢复程控时，则将操作模式设于“自动执行”再按下“程序执行”键即可，但此时只有 Z 轴提升至 R 点(G99) 或起始点(G98)，X、Y 坐标并不会回复到 G88 所指定的 X、Y 位置。其余与 G82 相同。

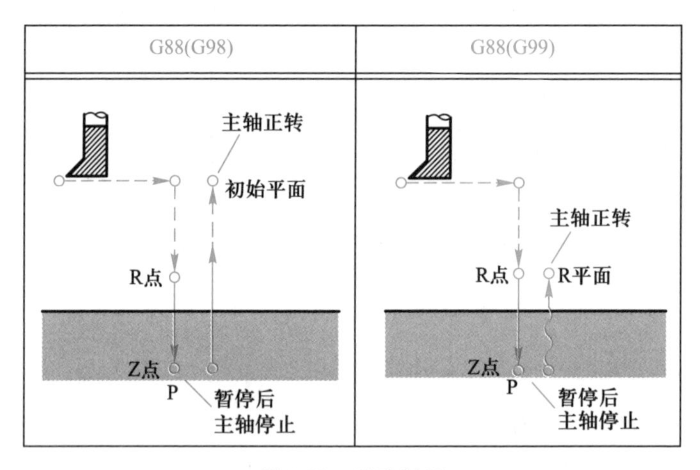

图 5.22　镗孔循环

13. 镗孔循环： G89

指令格式：G89 X～ Y～ R～ Z～ P～ F～ K～

执行 G89 指令时(如图 5.23 所示)，除了在孔底位置暂停 P 所指定的时间外，其余与 G85 相同。

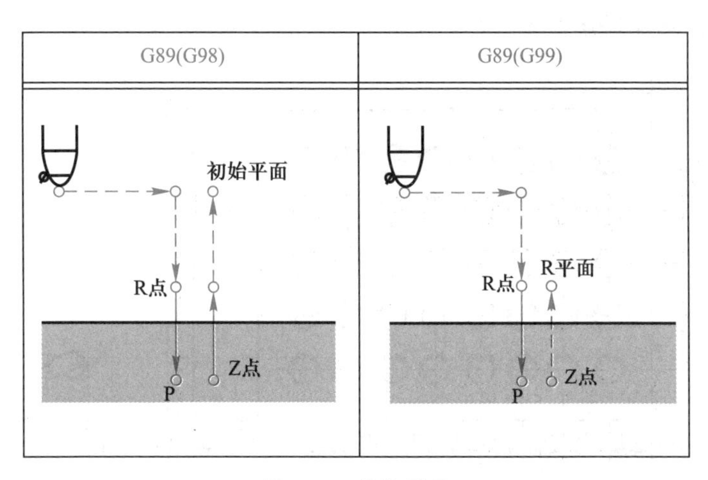

图 5.23　镗孔循环

14. 刚性攻螺纹

右旋攻螺纹循环 G84 和左旋攻螺纹循环 G74 可以在标准方式或刚性攻螺纹方式中执行。在标准方式中,为执行攻螺纹,使用辅助功能 M03 主轴正转、M04 主轴反转和 M05 主轴停止,使主轴旋转、停止,并沿着攻螺纹轴移动。在刚性攻螺纹方式中,用主轴电机控制攻螺纹过程,主轴电机的工作和伺服电机一样由攻螺纹轴和主轴之间的插补来执行攻螺纹。刚性方式执行攻螺纹时,主轴每旋转一转沿攻螺纹轴产生一定的进给即螺纹导程,即使在加减速期间这个操作也不变化,可实现高速高精度攻螺纹。刚性方式不用标准攻螺纹方式中使用的浮动丝锥卡头,这样可较快和较精确地攻丝。

用下列任何一种方法可以指定刚性方式:

① 在攻螺纹指令段之前指定 M29 S*****。

② 在包含攻螺纹指令的程序段中指定 M29 S*****。

③ 指定 G84 做刚性攻螺纹,指令参数 No.5200#0(G84)设为 1。

例:*Z* 轴进给速度为 1 000 mm/min,主轴速度为 1 000 rpm,螺纹导程为1.0 mm。

```
按每分进给的编程:
G94                          //指定每分进给指令
G00 X120.0 Y100.0            //定位
M29 S1000                    //指定刚性方式
G84 Z-100.0 R-20.0 F1000     //刚性攻螺纹
按每转进给的编程:
G95                          //指定每转进给指令
G00 X120.0 Y100.0            //定位
M29 S1000                    //指定刚性方式
G84 Z-100.0 R-20.0 F1.0      //刚性攻螺纹
```

例:如图 5.24 所示,在一个平板工件上有 40 个螺纹孔,加工过程要用钻头钻

40 个通孔，最后用丝锥攻螺纹孔。用固定循环指令编写的钻孔程序为：

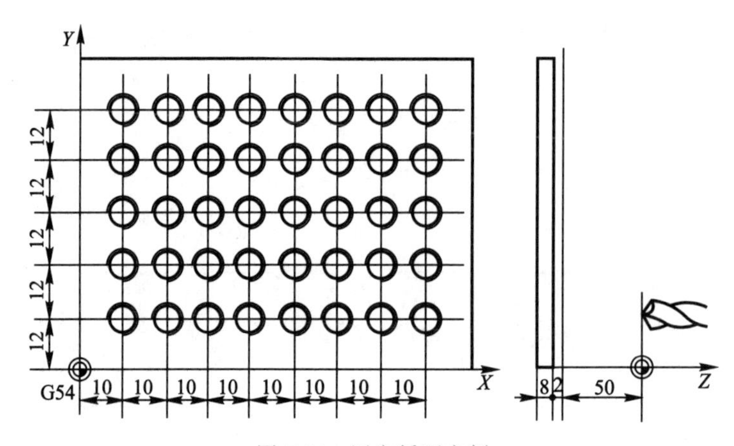

图 5.24　固定循环实例

```
O001
N01 G90   G54   G00 X10    Y12
N02 G43   Z50   H01 M03    S600
N03 G99   G81   Z-12    R2    F100
N04 G91   X10   L7
N05             Y12
N06       X-10  L7
N07             Y12
N08       X10   L7
N09             Y12
N10       X-10  L7
N11             Y12
N12       X10   L7
N13 G90   G80   Z50    M05
N14       M02
```

5.2.4　应用举例

使用刀具长度补偿功能和固定循环功能加工如图 5.25 所示零件上的 12 个孔。

1. 分析零件图样，进行工艺处理

该零件孔加工中，有通孔、盲孔，需钻、扩和镗加工，故选择钻头 T01，扩孔刀 T02 和镗刀 T03，加工坐标系 Z 向原点在零件上表面处。由于有三种孔径尺寸的加工，按照先小孔后大孔加工的原则，确定加工路线为：从编程原点开始，先加工 6 个 $\phi6$ mm 的孔，再加工 4 个 $\phi10$ mm 的孔，最后加工 2 个 $\phi40$ mm 的孔。T01，T02 的主轴转速 $S=600$ r/min，进给速度 $F=120$ mm/min；T03 主轴转速 $S=300$ r/min，进给速度 $F=50$ mm/min。

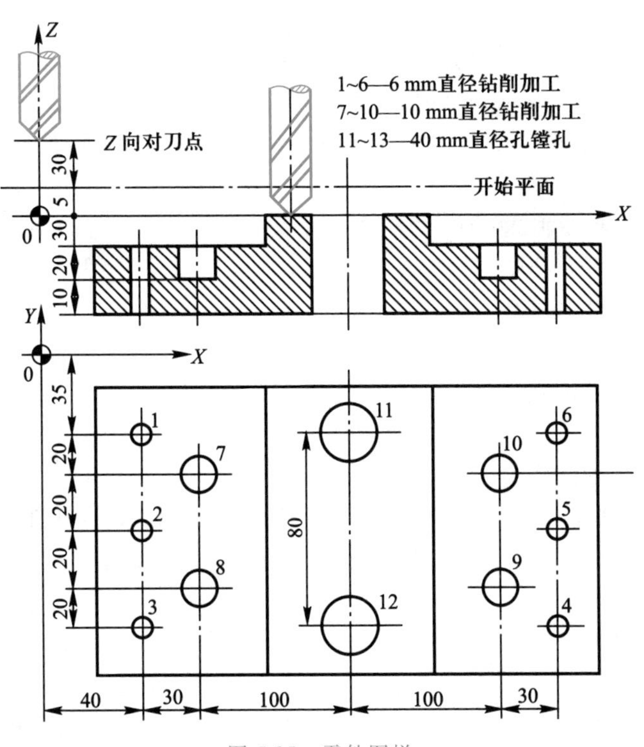

图 5.25　零件图样

2. 加工调整

T01,T02 和 T03 的刀具补偿号分别为 H01,H02 和 H03。对刀时,以 T01 刀为基准,按图 5.25中的方法确定零件上表面为 Z 向零点,则 H01 中刀具长度补偿值设置为零,该点在 G53 坐标系中的位置为 Z-35。对 T02,因其刀具长度与 T01 相比为 140 mm-150 mm=-10 mm,即缩短了 10 mm,所以将 H02 的补偿值设为-10。对 T03 同样计算,H03 的补偿值设置为-50,如图 5.26 所示。换刀时,采用 O9000 子程序实现换刀。

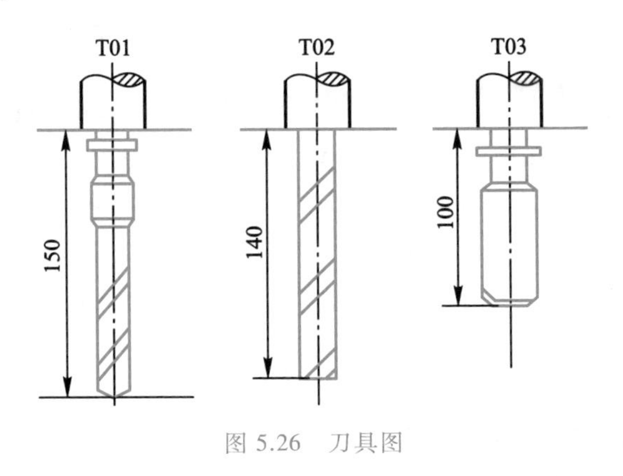

图 5.26　刀具图

根据零件的装夹尺寸,设置加工原点 G54: $X=-600$, $Y=-80$, $Z=-35$。

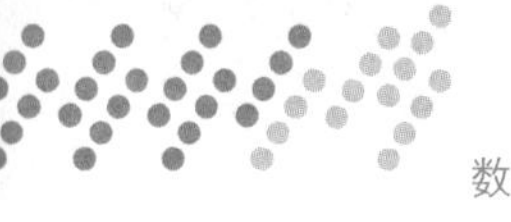

3. 数学处理

在多孔加工时，为了简化程序，采用固定循环指令。这时的数学处理主要是按固定循环指令格式的要求，确定孔位坐标、快进尺寸和工作进给尺寸值等。固定循环中的开始平面为 $Z=5$，R 平面定为零件孔口表面 $+Z$ 向 3 mm 处。

4. 编写零件加工程序

```
N10 G54 G90 G00 X0 Y0 Z30                //进入加工坐标系
N20 T01 M98 P9000                        //换用 T01 号刀具
N30 G43 G00 Z5 H01                       //T01 号刀具长度补偿
N40 S600 M03                             //主轴起动
N50 G99 G81 X40 Y-35 Z-63 R-27 F120      //加工 1 孔(回 R 平面)
N60 Y-75                                 //加工 2 孔(回 R 平面)
N70 G98 Y-115                            //加工 3 孔(回起始平面)
N80 G99 X300                             //加工 4 孔(回 R 平面)
N90 Y-75                                 //加工 5 孔(回 R 平面)
N100 G98 Y-35                            //加工 6 孔(回起始平面)
N110 G49 Z20                             //Z 向抬刀,撤销刀补
N120 G00 X500 Y0                         //回换刀点
N130 T02 M98 P9000                       //换用 T02 号刀
N140 G43 Z5 H02                          //T02 刀具长度补偿
N150 S600 M03                            //主轴起动
N160 G99 G81 X70 Y-55 Z-50 R-27 F120     //加工 7 孔(回 R 平面)
N170 G98 Y-95                            //加工 8 孔(回起始平面)
N180 G99 X270                            //加工 9 孔(回 R 平面)
N190 G98 Y-55                            //加工 10 孔(回起始平面)
N200 G49 Z20                             //Z 向抬刀,撤销刀补
N210 G00 X500 Y0                         //回换刀点
N220 M98 P9000 T03                       //换用 T03 号刀具
N230 G43 Z5 H03                          //T03 号刀具长度补偿
N240 S300 M03                            //主轴起动
N250 G76 G99 X170 Y-35 Z-65 R3 F50       //加工 11 孔(回 R 平面)
N260 G98 Y-115                           //加工 12 孔(回起始平面)
N270 G49 Z30                             //撤销刀补
N280 M30                                 //程序停
```

参数设置：

H01=0，H02=-10，H03=-50；

G54：$X=-600$，$Y=-80$，$Z=-35$。

任务二　SIEMENS 系统固定循环功能参数编程

【任务描述】

利用 SIEMENS 系统,选择合适的编程指令,完成孔类、槽类零件的编程。

【任务目标】

掌握固定循环功能的指令使用方法。

5.3.1　主要参数

SIEMENS 系统固定循环中使用的主要参数见表 5.2。

参数赋值方式:若钻底停留时间为 2 s,则 R105 = 2。

表 5.2　主 要 参 数

参数	含义	参数	含义
R101	起始平面	R105	钻底停留时间
R102	安全间隙	R106	螺距
R103	参考平面	R107	钻削进给量
R104	最后钻深(绝对值)	R108	退刀进给量

5.3.2　钻削循环

调用格式:LCYC82

功能:刀具以编程的主轴转速和进给速度钻孔,到达最后钻深后,可实现孔底停留,退刀时以快速退刀。钻削循环过程及参数如图 5.27 所示。

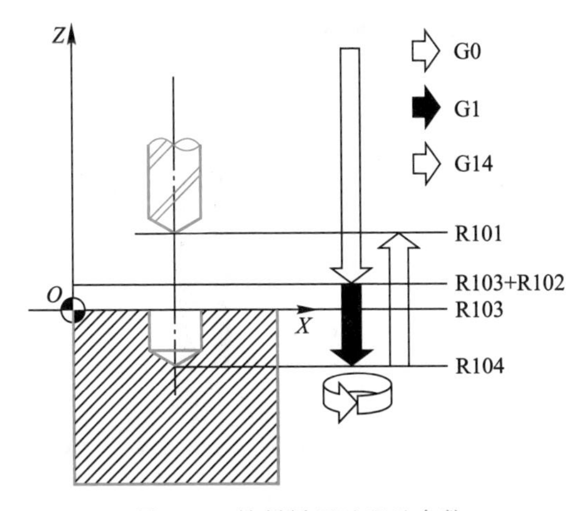

图 5.27　钻削循环过程及参数

参数：R101,R102,R103,R104,R105

例：用钻削循环 LCYC82 加工如图 5.28 所示孔，孔底停留时间 2 s，安全间隙 4 mm。编制程序如下：

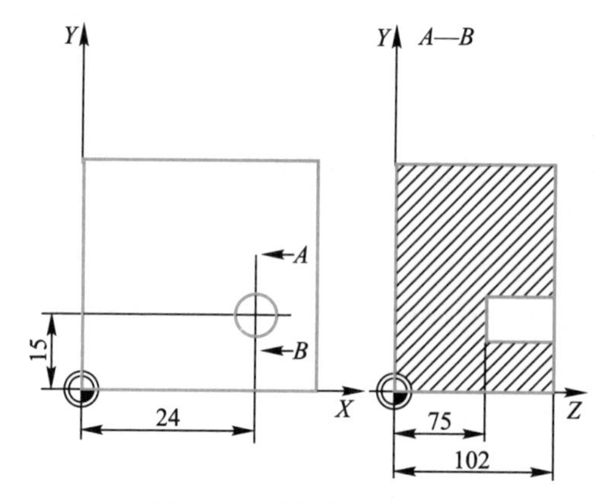

图 5.28　钻削循环应用例

```
N10 G0 G17 G90 F100 T2 D2 S500 M3
N20 X24 Y15
N30 R101 = 110 R102 = 4 R103 = 102 R104 = 75 R105 = 2
N40 LCYC82
N50 M2
```

5.3.3　镗削循环

调用格式：LCYC85

功能：刀具以编程的主轴转速和进给速度镗孔，到达最后镗深后，可实现孔底停留，进刀及退刀时分别以参数指定速度退刀，如图 5.29 所示。

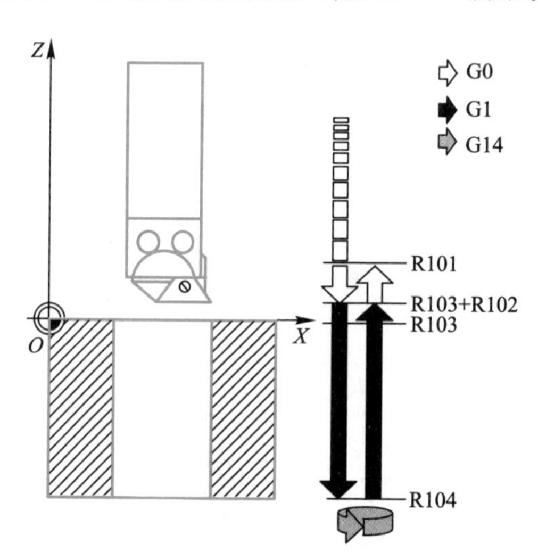

图 5.29　镗削循环过程及参数

参数：R101,R102,R103,R104,R105,R107,R108。

例：用镗削循环 LCYC85 加工如图 5.30 所示孔，无孔底停留时间，安全间隙 2 mm。编写程序如下：

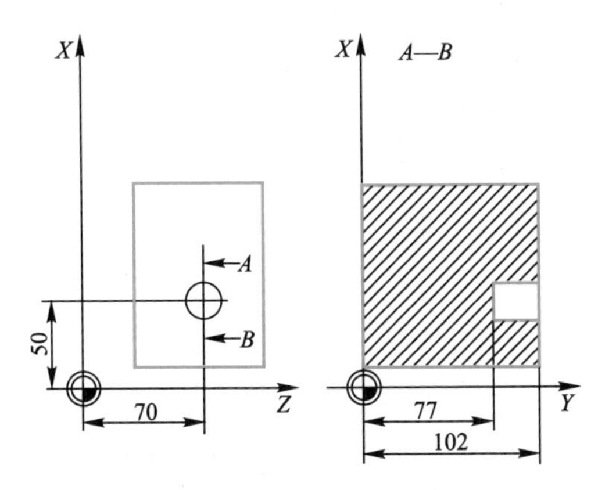

图 5.30　镗削循环应用例

```
N10 G0 G18 G90 F1000 T2 D2 S500 M3
N20 X50 Y105 Z70
N30 R101=105 R102=2 R103=102 R104=77 R105=0 R107=200 R108=100
N40 LCYC85
N50 M2
```

5.3.4　线性孔排列钻削

调用格式：LCYC60

功能：加工线性排列孔如图 5.31 所示，孔加工循环类型用参数 R115 指定，见表 5.3。表中各参数使用如图 5.32 所示。

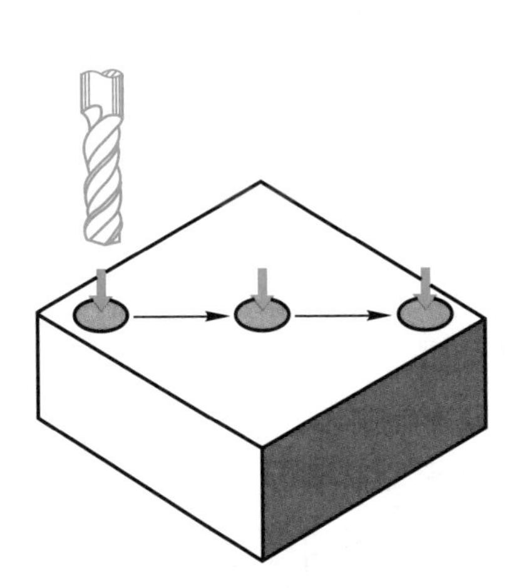

图 5.31　线性孔排列钻削功能

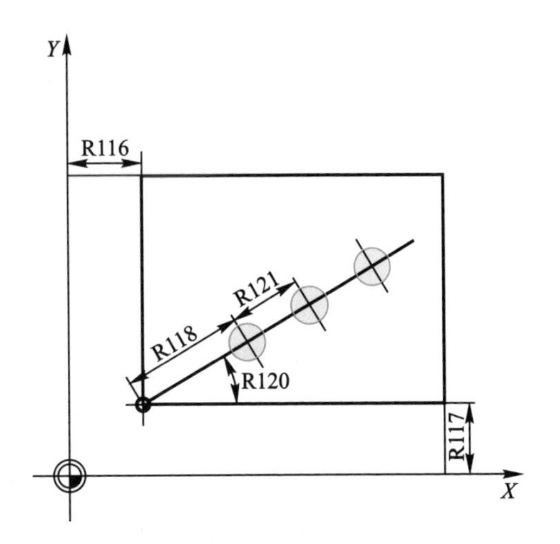

图 5.32　参数的使用

表 5.3　线性孔排列钻削循环中使用的参数

参数	含义	参数	含义
R115	孔加工循环号，如 82(LCYC82)	R119	钻孔的个数
R116	参考点 X 坐标	R120	平面中孔排列直线的角度
R117	参考点 Y 坐标	R121	孔间距
R118	第一个孔到参考点的距离		

例：用钻削循环 LCYC82 加工如图 5.33 所示孔，孔底停留时间 2 s，安全间隙 4 mm。

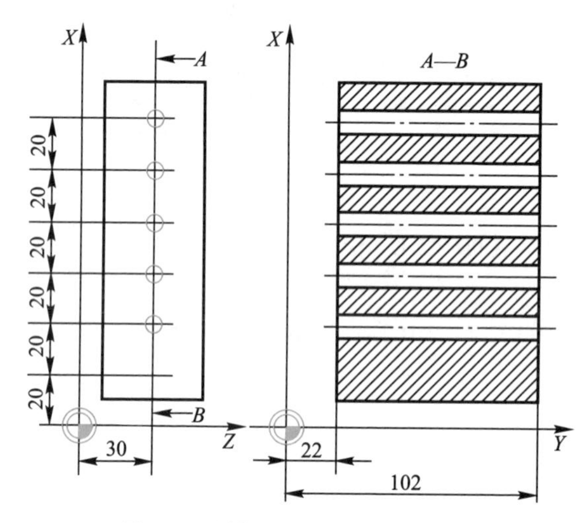

图 5.33　线性孔排列钻削循环应用

```
N10 G0 G18 G90 F100 T2 D2 S500 M3
N20 X50 Y110 Z50
N30 R101=105 R102=4 R103=102 R104=22 R105=2
N40 R115=82 R116=30 R117=20 R118=20 R119=0 R120=0 R121=20
N50 LCYC60
N60 M2
```

5.3.5　矩形槽、键槽和圆形凹槽的铣削循环

1. 循环功能

通过设定相应的参数，利用此循环可以铣削矩形槽、键槽及圆形凹槽，循环加工可分为粗加工和精加工，如图 5.34 所示。循环参数见表 5.4，表中参数使用情况如图 5.35 所示。

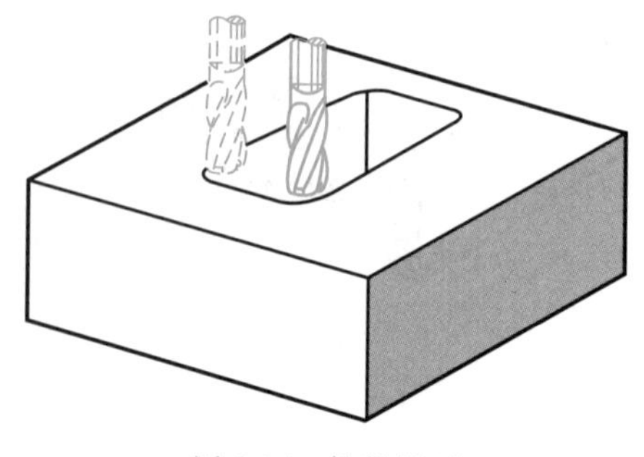

图 5.34　铣削循环

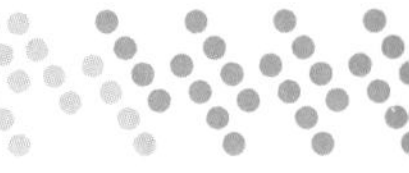

表 5.4　循 环 参 数

参数	含义、数值范围
R101	起始平面
R102	安全间隙
R103	参考平面(绝对坐标)
R104	凹槽深度(绝对坐标)
R116	凹槽圆心 *X* 坐标
R117	凹槽圆心 *Y* 坐标
R118	凹槽长度
R119	凹槽宽度
R120	圆角半径
R121	最大进刀深度
R122	*Z* 向进刀进给量
R123	铣削进给量
R124	平面精加工余量：粗加工(R127=1)时留出的精加工余量。 在精加工时（R127=2)，根据参数 R124 和 R125 选择“仅加工轮廓”或者“同时加工轮廓和深度”
R125	*Z* 向深度精加工余量：粗加工(R127=1)时留出的精加工深度余量。 精加工时(R127=2)利用参数 R124 和 R125 选择“仅加工轮廓”或“同时加工轮廓和深度”
R126	铣削方向(G 2 或 G 3)， 数值范围：2(G 2)，3(G 3)
R127	加工方式： (1) 粗加工：按照给定参数加工凹槽至精加工余量。精加工余量应小于刀具直径。 (2) 精加工：进行精加工的前提条件是凹槽的粗加工过程已经结束，接下去对精加工余量进行加工

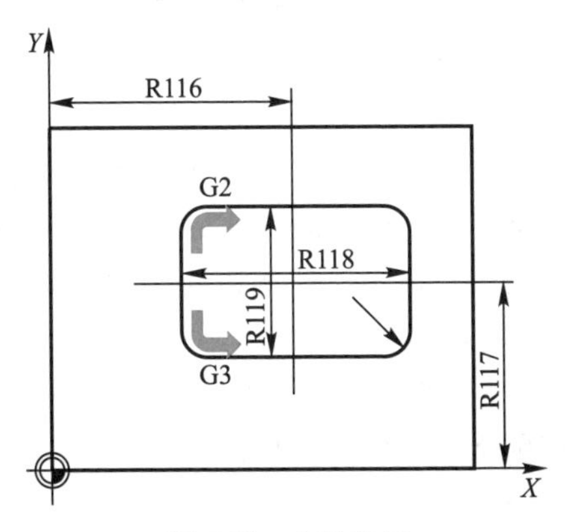

图 5.35　参数使用

调用格式：LCYC75

加工矩形槽时通过参数设置长度、宽度、深度；如果凹槽宽度等同于两倍的圆角半径，则铣削一个键槽；通过参数设定凹槽长度=凹槽宽度=两倍的圆角半径，可以铣削一个直径为凹槽长度或凹槽宽度的圆形凹槽。加工时，一般在槽中心处已预先加工出导向底孔，铣刀从垂直于凹槽深度方向的槽中心处开始进刀。如果没有钻底孔，则该循环要求使用带端面齿的铣刀，从而可以铣削中心孔。在调用程序中应设定主轴的转速和方向，在调用循环之前必须先建立刀具补偿。

2. 加工过程

出发点：位置任意，但需保证从该位置出发可以无碰撞地回到平面的凹槽中心点。

（1）粗加工 R127=1

用 G0 到起始平面的凹槽中心点，然后再同样以 G0 到安全间隙的参考平面处。凹槽的加工分为以下几个步骤：

1）以 R122 确定的进给量和调用循环之前的主轴转速进刀到下一次加工的凹槽中心点处。

2）按照 R123 确定的进给量和调用循环之前的主轴转速在轮廓和深度方向进行铣削，直至最后精加工余量。

3）加工方向由 R126 参数给定的值确定。

4）在凹槽加工结束之后，刀具回到起始平面凹槽中心，循环过程结束。

（2）精加工 R127=2

1）如果要求分多次进刀，则只有最后一次进刀到达最后深度凹槽中心点（R122）。为了缩短返回的空行程，在此之前的所有进刀均快速返回，并根据凹槽和键槽的大小无须回到凹槽中心点才开始加工。通过参数 R124 和 R125 选择“仅进行轮廓加工”或者“同时加工轮廓和深度”。

仅加工轮廓：R124>0，R125= 0

轮廓和深度：R124>0，R125>0

光整加工：　R124= 0，R125= 0

仅加工深度：R124= 0，R125>0

平面加工以参数 R123 设定的值进行，深度进给则以 R122 设定的参数值运行。

2）加工方向由参数 R126 设定的参数值确定。

3）凹槽加工结束以后刀具运行退回到起始平面的凹槽中心点处，循环结束。

3. 应用举例

例 1：凹槽铣削。如图 5.36 所示，用下面的程序可以加工一个长度为 60 mm、宽度为40 mm、圆角半径为 8 mm、深度为 17.5 mm 的凹槽。使用的铣刀不能切削中心，因此要求钻削凹槽中心（LCY82）。凹槽边的精加工余量为 0.75 mm，深度为 0.5 mm，*Z* 轴上到参考平面的安全间隙为0.5 mm。凹槽的中心点坐标为 *X*60*Y*40，最大进刀深度为 4 mm，加工分为粗加工和精加工。

```
N10 G0 G17 G90 F200 S300 M3 T4 D1                  //确定工艺参数
N20 X60 Y40 Z5                                     //回到钻削位置
N30 R101=5 R102=2 R103=9 R104=-17.5 R105=2  //设定钻削循环参数
```

```
N40 LCYC82                          //调用钻削循环
N50 …                               //更换刀具
N60 R116=60 R117=40 R118=60 R119=40 R120=8
                                    //凹槽铣削循环粗加工设定参数
N70 R121=4 R122=120 R123=300 R124=0.75 R125=0.5
                                    //与钻削循环相比较 R101~R104 参数不变
N80 R126=2 R127=1
N90 LCYC75                          //调用粗加工循环
N100 …                              //更换刀具
N110 R127=2                         //凹槽铣削循环精加工设定参数(其他参数
                                      不变)
N120 LCYC75                         //调用精加工循环
N130 M2                             //程序结束
```

例 2：圆形槽铣削。如图 5.37 所示，使用此程序可以在 *YZ* 平面上加工一个圆形凹槽，中心点坐标为 Z50X50，凹槽深 20 mm，深度方向进给轴为 *X* 轴，没有给出精加工余量，也就是说使用粗加工加工此凹槽。使用的铣刀带端面齿，可以切削中心。

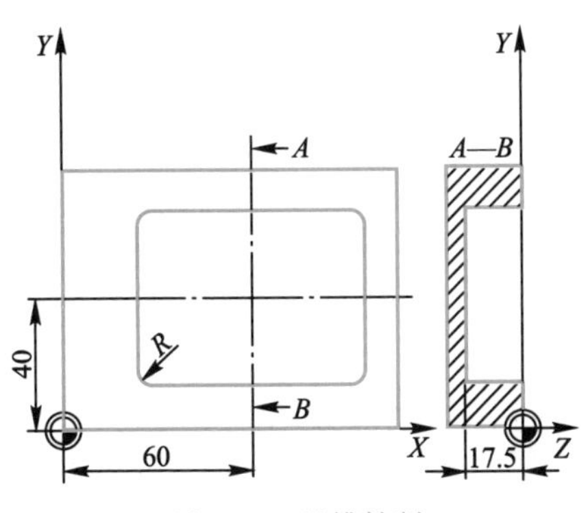

图 5.36　凹槽铣削

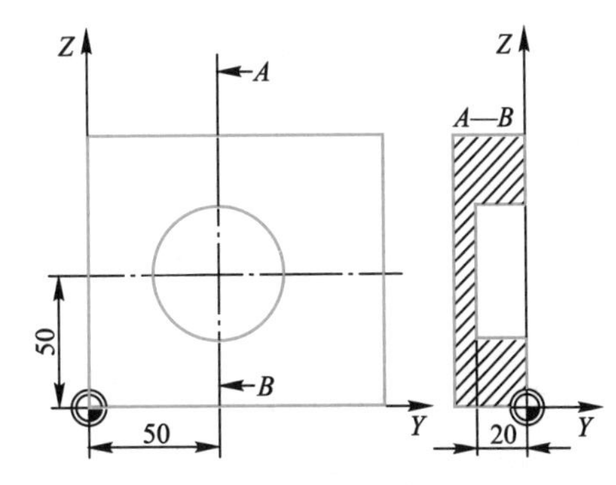

图 5.37　圆形槽铣削

```
N10 G0 G19 G90 S200 M3 T1 D1                          //规定工艺参数
N20 Z60 X40 Y5                                        //回到起始位
N30 R101=4 R102=2 R103=0 R104=-20 R116=50 R117=50
                                                      //凹槽铣削循环设
                                                        定参数
N40 R118=50 R119=50 R120=50 R121=4 R122=100           //凹槽铣削循环设
                                                        定参数
N50 R123=200 R124=0 R125=0R126=0 R127=1               //凹槽铣削循环设
                                                        定参数
N60 LCYC75                                            //调用循环
N70 M2                                                //循环结束
```

例 3：键槽铣削。如图 5.38 所示，使用此程序加工 YZ 平面上一个圆上的 4 个槽，相互间成 90°，起始角为 45°。在调用程序中，坐标系已经作了旋转和移动。键槽的尺寸如下：长度为30 mm，宽度为 15 mm，深度为 23 mm。安全间隙为 1 mm，铣削方向 G2，深度进给最大 6 mm。键槽用粗加工（精加工余量为零）加工，铣刀带断面齿，可以加工中心。

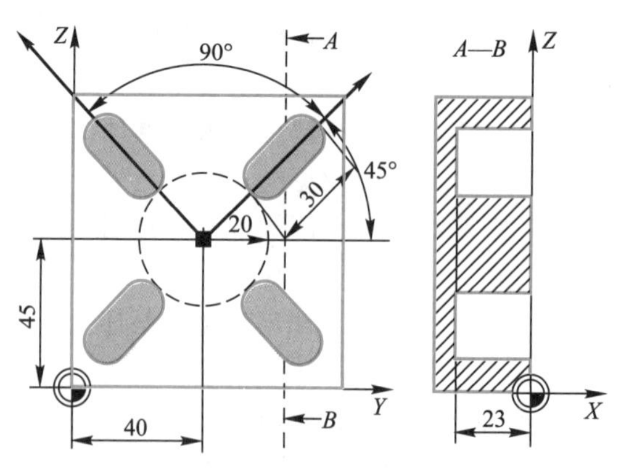

图 5.38　键槽铣削

```
N10 G0 G19 G90 T10 D1 S400 M3                              //规定工艺参数
N20 Y20 Z50 X5                                             //回到起始位
N30 R101=5 R102=1 R103=0 R104=-23 R116=35 R117=0           //铣削循环设定参数
N40 R118=30 R119=15 R120=15 R121=6 R122=200                //铣削循环设定参数
N50 R123=300 R124=0 R125=0 R126=2 R127=1                   //铣削循环设定参数
N60 G158 Y40 Z45          //建立坐标系 Z1-Y1，移动到 Z45Y40
N70 G259 RPL45            //旋转坐标系 45°
N80 LCYC75                //调用循环，铣削第一个槽
N90 G259 RPL90            //继续旋转 Z1-Y1 坐标系 90°，铣削第二个槽
N100 LCYC75               //调用循环，铣削第二个槽
N110 G259 RPL90           //继续旋转 Z1-Y1 坐标系 90°，铣削第三个槽
N120 LCYC75               //铣削第三个槽
N130 G259 RPL90           //继续旋转 Z1-Y1 坐标系 90°，铣削第四个槽
N140 LCYC75               //铣削第四个槽
N150 G259 RPL45           //恢复到原坐标系，角度为 0°
N160 G158 Y-40 Z-45       //返回移动部分
N170 Y20 Z50 X5           //回到出发位置
M2                        //程序结束
```

任务四 FANUC 系统极坐标指令编程

【任务描述】

利用 FANUC 系统，选择极坐标编程指令，完成零件的编程。

【任务目标】

掌握极坐标编程指令的使用方法。

通常情况下数控编程一般使用直角坐标系下的坐标定义工件上的点，但如果工件的尺寸是以到一个固定点的半径和角度的方式来设定时，使用极坐标系定义工件上的点坐标，可以减少编程人员的计算量和编程时间，且使编程思路简洁清晰，提高程序编制效率。

5.4.1 基本指令

G16 极坐标指令

G15 极坐标指令取消

编程时，使用极坐标指令 G16 后，坐标值可以用极坐标半径和角度输入。

编程方法：

```
G17/G18/G19 G90/G91 G16      //开始极坐标指令极坐标方式
G00 IP_
⋮                            //极坐标指令
G15                          //取消极坐标指令取消极坐标方式
G17/G18/G19 设定
```

G90 指定工件坐标系的原点作为极坐标系的原点，从该点测量半径

G91 指定当前位置作为极坐标系的原点，从该点测量半径

IP_ 指定极坐标系选择平面的轴地址及其值。第 1 轴极坐标半径，第 2 轴极角。

如：G01 X30 Y20，其中 X30 是指极坐标半径 30，Y20 是指极角角度 20。

极角角度的正负向是从所选平面的第 1 轴正向开始，逆时针转向为正向，顺时针转向为负向。角度数值可以用绝对值指令 G90 或增量值指令 G91 方式来指定。

注意：在极坐标方式中对圆弧插补 G02/G03 指令中，必须用 R 来指定半径。

用 G90 G16 设定工件坐标系零点作为极坐标系的原点时，用绝对值编程指令指定半径（零点和编程点之间的距离）。角度用绝对值指令 G90 指定，如图 5.39 所示。角度用增量值指令 G91 指定，如图 5.40 所示。

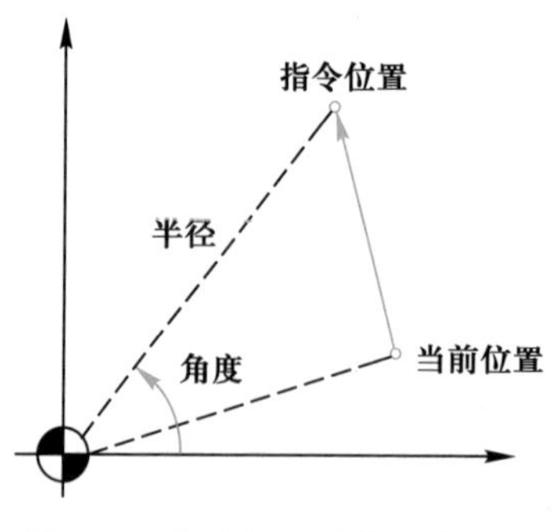

图 5.39　角度用绝对值指令指定

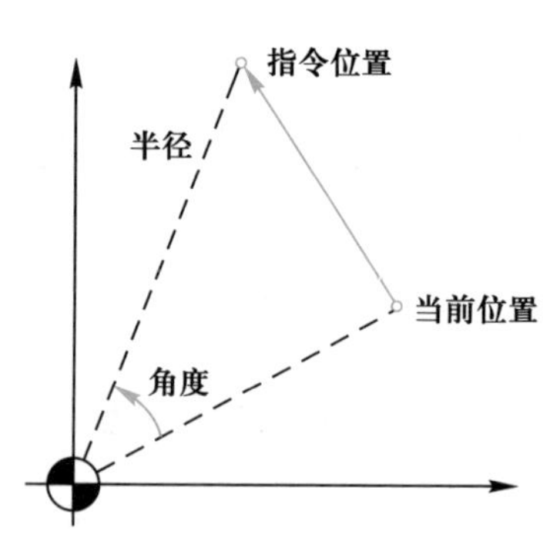

图 5.40　角度用增量值指令指定

用 G91 G16 设定当前位置作为极坐标系的原点时，用增量值编程指令指定半径（当前位置和编程点之间的距离），角度用绝对值指令 G90 指定，如图 5.41 所示。角度用增量值指令 G91 指定，如图 5.42 所示。

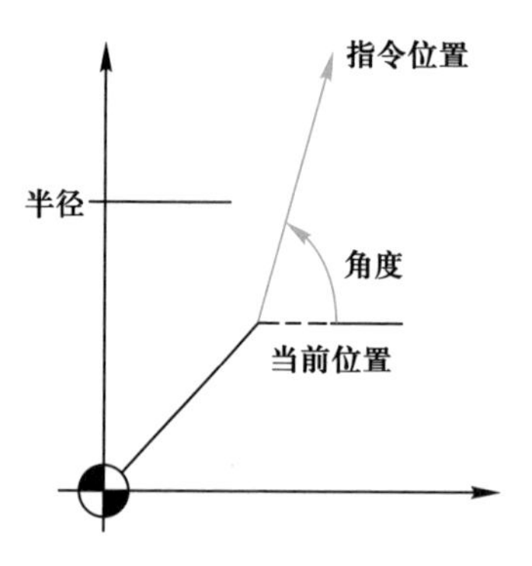

图 5.41　角度用绝对值指令指定

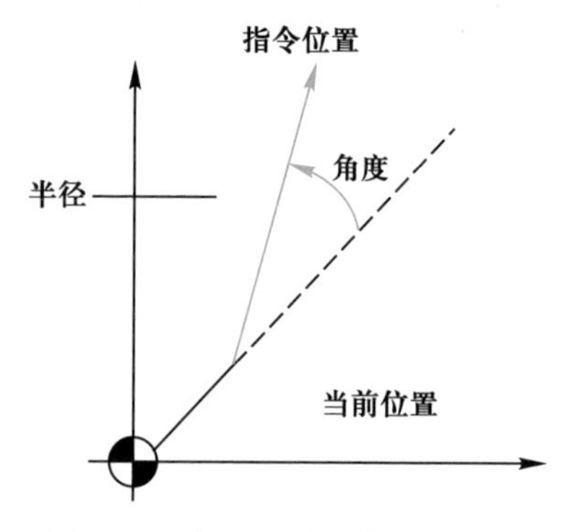

图 5.42　角度用增量值指令指定

5.4.2　应用举例

例 1：用固定循环指令 G81 对如图 5.43 所示的圆形分布的螺栓孔编程。

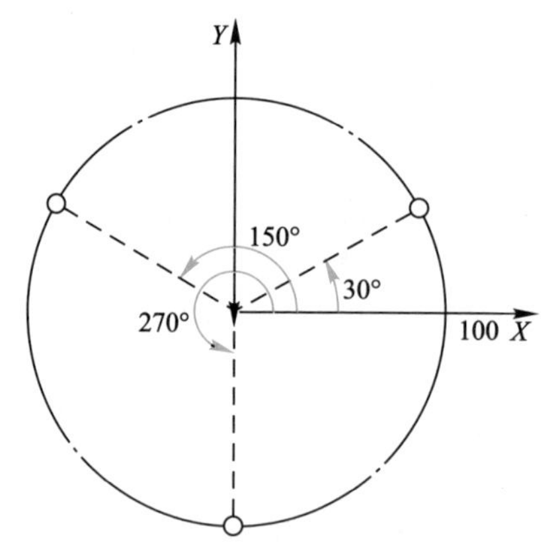

图 5.43　圆形分布的螺栓孔

方法一：用绝对值指令指定角度和半径

```
N1 G17 G90 G16        //指定极坐标指令和选择 XY 平面设定工件坐标系的零
                        点作为极坐标系的原点
N2 G81 X100.0 Y30.0 Z-20.0 R-5.0 F200.0      //指定 100 mm 的距离和 30°
                                               的角度
N3 Y150.0        //指定 100 mm 的距离和 150°的角度
N4 Y270.0        //指定 100 mm 的距离和 270°的角度
N5 G15 G80       //取消极坐标指令
```

方法二：用增量值指令角度，用绝对值指令半径

```
N1 G17 G90 G16        //指定极坐标指令和选择 XY 平面，设定工件坐标系的零
                        点作为极坐标的原点
N2 G81 X100.0 Y30.0 Z-20.0 R-5.0 F200.0      //指定 100 mm 的距离和 30°
                                               的角度
N3 G91 Y120.0        //指定 100 mm 的距离和+120°的角度增量
N4 Y120.0            //指定 100 mm 的距离和+120°的角度增量
N5 G15 G80           //取消极坐标指令
```

例 2：对如图 5.44 所示的外形轮廓零件的铣削加工，采用极坐标编程，其数控程序如下：

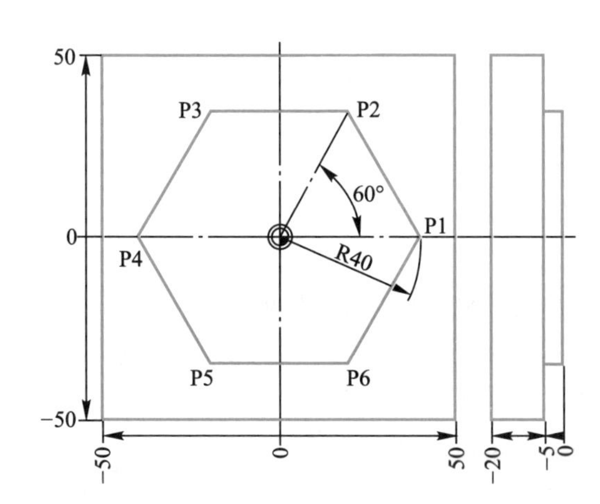

图 5.44　极坐标编程加工

```
N10 G54 G90 G17 G00 X60 Y-20 Z3      //从当前位置直线插补运动到点 P1
N20 M03 S1000
N30 G01 Z-5 F50 M08
N40 G01 G42 X50.Y-5.F200 D01
N50 Y0
N60 G01 G16 X40 Y60.        //极坐标直线插补运动到点 P2：极坐标原点为
                              工件原点，极坐标半径为 40 mm，极坐标转动
                              角度为 60°
```

```
N70 Y120.               //极坐标直线插补运动到点 P3
N80 Y180.               //极坐标直线插补运动到点 P4
N90 Y240.               //极坐标直线插补运动到点 P5
N100 Y300.              //极坐标直线插补运动到点 P6
N110 Y360.              //极坐标直线插补运动到点 P1
N120 G15
N130 G01 X60 Y5
N140 G40 X60 Y20
N150 G00 Z100
N160 Y200
N170 M09
N180 M05
N190 M30
```

任务五　FANUC 系统 B 类宏程序编程

【任务描述】

利用 FANUC 系统,选择合适的 B 类宏程序编程指令,完成零件的编程。

【任务目标】

掌握 B 类宏程序编程指令的使用方法。

对于加工形状简单的零件,计算比较简单,程序不多,采用一般编程方法比较容易完成。但对于形状复杂的零件,特别是具有非圆曲线、列表曲线及曲面的零件,用一般的编程方法就有一定的困难,且出错概率大,有的甚至无法编出程序。而采用宏编程则可以很好地解决这一问题。

宏程序与一般数控程序的区别主要在于能支持变量、运算、转移和循环及宏程序调用。

5.5.1　变量

1. 变量的四种类型

变量根据变量号可以分成四种类型(见表 5.5)。

表 5.5　变量的四种类型

变量号	变量类型	功能
#0	空变量	该变量总是空,没有值能赋给该变量

续表

变量号	变量类型	功能
#1~#33	局部变量	局部变量只能用在宏程序中存储数据，例如，运算结果。当断电时，局部变量被初始化为空。调用宏程序时，自变量对局部变量赋值
#100~#199 #500~#999	公共变量	公共变量在不同的宏程序中的意义相同。当断电时，变量#100~#199 初始化为空。变量#500~#999 的数据保存，即使断电也不丢失
#1000~	系统变量	系统变量用于读和写 CNC 运行时各种数据的变化，例如，刀具的当前位置和补偿值

2. 变量值的范围

局部变量和公共变量可以有 0 值或下面范围中的值：$-10^{47} \sim -10^{-29}$ 或 $10^{-29} \sim 10^{47}$。

3. 变量的引用

1）为在程序中使用变量值，写上变量号就可以了。当用表达式指定变量时，要把表达式放在括号中。

例如：G01　X[#1+#2]　F#3

2）被引用变量的值根据地址的最小设定单位自动地舍入。

例如：

#1 = 12.3456

G00 X#1

程序执行时，CNC 把 12.3456 赋值给变量#1，实际指令值为 G00 X12.346。

3）改变引用变量值的符号，要把负号放在“#”的前面。

例如：G00 X- #1

4. 未定义的变量

当变量值未定义时，这样的变量成为空变量。变量#0 总是空变量，它不能写，只能读。

当引用一个未定义的变量时，地址本身也被忽略（见表 5.6）。

表 5.6　未定义的变量

当#1 = <空>	当#1 = 0
G90 X100 Y#1 ↓ G90 X100	G90 X100 Y#1 ↓ G90 X100 Y0

5. 变量值的显示（如图 5.45 所示）

当变量值是空白时，变量是空。符号 ******** 表示溢出（当变量的绝对值大于 99999999 时）或下溢出（当变量的绝对值小于 0.0000001 时）。

```
VARIABLE                                     O1233 N12345
   NO.          DATA              NO.          DATA
   100         123.456            108
   101           0.000            109
   102                            110
   103                            111
   104                            112
   105                            113
   106                            114
   107                            115

ACTUAL POSITION (RELATIVE)
      X          0.000                Y         0.000
      Z          0.000                B         0.000

MEM **** *** ***                18:42:15
[MACRO] [MENU]    [OPR]     [      ]   [(OPRT)]
```

图 5.45　变量值的显示

6. 限制

程序号、顺序号和任选程序段跳转号不能使用变量。

下面情况不能使用变量:

0#1

/#2G00X100.0;

N#3Y200.0;

7. 系统变量

系统变量用于读和写 NC 内部数据,例如刀具偏置值和当前位置数据,但是某些系统变量只能读。系统变量是自动控制和通用加工程序开发的基础。

用系统变量可以读和写刀具补偿值(见表 5.7)。

表 5.7　系统变量与刀具补偿值的关系

补偿号	刀具长度补偿(H)		刀具半径补偿(D)	
	几何补偿	磨损补偿	几何补偿	磨损补偿
1	#11001 (#2201)	#10001	#13001	#12001
⋮	⋮	(#2001)	⋮	⋮
200	#11201 (#2400)	⋮	⋮	⋮
⋮	⋮	#10201	⋮	⋮
400	#11400	(#2200)	#13400	#12400
		⋮		
		#10400		

当偏置组数小于等于 200 时,也可使用#2001　#2400。

5.5.2　算术和逻辑运算(见表 5.8)

表 5.8　算术和逻辑运算

功能	格式	备注
定义	#i=#j	
加法 减法 乘法 除法	#i=#j+#k; #i=#j-#k; #i=#j * #k; #i=#j/#k;	
正弦 反正弦 余弦 反余弦 正切 反正切	#i=SIN[#j]; #i=ASIN[#j]; #i=COS[#j]; #i=ACOS[#j]; #i=TAN[#j]; #i=ATAN[#j]/[#k];	角度以度指定。90°30′表示为 90.5 度
平方根 绝对值 舍入 上取整 下取整 自然对数 指数函数	#i=SQRT[#j]; #i=ABS[#j]; #i=ROUND[#j]; #i=FIX[#j]; #i=FUP[#j]; #i=LN[#j]; #i=EXP[#j];	
或 异或 与	#i=#j OR #k; #i=#j XOR #k; #i=#j AND #k;	逻辑运算一位一位地按二进制数执行
从 BCD 转为 BIN 从 BIN 转为 BCD	#i=BIN[#j]; #i=BCD[#j];	用于与 PMC 的信号交换

#i 必须使用变量,#j 和#k 可以使用常数。

5.5.3　转移和循环

在程序中使用 GOTO 语句和 IF 语句可以改变控制的流向,有三种转移和循环操作可供使用。

(1) 无条件转移语句 GOTO

GOTO *n*;

n:顺序号 1 到 99999。转移到标有顺序号 *n* 的程序段。可用表达式指定顺序号。

例：

GOTO 1

GOTO #10

（2）条件转移

1）IF[条件表达式] GOTO n

如果指定的条件表达式满足时，转移到标有顺序号 n 的程序段。如果指定的条件表达式不满足，执行下个程序段(如图 5.46 所示)。

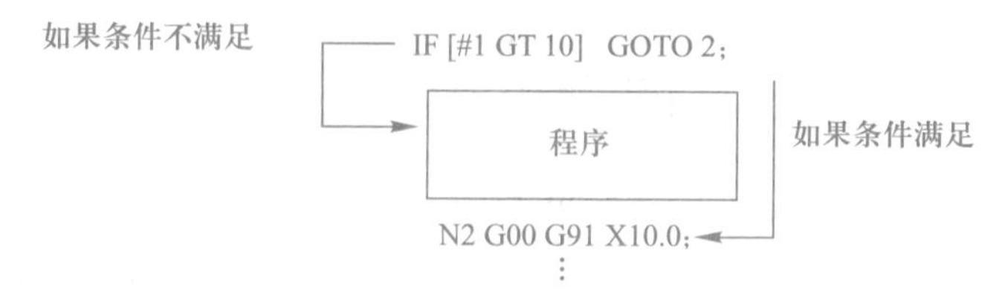

图 5.46 条件转移 IF[条件表达式] GOTO n

2）IF[条件表达式式] THEN

如果条件表达式满足，执行预先设定的宏程序语句，注意只执行一个宏程序语句。

例：如果#1 和#2 的值相同，将 0 赋给#3

IF[#1 EQ #2] THEN #3=0

指令说明：

条件表达式：

条件表达式必须包括运算符。运算符插在两个变量之间或变量和常数之间，并且用括号[ ]封闭。

运算符：

运算符由 2 个字母组成，用于两个值的比较以决定它们是相等还是一个值小于或大于另一个值(见表 5.9)。

表 5.9 运 算 符

运算符	含义
EQ	等于(=)
NE	不等于(≠)
GT	大于(>)
GE	大于或等于(≥)
LT	小于(<)
LE	小于或等于(≤)

例：下面的程序计算数值 1~10 的总和。

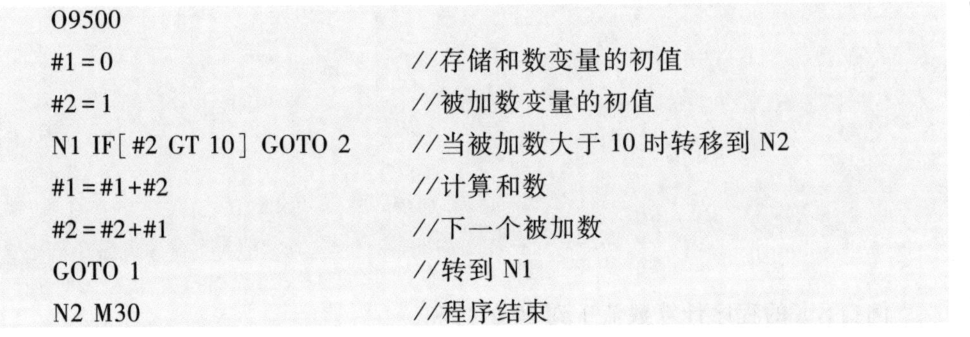

```
O9500
#1=0                        //存储和数变量的初值
#2=1                        //被加数变量的初值
N1 IF[#2 GT 10] GOTO 2      //当被加数大于 10 时转移到 N2
#1=#1+#2                    //计算和数
#2=#2+#1                    //下一个被加数
GOTO 1                      //转到 N1
N2 M30                      //程序结束
```

(3) 循环(WHILE 语句)

在 WHILE 后指定一个条件表达式,当指定条件满足时,执行从 DO 到 END 之间的程序。否则,转到 END 后的程序段(如图 5.47 所示)。

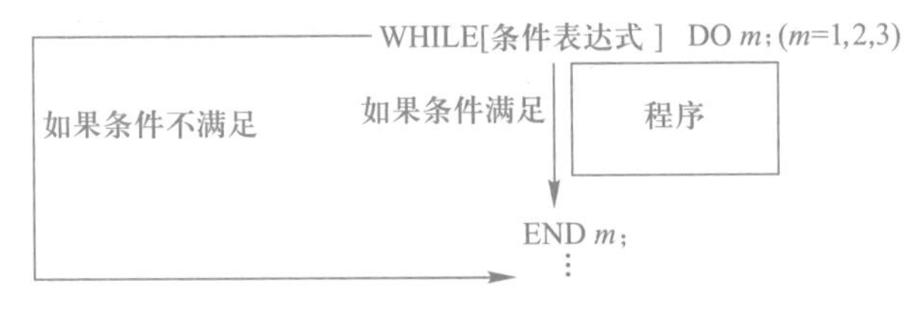

图 5.47　WHILE 语句执行流程

当在 GOTO 语句中有标号转移的语句中进行顺序号检索,反向检索的时间要比正向检索长。用 WHILE 语句实现循环可减少处理时间。

1) 标号

这种指令格式适用于 IF 语句,DO 后的号和 END 后的号是指定程序执行范围的标号,标号值为 1、2、3,若用其他数值会产生 P/S 报警 No.126。

2) 嵌套

在 DO~END 循环中的标号 1 到 3 可根据需要多次使用,但是当程序有交叉重复,循环 DO 范围重叠时,出现 P/S 报警 No.124。主要有以下 5 种情况(如图 5.48~图 5.52 所示):

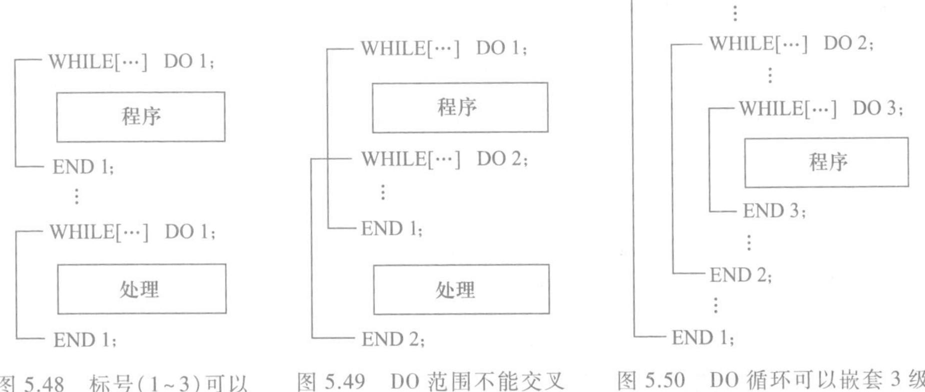

图 5.48　标号(1~3)可以根据要求同时使用

图 5.49　DO 范围不能交叉

图 5.50　DO 循环可以嵌套 3 级

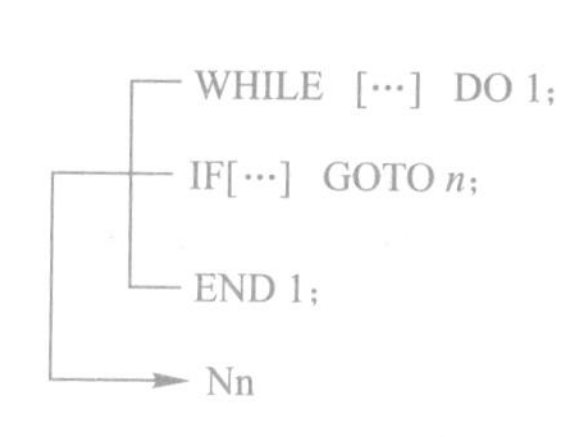

图 5.51 控制转移可以转到循环之外

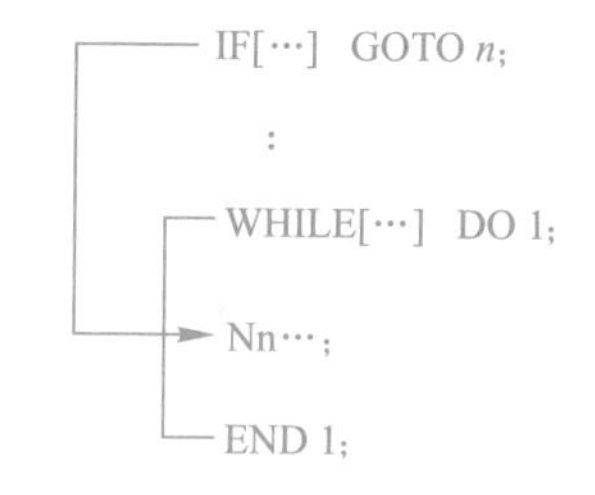

图 5.52 转移不能进入循环内部

例：下面的程序计算数值 1 到 10 的总和。

```
O9500
#1=0                        //存储和数变量的初值
#2=1                        //被加数变量的初值
WHILE [#2 LE 10] DO 1       //当被加数大于 10 时退出循环
#1=#1+#2                    //计算和数
#2=#2+#1                    //下一个被加数
END1                        //转到标号 1
M30                         //程序结束
```

5.5.4 宏程序调用

(1) G65 宏程序调用指令

当指定 G65 时，以地址 P 指定的用户宏程序被调用，数据自变量能传递到用户宏程序体中(如图 5.53 所示)。

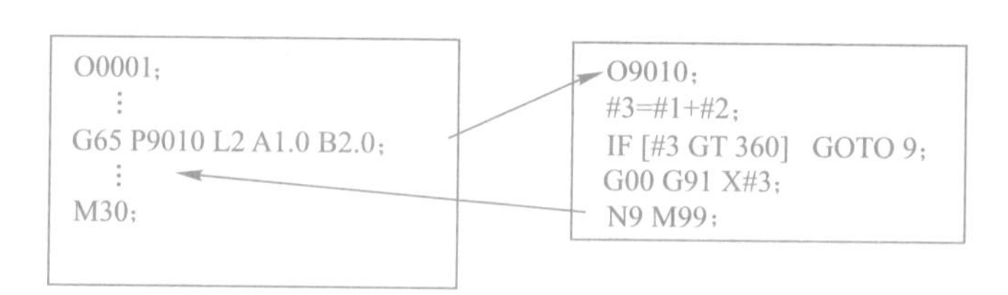

图 5.53 G65 宏程序调用指令

G65 Pp L1 (自变量指定)

1) 在 G65 之后，用地址 P 指定用户宏程序的程序号。当要求重复时，在地址 L 后指定从 1 到 9999 的重复次数。L 值省略时认为 L 等于 1。

2) 自变量指定

使用自变量指定，其值被赋值到相应的局部变量。可用两种形式的自变量指定。根据使用的字母自动地决定自变量指定的类型。

自变量指定形式 I (见表 5.10)：

表 5.10 自变量指定形式 I

地址	变量号	地址	变量号	地址	变量号
A	#1	I	#4	T	#20

续表

地址	变量号	地址	变量号	地址	变量号
B	#2	J	#5	U	#21
C	#3	K	#6	V	#22
D	#7	M	#13	W	#23
E	#8	Q	#17	X	#24
F	#9	R	#18	Y	#25
H	#11	S	#19	Z	#26

使用除了 G、L、O、N 和 P 以外的字母，每个字母指定一次。地址 G、L、N、Q 和 P 不能在自变量中使用。不需要指定的地址可以省略，对应于省略地址的局部变量设为空。

地址不需要按字母顺序指定，但是 I、J 和 K 需要按字母顺序指定。

例：

B_A_D_…J_K_（正确）

B_A_D_…J_I_（不正确）

自变量指定形式Ⅱ（见表 5.11）：

自变量指定使用 A、B、C 各 1 次和 I*i*、J*i*、K*i* 各 10 次（*i* 为 1～10）。适用于传递诸如三维坐标值的变量。I、J、K 的下标用于确定自变量指定的顺序，在实际编程中不写。

表 5.11　自变量指定形式Ⅱ

地址	变量号	地址	变量号	地址	变量号
A	#1	K3	#12	J7	#23
B	#2	I4	#13	K7	#24
C	#3	J4	#14	I8	#25
I1	#4	K4	#15	J8	#26
J1	#5	I5	#16	K8	#27
K1	#6	J5	#17	I9	#28
I2	#7	K5	#18	J9	#29
J2	#8	I6	#19	K9	#30
K2	#9	J6	#20	I10	#31
I3	#10	K6	#21	J10	#32
J3	#11	I7	#22	K10	#33

自变量指定的混合：

CNC 内部自动识别自变量指定形式，自变量指定的混合时，后指定的自变量类型有效（如图 5.54 所示）。

（2）宏程序调用 G65 与子程序调用 M98 的区别

1）用 G65 可以指定自变量数据传送到宏程序，M98 没有该功能。

2）当 M98 程序段包含另一个 NC 指令，例如 G01 X100.0 M98 Pp 时，在指令执行之后调用子程序。相反，G65 无条件地调用宏程序。

3）M98 程序段包含另一个 NC 指令，例如 G01 X100.0 M98 Pp 时，在单程序段方式中机床停止，相反，G65 机床不停止。

5.5.5 应用举例

例：应用宏编程切圆台与斜方台，各自加工 3 个。循环要求倾斜 10°的斜方台与圆台相切，圆台在方台之上，顶视图（如图 5.55 所示）。

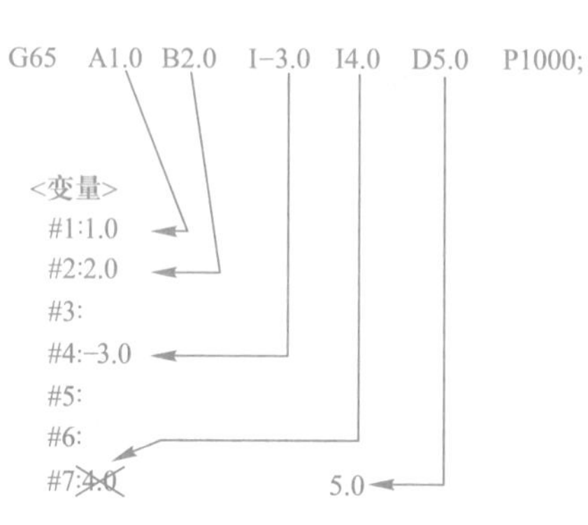

图 5.54 自变量指定的混合

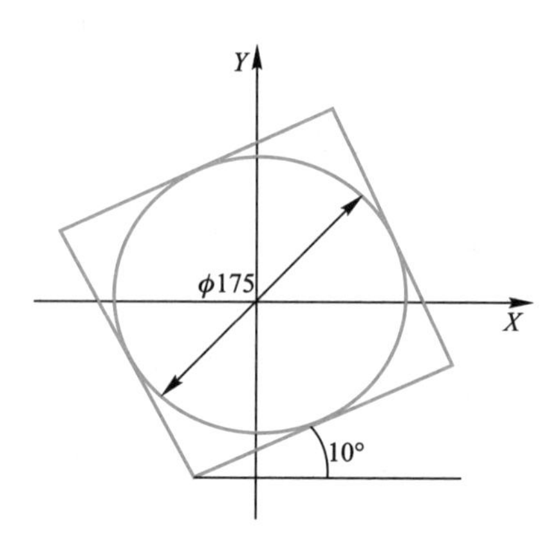

图 5.55 切圆台与斜方台

```
%8002
N10 #10=10.0                              //圆台阶高度
N20 #11=10.0                              //方台阶高度
N30 #12=124.0                             //圆外定点的 X 坐标值
N40 #13=124.0                             //圆外定点的 Y 坐标值
N50 G92 X0.0 Y0.0 Z50.0
N60 G00 Z10.0
N70 #1=0
N80 G00 X#12 Y#13
N90 Z-#10 M03 S600
N100 WHILE [#1 LT 3] DO 1                 //加工圆台
N110 G01 G42 X[#12/2] Y[175/2] F280.0 D[#1+1]
N120 X0 Y[175/2]
N130 G03 I0 J[-175/2]
N140 G01 X[-#12/2] Y[175/2]
N150 G40 X-#12 Y#13
N160 G00 X#12 Y#13
```

```
N170 #1=#1+1
N180 END1
N190 Z[-#10-#11]
N200 #2=175/SQRT[2]*COS[55]
N210 #3=175/SQRT[2]*SIN[55]
N220 #4=175*COS[10]
N230 #5=175*SIN[10]
N240 #1=0
N250 WHILE [#1 LT 3] DO 2              //加工斜方台
N260 G01 G90 G42 X#2 Y#3 F280.0 D[#1+1]
N270 G91 X-#4 Y-#5
N280 X#5 Y-#4
N290 X#4 Y#5
N300 X-#5 Y#4
N305 Y10
N310 G00 G90 G40 X#12 Y#13
N320 #1=#1+1
N330 END2
N335 G00 Z50
N340 G00 X0 Y0 M05
N350 M30
```

非圆曲线轮廓零件的种类很多,但不管是哪一种类型的非圆曲线零件,编程时所做的数学处理是相同的。一是选择插补方式,即首先应决定是采用直线段逼近非圆曲线,还是采用圆弧段逼近非圆曲线;二是插补节点坐标计算。采用直线段逼近零件轮廓曲线,一般数学处理较简单,但计算的坐标数据较多。

等间距法是使一坐标的增量相等,然后求出曲线上相应的节点,将相邻节点连成直线,用这些直线段组成的折线代替原来的轮廓曲线(如图 5.56 所示)。其特点是计算简单,坐标增量的选取可大可小,选得越小则加工精度越高,同时节点会增多,相应的程序长度也将增加,而采用宏编程正好可以弥补这一缺点。

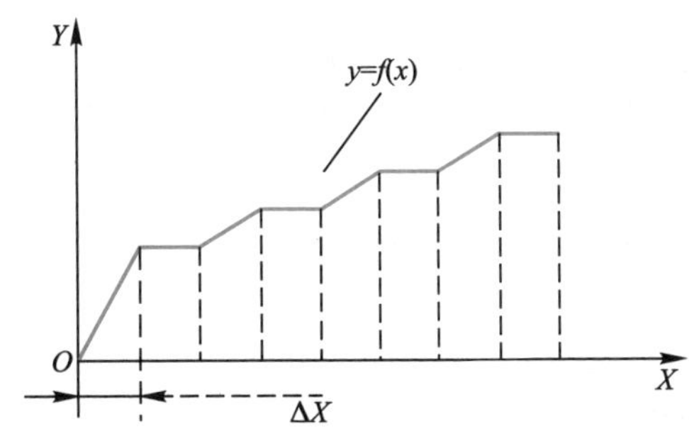

图 5.56　等间距法直线段逼近非圆曲线

当要加工一个周期的正弦线时（如图 5.57 所示），常用的方法是采用自动编程，若用手工编程，则采用宏编程较简单。曲线上坐标点选取的多少，可视加工精度而定。用宏编程，不管选取的节点是多少，其程序段不会增加，这就是宏编程的主要特点。用变量#1 表示上图中从 0 到 2π 各点弧度值；用[X=100 * #1/2π，Y=25 * SIN(#1)]表示一个子程序，若要在正弦线上选取 1 000 个坐标点，只需将子程序调用1 000次即可。

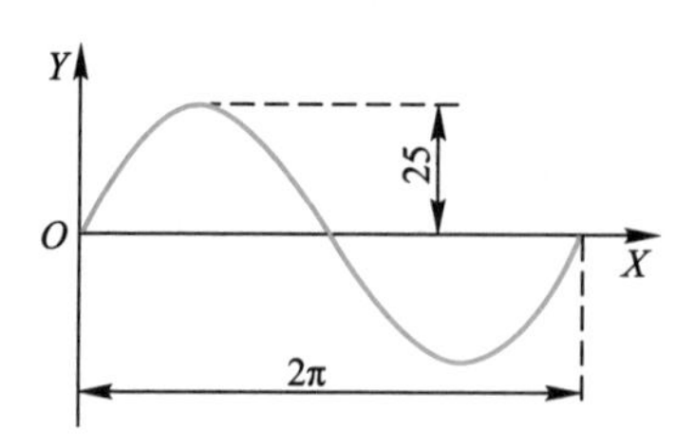

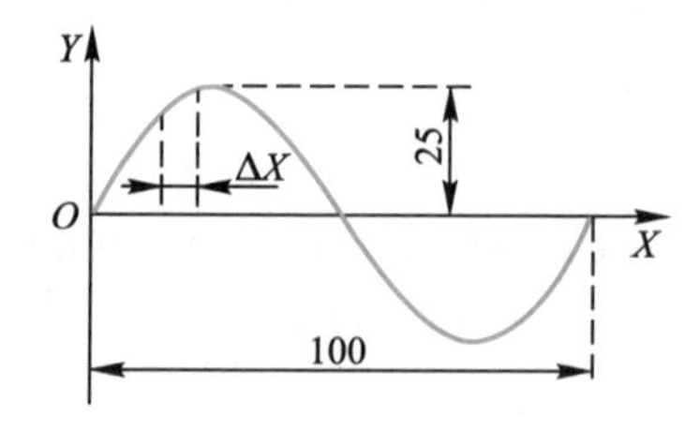

图 5.57　加工一个周期的正弦线

合理地选用变量可以提高某些零件的加工精度（多选节点）和编程效率，它也是手工编制复杂零件程序的主要方法之一，在不具备计算机自动编程的情况下一般常采用这种办法。

例：用变量、条件跳转编辑椭圆程序（如图 5.58 所示）。椭圆计算公式：$X=a*\text{COS }\theta, Y=b*\text{SIN }\theta$（其中 a 为长轴半径，b 为短轴半径）。

分析：椭圆编程时，终点角度的计算（如图 5.59 所示）。

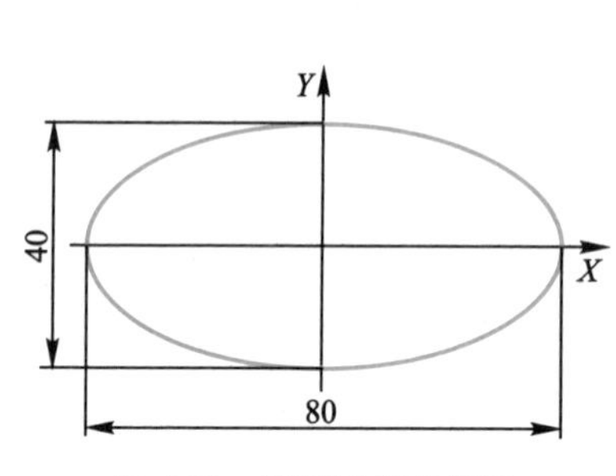

图 5.58　椭圆宏编程例图

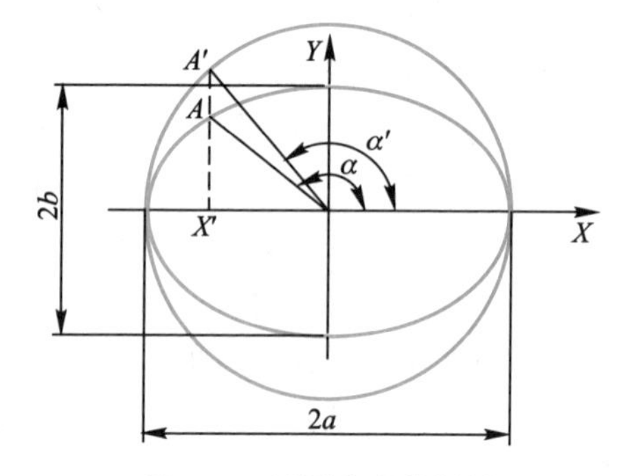

图 5.59　椭圆编程分析图

想求 α 张角时椭圆终点 A 的坐标值（以 X 值为例）并不能使用 $X/a=\text{SIN }\alpha$ 计算。因为在该位置，OA 长度不等于 a（长轴半径），这时，如图 5.59 所示作出半径等于 a 的外接圆，过 A 点作竖直线，与大圆相交于 A'点，连接 OA'此时张角为 α'则有：$\text{SIN }\alpha'=X'/OA'$，因为 $OA'=a$，所以 $X'=a\text{SIN }\alpha'$则 α'角度为终点判别角度。

程序如下：

```
N10 G54 F150 S800 M03
N20 G00   X60 Y0
N30 Z-5
N40 G00   G42   X45   Y-5
```

```
N50 G02  X40  Y0  R5
N60 #1=0
N70 #1=#1+1
N80 G01 X[40*COS[#1]] Y[20*SIN[#1]]
N90 IF [#1 LT 360] GOTO 70
N100 G02  X45  Y5  R5
N110 G00  G40  X60 Y0
N120 G00  Z200
N130 M02
```

例：三轴联动的宏编程。一般的模具加工多为三维立体加工，掌握好变量的规律，同样可进行宏编程，实际上，在原两维平面加工的基础上再加上垂向的变量，即可实现三维立体加工。应值得注意的是，垂向变量的取值大小将影响平面尺寸，所以必须精心计算。如图5.60所示，已知高 60，宽 40，上底与下底单面差 (100−80)/2=10。

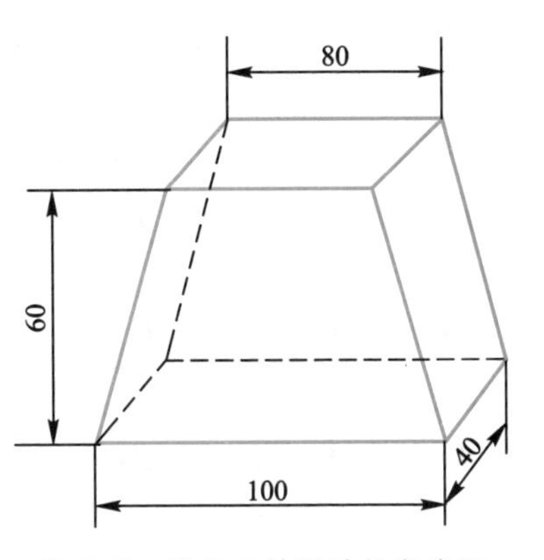

图 5.60 模具三轴联动的宏编程

分析：取 300 层；*X* 方向每次单边缩小 10/300，开始点的单边缩小量为#4=0，垂向每次提高 60/300，开始点的提高量是#6=0。原点定在左下角。

```
N50 G54 G90 G00 X-10 Y0
N60 M03 S1000
N80 #1=1000
N90 #4=0
N100 #6=0
N110 G01 Z#6 F200
N112 G00 X[-10+#4] Y0
N115 G42 X#4  Y0 D01
N120 X[100-#4]
N130 Y40
N140 X#4
N150 Y0
N155 G40 Y-10
N160 #6=#6+60/#1
     #4=#4+10/#1
N170 IF  [#6 LE 60]  GOTO  110
N180 G00  Z100
N190 M2
```

例：如图 5.61 所示圆环点阵孔群中各孔的加工，曾经用 A 类宏程序解决过，这里再试用 B 类宏程序方法来解决这一问题。

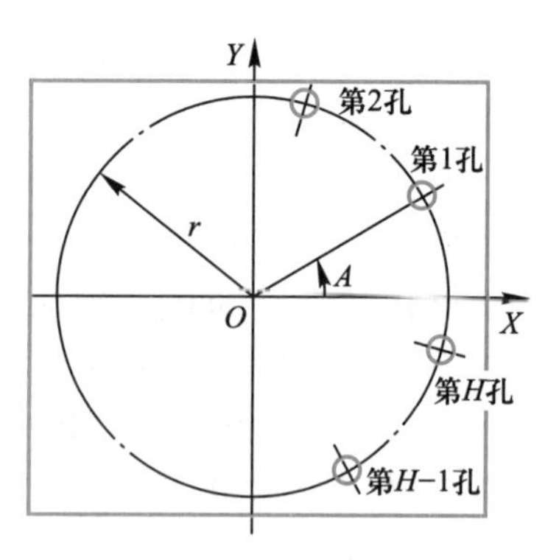

图 5.61　圆环点阵孔群的加工

宏程序中将用到下列变量：

#1——第一个孔的起始角度 A，在主程序中用对应的文字变量 A 赋值；

#3——孔加工固定循环中 R 平面值 C，在主程序中用对应的文字变量 C 赋值；

#9——孔加工的进给量值 F，在主程序中用对应的文字变量 F 赋值；

#11——要加工孔的孔数 H，在主程序中用对应的文字变量 H 赋值；

#18——加工孔所处的圆环半径值 R，在主程序中用对应的文字变量 R 赋值；

#26——孔深坐标值 Z，在主程序中用对应的文字变量 Z 赋值；

#30——基准点，即圆环形中心的 X 坐标值 X_0；

#31——基准点，即圆环形中心的 Y 坐标值 Y_0；

#32——当前加工孔的序号 i；

#33——当前加工第 i 孔的角度；

#100——已加工孔的数量；

#101——当前加工孔的 X 坐标值，初值设置为圆环形中心的 X 坐标值 X_0；

#102——当前加工孔的 Y 坐标值，初值设置为圆环形中心的 Y 坐标值 Y_0。

用户宏程序如下：

```
O8000
N8010 #30=#101                                //基准点保存
N8020 #31=#102                                //基准点保存
N8030 #32=1                                   //计数值置 1
N8040 WHILE [#32 LE ABS[#11]] DO1             //进入孔加工循环体
N8050 #33=#1+360*[#32-1]/#11                  //计算第 i 孔的角度
N8060 #101=#30+#18*COS[#33]                   //计算第 i 孔的 X 坐标值
N8070 #102=#31+#18*SIN[#33]                   //计算第 i 孔的 Y 坐标值
N8080 G90 G81 G98 X#101 Y#102 Z#26 R#3 F#9    //钻削第 i 孔
N8090 #32=#32+1                               //计数器对孔序号 i 计数累加
N8100 #100=#100+1                             //计算已加工孔数
N8110 END 1                                   //孔加工循环体结束
N8120 #101=#30                                //返回 X 坐标初值 X0
N8130 #102=#31                                //返回 Y 坐标初值 Y0
M99                                           //宏程序结束
```

在主程序中调用上述宏程序的调用格式为：

G65 P8000 A~ C~ F~ H~ R~ Z~

上述程序段中各文字变量后的值均应按零件图样中给定值来赋值。

任务六　SIEMENS 系统宏程序编程

【任务描述】

利用 SIEMENS 系统，选择合适的宏程序编程指令，完成零件编程。

【任务目标】

掌握宏程序编程的方法。

1. 计算参数

SIEMENS 系统宏程序应用的计算参数如下：

R0~R99——可自由使用；

R100~R249——加工循环传递参数（如程序中没有使用加工循环，这部分参数可自由使用）；

R250~R299——加工循环内部计算参数（如程序中没有使用加工循环，这部分参数可自由使用）。

2. 赋值方式

为程序的地址字赋值时，在地址字之后应使用“=”，N、G、L 除外。

例：G00 X=R2

3. 控制指令

控制指令主要有：

IF 条件 GOTOF 标号

IF 条件 GOTOB 标号

说明：IF——如果满足条件，跳转到标号处；如果不满足条件，执行下一条指令。

GOTOF——向前跳转。

GOTOB——向后跳转。

标号——目标程序段的标记符，必须要由 2~8 个字母或数字组成，其中开始两个符号必须是字母或下划线。标记符必须位于程序段首；如果程序段有顺序号字，标记符必须紧跟顺序号字；标记符后面必须为冒号。

条件——计算表达式，通常用比较运算表达式，比较运算符见表 5.12。

表 5.12　比较运算符

比较运算符	意　义	比较运算符	意　义
=	等于	<	小于
<>	不等于	>=	大于或等于
>	大于	<=	小于或等于

例:

```
…
N10 IF R1<10 GOTOF LAB1
…
N100 LAB1G0 Z80
```

4. 应用举例

用镗孔循环 LCYC5 加工如图 5.62 所示矩阵排列孔,无孔底停留时间,安全间隙为 2 mm。

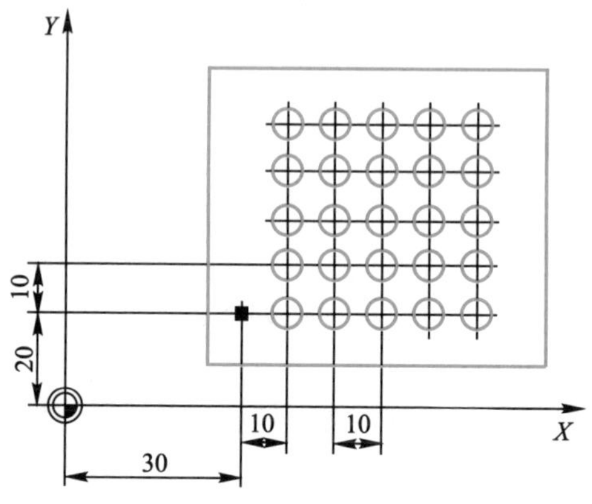

图 5.62　矩阵排列孔加工

```
N10 G0 G17 G90 F1000 T2 D2 S500 M3
N20 X10 Y10 Z105
N30 R1=0
N40 R101=105 R102=2 R103=102 R104=77 R105=0 R107=200 R108=100
N50 R115=85 R116=30 R117=20 R118=10 R119=5 R120=0 R121=10
N60 MARKE1 LCYC60
N70 R1=R1+1 R117=R117+10
N80 IF R1<5 GOTOB MARKE1
N90 G0 G90 X10 Y10 Z105
N100 M2
```

任务七　加工中心的调整

【任务描述】

根据加工中心的操作规范,完成加工中心的对刀操作和工作台调整。

【任务目标】

掌握加工中心的加工调整方法。

加工中心是一种功能较多的数控加工机床，具有铣削、镗削、钻削和螺纹加工等多种加工工艺手段。使用多把刀具时，尤其要注意准确地确定各把刀具的基本尺寸，即正确地对刀。对有回转工作台的加工中心，还应特别注意工作台回转中心的调整，以确保加工质量。

5.7.1　加工中心的对刀方法

在本课程关于"加工坐标系设定"的内容中，已介绍了通过对刀方式设置加工坐标系的方法，这一方法也适用于加工中心。由于加工中心具有多把刀具，并能实现自动换刀，因此需要测量所用各把刀具的基本尺寸，并存入数控系统，以便加工中调用，即进行加工中心的对刀。加工中心通常采用机外对刀仪实现对刀。

对刀仪的基本结构如图 5.63 所示。图 5.63 中，对刀仪平台 7 上装有刀柄夹持轴 2，用于安装被测刀具，如图 5.64 所示钻削刀具。通过快速移动单键按钮 4 和微调旋钮 5 或 6，可调整刀柄夹持轴 2 在对刀仪平台 7 上的位置。当光源发射器 8 发光，将刀具刀刃放大投影到显示屏幕 1 上时，即可测得刀具在 X(径向尺寸) 和 Z(刀柄基准面到刀尖的长度尺寸) 方向的尺寸。

对刀仪对刀

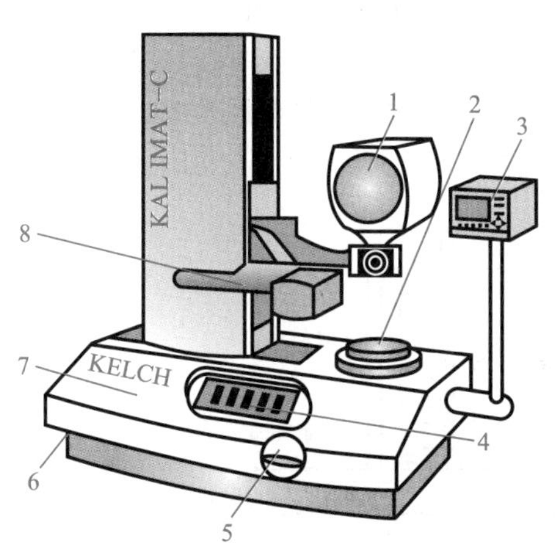

图 5.63　对刀仪的基本结构

1—显示屏幕；2—刀柄夹持轴；3—仪表；
4—单键按钮；5、6—微调旋钮；
7—对刀仪平台；8—光源发射器

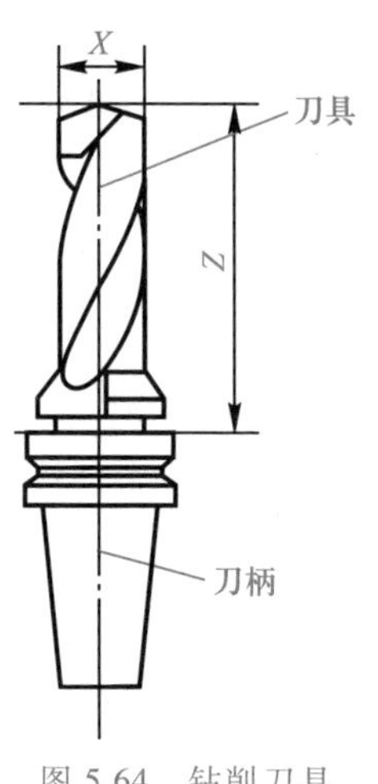

图 5.64　钻削刀具

钻削刀具的对刀操作过程如下：

1）将被测刀具与刀柄连接安装为一体；

2）将刀柄插入对刀仪上的刀柄夹持轴 2，并紧固；

3）打开光源发射器 8，观察刀刃在显示屏幕 1 上的投影；

4）通过快速移动单键按钮 4 和微调旋钮 5 或 6，可调整刀刃在显示屏幕 1 上的投影位置，使刀具的刀尖对准显示屏幕 1 上的十字线中心，如图 5.65 所示；

5）测得 X 为 20，即刀具直径为 ϕ20 mm，该尺寸可用作刀具半径补偿；

6）测得 Z 为 180.002，即刀具长度尺寸为 180.002 mm，该尺寸可用作刀具长度

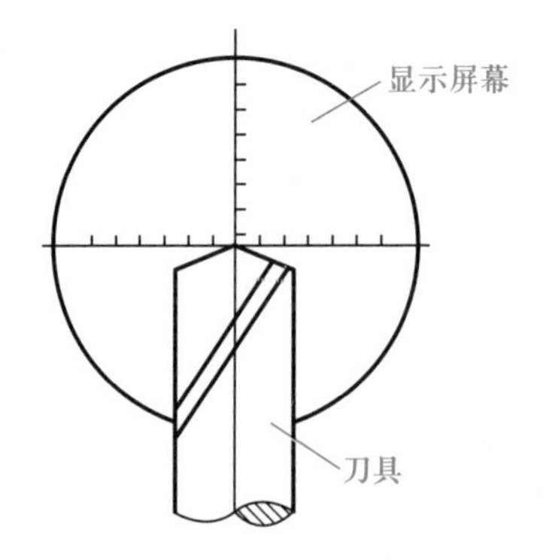

图 5.65 对刀

立式加工中心保养项目指导

补偿；

7）将测得的尺寸输入加工中心的刀具补偿页面；

8）将被测刀具从对刀仪上取下后，即可装上加工中心使用。

5.7.2 加工中心回转工作台的调整

多数加工中心都配有回转工作台（如图 5.66 所示），实现在零件一次安装中多个加工面的加工。如何准确测量加工中心回转工作台的回转中心，对被加工零件的质量有着重要的影响。下面以卧式加工中心为例，说明工作台回转中心的测量方法。

工作台回转中心在工作台上表面的中心点上，如图 5.66 所示。

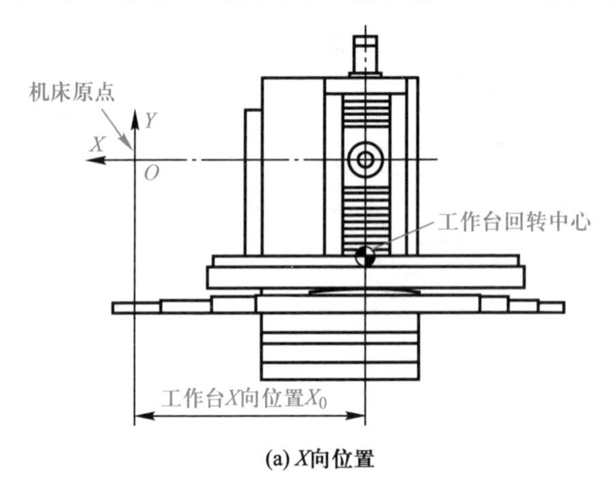

(a) X向位置

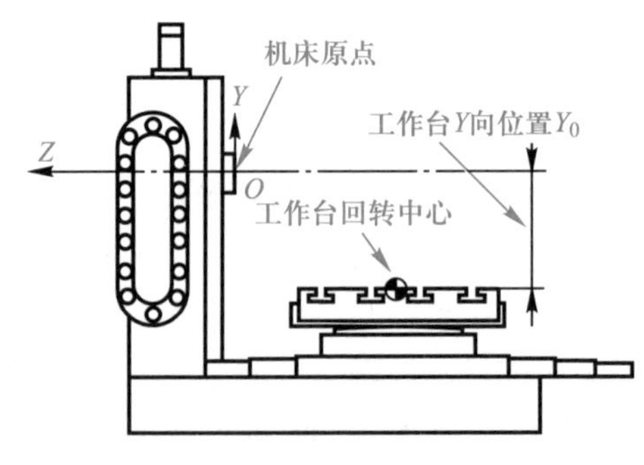

(b) Y向位置

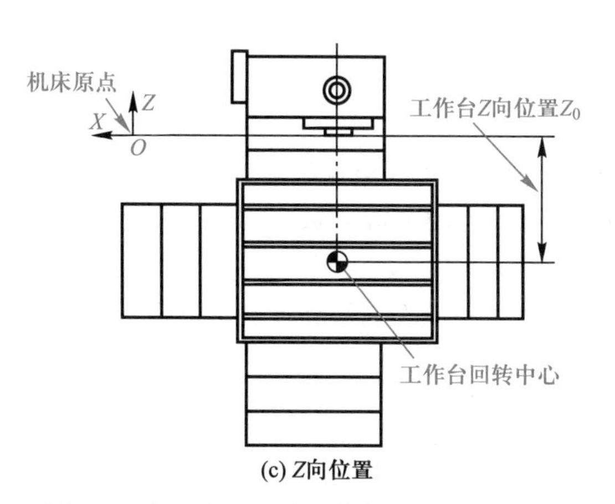

图 5.66　加工中心回转工作台回转中心的位置

工作台回转中心的测量方法有多种，这里介绍一种较常用的方法。所用的工具有：一根标准心轴、百分表（千分表）、量块。

1. X 向回转中心的测量

（1）测量原理

将主轴中心线与工作台回转中心重合，这时主轴中心线所在的位置就是工作台回转中心的位置，则此时 X 坐标的显示值就是工作台回转中心到 X 向机床原点的距离 X。工作台回转中心 X 向的位置，如图 5.66a 所示。

（2）测量方法

1）如图 5.67 所示，将标准心轴装在机床主轴上，在工作台上固定百分表，调整百分表的位置，使指针在标准心轴最高点处指向零位。

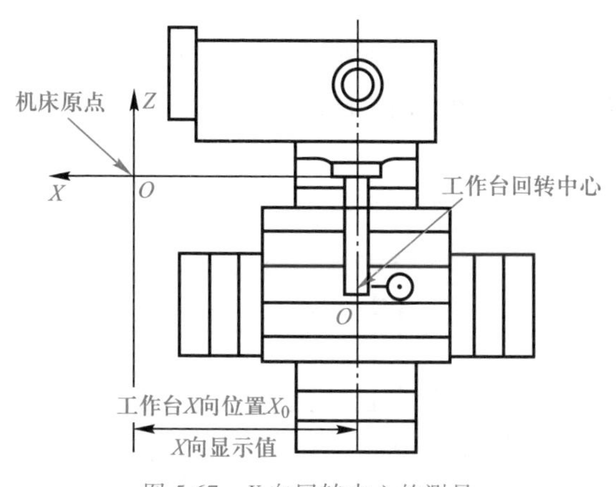

图 5.67　X 向回转中心的测量

2）将心轴沿+Z 方向退出 Z 轴。

3）将工作台旋转 180°，再将心轴沿-Z 方向移回原位。观察百分表指示的偏差，然后调整 X 向机床坐标，反复测量，直到工作台旋转到 0°和 180°两个方向百分表指针指示的读数完全一样，这时机床 CRT 上显示的 X 向坐标值即为工作台 X 向回转中心的位置。

工作台 X 向回转中心的准确性决定了调头加工工件上孔的 X 向同轴度精度。

2. Y 向回转中心的测量

(1) 测量原理

找出工作台上表面到 Y 向机床原点的距离 Y_0，即为 Y 向工作台回转中心的位置。工作台回转中心位置如图 5.66b 所示。

(2) 测量方法

如图 5.68 所示，先将主轴沿 Y 向移到预定位置附近，用手拿着量块轻轻塞入，调整主轴 Y 向位置，直到量块刚好塞入为止。

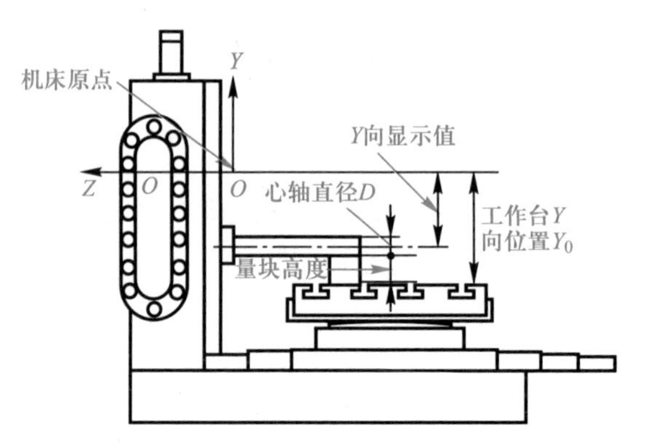

图 5.68　Y 向回转中心的测量

Y 向回转中心 = CRT 显示的 Y 向坐标（为负值）- 量块高度尺寸 - 标准心轴半径

工作台 Y 向回转中心影响工件上加工孔的中心高尺寸精度。

3. Z 向回转中心的测量

(1) 测量原理

找出工作台回转中心到 Z 向机床原点的距离 Z_0 即为 Z 向工作台回转中心的位置。工作台回转中心的位置如图 5.66c 所示。

(2) 测量方法

如图 5.69 所示，当工作台分别在 0° 和 180° 时，移动工作台以调整 Z 向坐标，使百分表的读数相同，则：

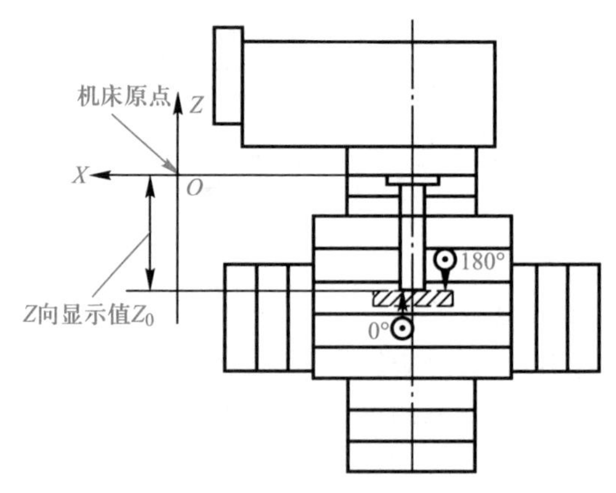

图 5.69　Z 向回转中心的测量

Z 向回转中心 = CRT 显示的 Z 向坐标值

Z 向回转中心的准确性，影响机床调头加工工件时两端面之间的距离尺寸精度（在刀具长度测量准确的前提下）。反之，它也可修正刀具长度测量偏差。

机床回转中心在一次测量得出准确值以后，可以在一段时间内作为基准。但是，随着机床的使用，特别是在机床相关部分出现机械故障时，都有可能使机床回转中心出现变化。例如，机床在加工过程中出现撞车事故、机床丝杠螺母松动等。因此，机床回转中心必须定期测量，特别是在加工相对精度较高的工件之前应重新测量，以校对机床回转中心，从而保证工件加工的精度。

本章提示

加工中心是数控机床中功能较多、结构较复杂的一种机床。只有在掌握数控铣床编程基本方法的基础上，充分了解加工中心的编程特点，才能较好地使用加工中心。因而，本章的篇幅虽然不太长，但内容丰富，也是本书的重点之一。对于机床回转工作台调整、对刀等操作性强的内容，编者提供了动画、录像等资料，以加深理解。

思考题与习题

一、判断题

1.（　）固定循环功能中的 K 指重复加工次数，一般在增量方式下使用。

2.（　）固定循环只能由 G80 撤销。

3.（　）加工中心与数控铣床相比具有高精度的特点。

4.（　）一般规定加工中心的宏编程采用 A 类宏指令，数控铣床宏编程采用 B 类宏指令。

5.（　）立式加工中心与卧式加工中心相比，加工范围较宽。

二、选择题

1. 加工中心用刀具与数控铣床用刀具的区别________。

A. 刀柄；　B. 刀具材料；　C. 刀具角度；　D. 拉钉

2. 加工中心编程与数控铣床编程的主要区别________。

A. 指令格式；　B. 换刀程序；　C. 宏程序；　D. 指令功能

3. 下列字符中，________不适合用于 B 类宏程序中文字变量。

A. F；　B. G；　C. J；　D. Q

4. Z 轴方向尺寸相对较小的零件加工，最适合用________加工。

A. 立式加工中心；B. 卧式加工中心；C. 卧式数控铣床；D. 车削加工中心

5. G65 P9201 属于________宏程序。

A. A 类；　B. B 类；　C. SIMENS；　D. FAGOR

三、简答题

1. 加工中心可分为哪几类？其主要特点有哪些？

2. 请总结加工中心刀具的选用方法。

3. 加工中心的编程与数控铣床的编程主要有何区别?

4. B 类宏程序中,为何英文字母 G、L、N、O、P 一般不作为文字变量名?

5. B 类宏程序中,有哪些变量类型,其含义如何?

6. 编程练习。采用 XH714 加工中心加工如图 5.70~图 5.73 所示各平面曲线零件。加工内容:各孔,深5 mm;外轮廓表面,深 5 mm。试编写加工程序。

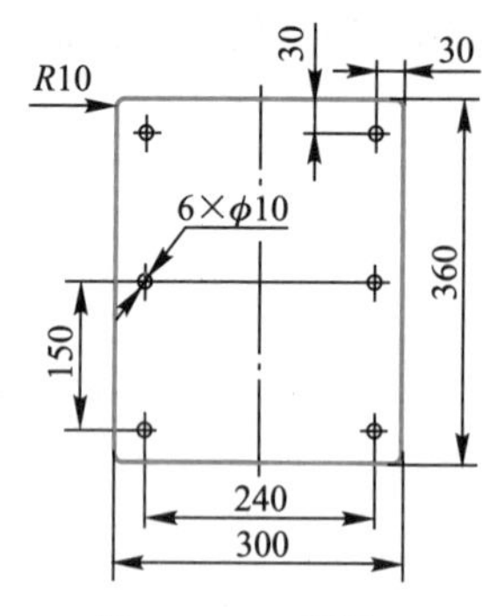

图 5.70 习题图 1

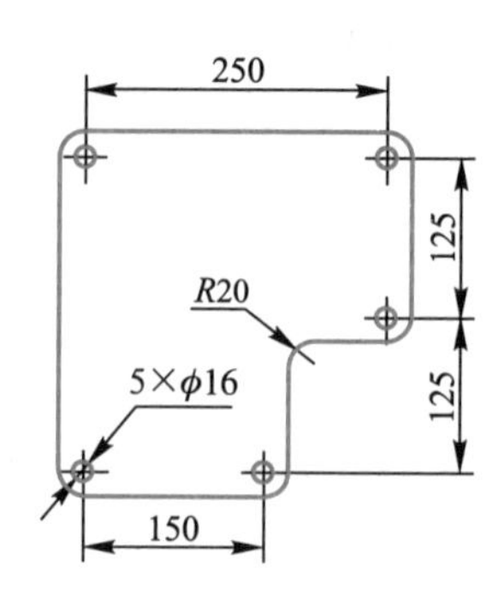

图 5.71 习题图 2

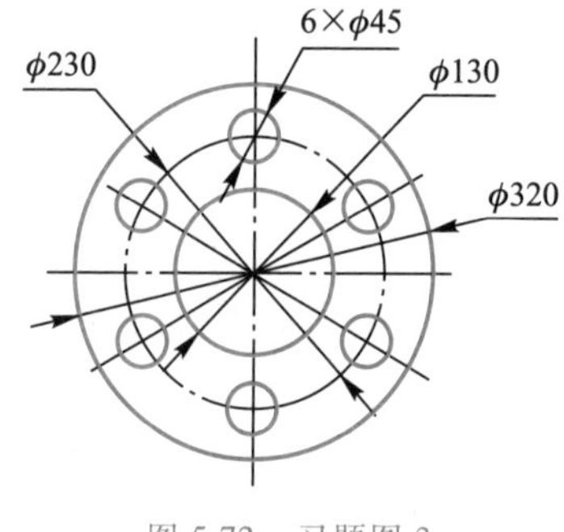

图 5.72 习题图 3

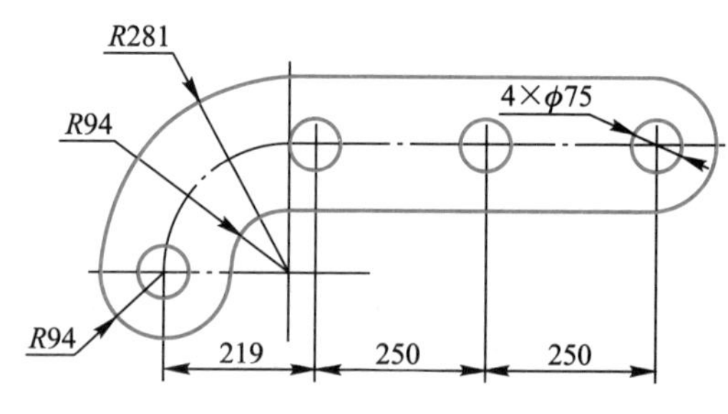

图 5.73 习题图 4

7. 编程练习。采用 XH714 加工中心加工如图 5.74、图 5.75 所示的各平面型腔零件。加工内容:各型腔,深5 mm;440 mm×340 mm 外轮廓表面,深 5 mm。试编写加工程序。

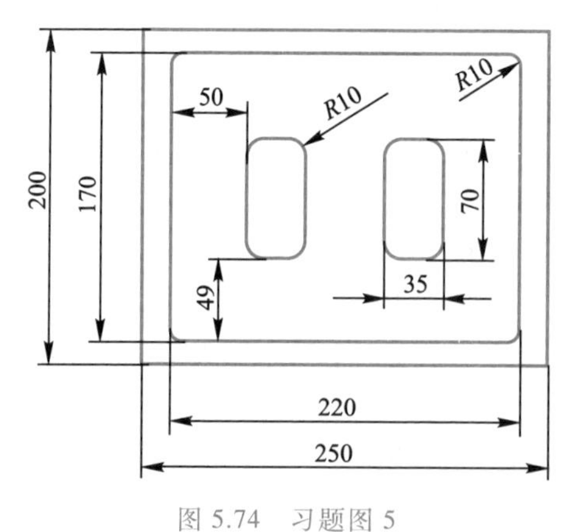

图 5.74 习题图 5

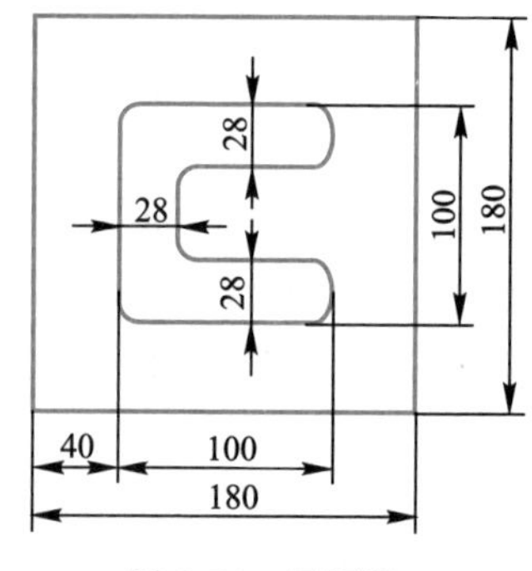

图 5.75 习题图 6

8. 在如图 5.76 所示的零件图样中，材料为 45 钢，技术要求见图。试完成以下工作：

1）分析零件加工要求及工装要求；

2）编制工艺卡片；

3）编制刀具卡片；

4）编制加工程序，并提供尽可能多的程序方案。

9. 用宏程序编制（如图 5.77 所示）孔加工的程序。

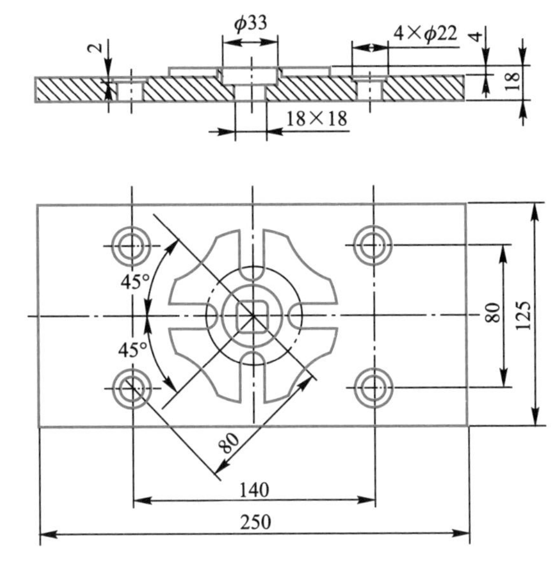

图 5.76　习题图 7

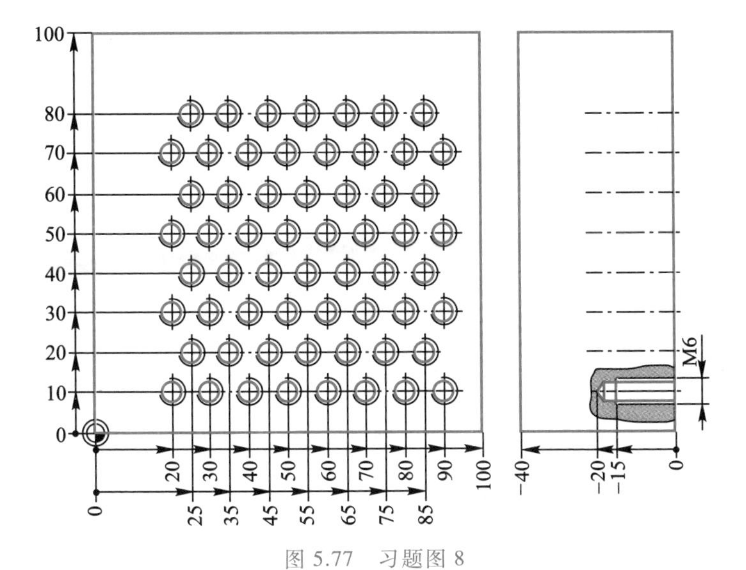

图 5.77　习题图 8

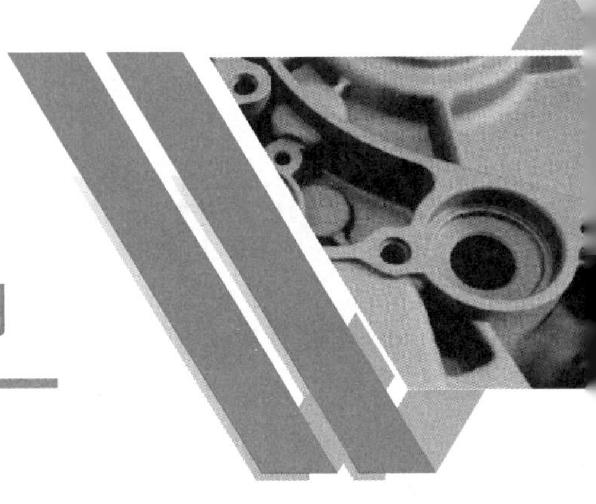

第6章 数控电火花线切割机床的程序编制

【学习指南】

首先,学习数控电火花线切割机床的加工工艺,对机床有一个初步认识;然后,学习数控电火花线切割机床的基本编程方法和计算机自动编程方法;最后,以一个典型零件为例,熟悉数控电火花线切割机床的编程工作过程。

【内容概要】

数控电火花线切割机床利用电蚀加工原理,采用金属导线作为工具电极切割工件,以满足加工要求。机床通过数字控制系统的控制,可按加工要求,自动切割任意角度直线、圆弧和曲线等构成的轮廓形状。这类机床主要适用于切割淬火钢、硬质合金等金属材料,特别适用于一般金属切削机床难以加工的细缝槽、形状复杂以及材料硬度高的零件,在模具行业的应用尤为广泛。

任务一 数控电火花线切割加工准备

【任务描述】

选择合适的工艺装备和工艺参数,完成数控电火花线切割机床程序编制前的准备工作。

【任务目标】

掌握数控电火花线切割的工艺特点。

数控电火花线切割加工,一般是作为工件尤其是模具加工中的最后工序。要达到加工零件的精度及表面粗糙度要求,应合理控制线切割加工时的电参数,同时应安排好零件的装夹、工艺路线及线切割加工前的准备加工。有关模具加工的线切割加工工艺准备和工艺过程,如图6.1所示。

6.1.1 模坯准备

1. 工件材料及毛坯

模具工作零件一般采用锻造毛坯,其线切割加工常在淬火与回火后进行。由

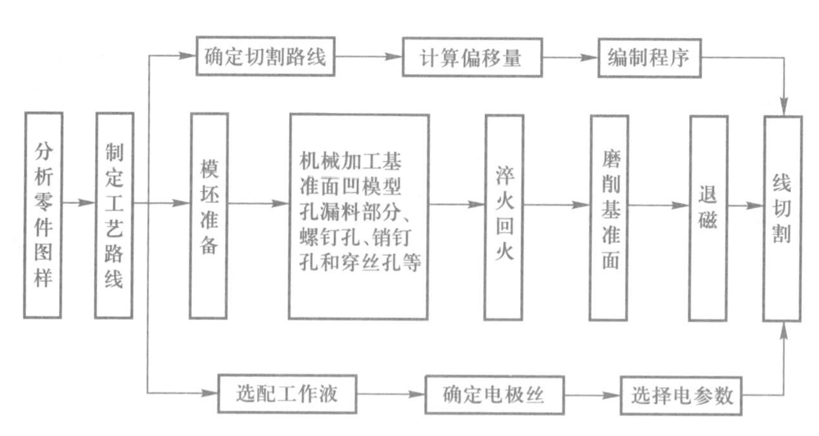

图 6.1　线切割加工的工艺准备和工艺过程

于受材料淬透性的影响,当大面积去除金属和切断加工时,会使材料内部残余应力的相对平衡状态遭到破坏而产生变形,影响加工精度,甚至在切割过程中造成材料突然开裂。为减少这种影响,除在设计时应选用锻造性能好、淬透性好、热处理变形小的合金工具钢(如 Cr12,Cr12MoV,CrWMn)作模具材料外,对模具毛坯锻造及热处理工艺也应正确进行。

2. 模坯准备工序

模坯的准备工序是指凸模或凹模在线切割加工之前的全部加工工序。

(1) 凹模的准备工序

1) 下料　用锯床切断所需材料。

2) 锻造　改善内部组织,并锻成所需的形状。

3) 退火　消除锻造内应力,改善加工性能。

4) 刨(铣)　刨六面,并留磨削余量 0.4~0.6 mm。

5) 磨　磨出上下平面及相邻两侧面,对角尺。

6) 划线　划出刃口轮廓线和孔(螺孔、销孔、穿丝孔等)的位置。

7) 加工型孔部分　当凹模较大时,为减少线切割加工量,需将型孔漏料部分铣(车)出,只切割刃口高度;对淬透性差的材料,可将型孔的部分材料去除,留 3~5 mm切割余量。

8) 孔加工　加工螺孔、销孔、穿丝孔等。

9) 淬火　符合设计要求。

10) 磨　磨削上下平面及相邻两侧面,对角尺。

11) 退磁处理。

(2) 凸模的准备工序

凸模的准备工序,可根据凸模的结构特点,参照凹模的准备工序,将其中不需要的工序去掉即可。但,应注意以下几点:

1) 为便于加工和装夹,一般都将毛坯锻造成平行六面体。对尺寸、形状相同,断面尺寸较小的凸模,可将几个凸模制成一个毛坯。

2) 凸模的切割轮廓线与毛坯侧面之间应留足够的切割余量(一般不小于

5 mm)。毛坯上还要留出装夹部位。

3) 在有些情况下,为防止切割时模坯产生变形,要在模坯上加工出穿丝孔。切割的引入程序从穿丝孔开始。

6.1.2　工件的装夹与调整

1. 工件的装夹

装夹工件时,必须保证工件的切割部位位于机床工作台纵向、横向进给的允许范围之内,避免超出极限。同时应考虑切割时电极丝运动空间。夹具应尽可能选择通用(或标准)件,所选夹具应便于装夹,便于协调工件和机床的尺寸关系。在加工大型模具时,要特别注意工件的定位方式,尤其在加工快结束时,工件的变形、重力的作用会使电极丝被夹紧,影响加工。

(1) 悬臂式装夹

如图 6.2 所示是悬臂方式装夹,这种方式装夹方便、通用性强。但由于工件一端悬伸,易出现切割表面与工件上、下平面间的垂直度误差。仅用于加工要求不高或悬臂较短的情况。

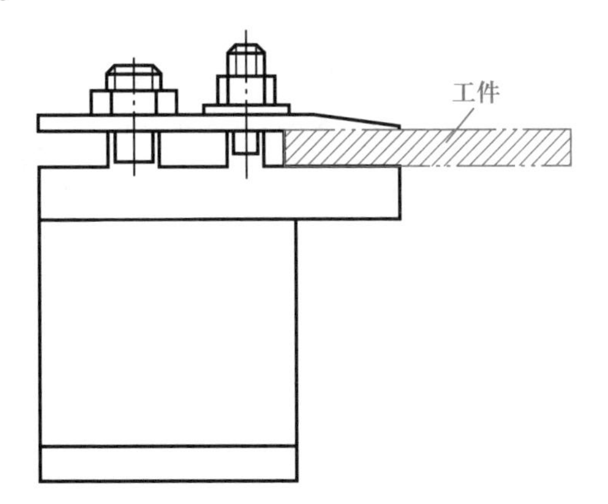

图 6.2　悬臂式方式装夹

线切割操作

(2) 两端支撑方式装夹

如图 6.3 所示是两端支撑方式装夹,这种方式装夹方便、稳定,定位精度高,但不适于装夹较大的零件。

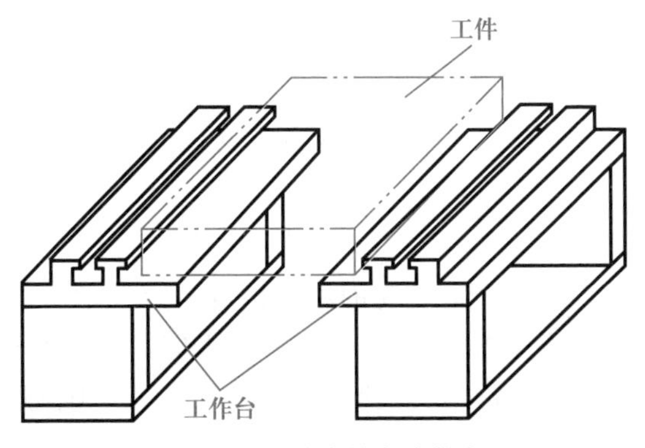

图 6.3　两端支撑方式装夹

(3) 桥式支撑方式装夹

这种方式是在通用夹具上放置垫铁后再装夹,如图 6.4 所示。这种方式装夹方便,对大、中、小型工件都能采用。

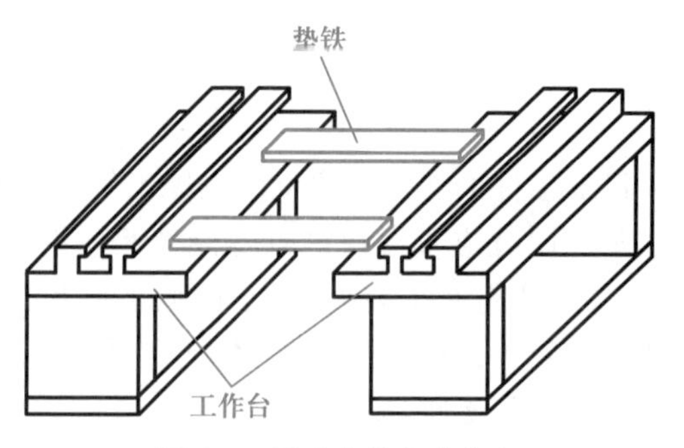

图 6.4　桥式去撑方式装夹

(4) 板式支撑方式装夹

如图 6.5 所示是板式支撑方式装夹。根据常用的工件形状和尺寸,采用有通孔的支撑板装夹工件。这种方式装夹精度高,但通用性差。

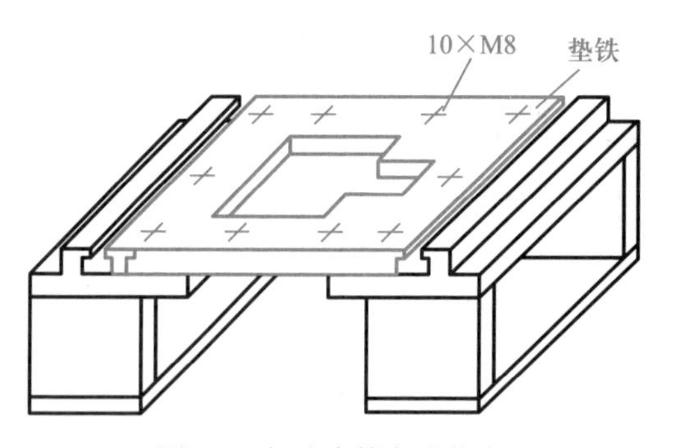

图 6.5　板式支撑方式装夹

2. 工件的调整

采用以上方式装夹工件,还必须配合找正法进行调整,方能使工件的定位基准面分别与机床的工作台面和工作台的进给方向 X、Y 保持平行,以保证所切割的表面与基准面之间的相对位置精度。常用的找正方法有:

(1) 用百分表找正

如图 6.6 所示,用磁力表架将百分表固定在丝架或其他位置上,百分表的测量头与工件基面接触,往复移动工作台,按百分表指示值调整工件的位置,直至百分表指针的偏摆范围达到所要求的数值。找正应在相互垂直的三个方向上进行。

(2) 划线法找正

工件的切割图形与定位基准之间的相互位置精度要求不高时,可采用划线法找正,如图 6.7 所示。利用固定在丝架上的划针对准工件上划出的基准线,往复移动工作台,目测划针、基准间的偏离情况,将工件调整到正确位置。

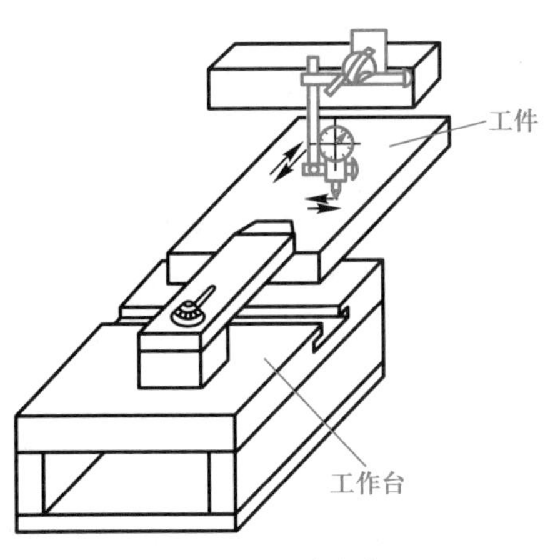

图 6.6　用百分表找正

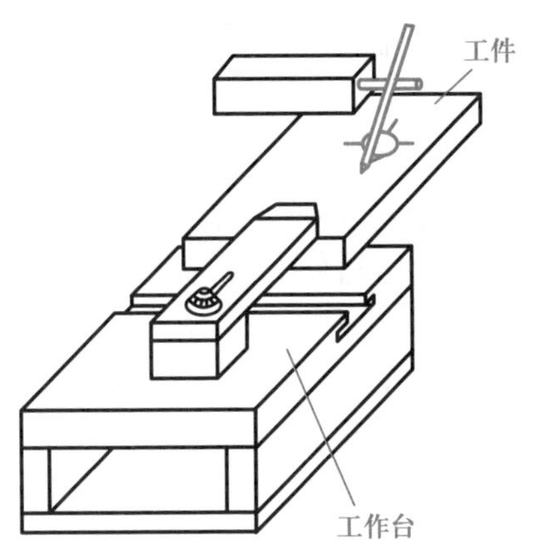

图 6.7　划线法找正

6.1.3　电极丝的选择和调整

1. 电极丝的选择

电极丝应具有良好的导电性和抗电蚀性，抗拉强度高、材质均匀。常用电极丝有钼丝、钨丝、黄铜丝和包芯丝等。钨丝抗拉强度高，直径在 0.03～0.1 mm 范围内，一般用于各种窄缝的精加工，但价格昂贵。黄铜丝和包芯丝适合于慢速走丝加工，加工表面粗糙度和平直度较好，蚀屑附着少，但抗拉强度差，损耗大，直径在 0.1～0.3 mm范围内，一般用于慢速单向走丝加工。钼丝抗拉强度高，适于快速走丝加工，我国快速走丝机床大都选用钼丝作电极丝，直径在 0.08～0.2 mm 范围内。

电极丝直径的选择应根据切缝宽窄、工件厚度和拐角尺寸大小来选择。若加工带尖角、窄缝的小型模具宜选用较细的电极丝；若加工大厚度工件或大电流切割时应选较粗的电极丝。电极丝的主要类型、规格如下：

钼丝直径：0.08～0.2 mm ；

钨丝直径：0.03～0.1 mm ；

黄铜丝直径：0.1～0.3 mm ；

包芯丝直径：0.1～0.3 mm 。

2. 穿丝孔和电极丝切入位置的选择

穿丝孔是电极丝相对工件运动的起点，同时也是程序执行的起点，一般选在工件上的基准点处。为缩短开始切割时的切入长度，穿丝孔也可选在距离型孔边缘 2～5 mm 处，如图 6.8a 所示。加工凸模时，为减小变形，电极丝切割时的运动轨迹与边缘的距离应大于 5 mm，如图 6.8b 所示。

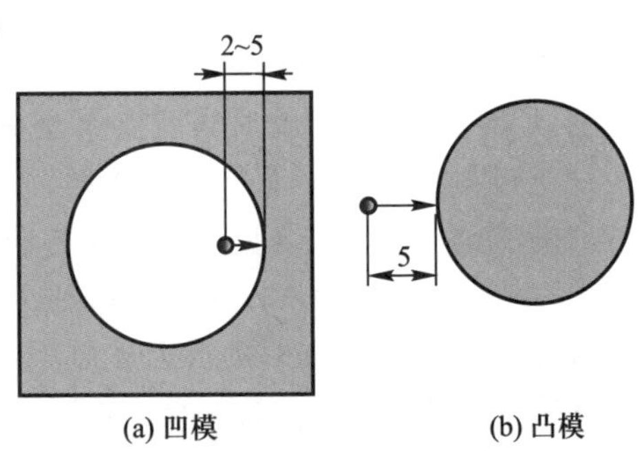

图 6.8　切入位置的选择

3. 电极丝位置的调整

线切割加工之前,应将电极丝调整到切割的起始坐标位置上,其调整方法有以下几种:

(1) 目测法

对于毛坯余量允许情况下,在确定电极丝与工件基准间的相对位置时,可以直接利用目测或借助 2~8 倍的放大镜来进行观察。如图 6.9 所示,是利用穿丝处划出的十字基准线,分别沿画线方向观察电极丝与基准线的相对位置,根据两者的偏离情况移动工作台,当电极丝中心分别与纵横方向基准线重合时,工作台纵、横方向上的读数就确定了电极丝中心的位置。

(2) 火花法

如图 6.10 所示,移动工作台使工件的基准面逐渐靠近电极丝,在出现火花的瞬时,记下工作台的相应坐标值,再根据放电间隙推算电极丝中心的坐标。此法简单易行,但往往因电极丝靠近基准面时产生的放电间隙,与正常切割条件下的放电间隙不完全相同而产生误差。

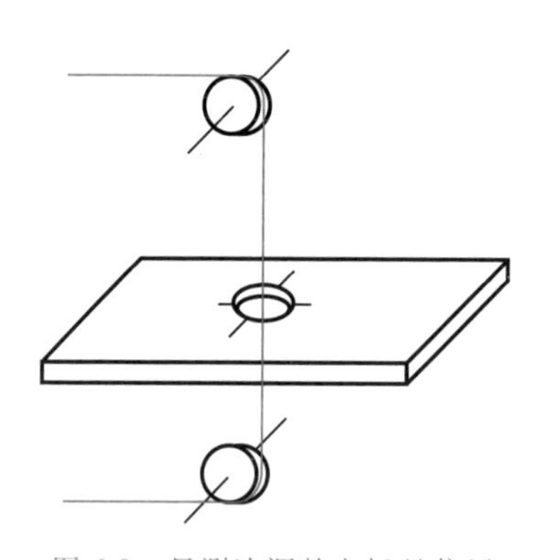

图 6.9　目测法调整电极丝位置

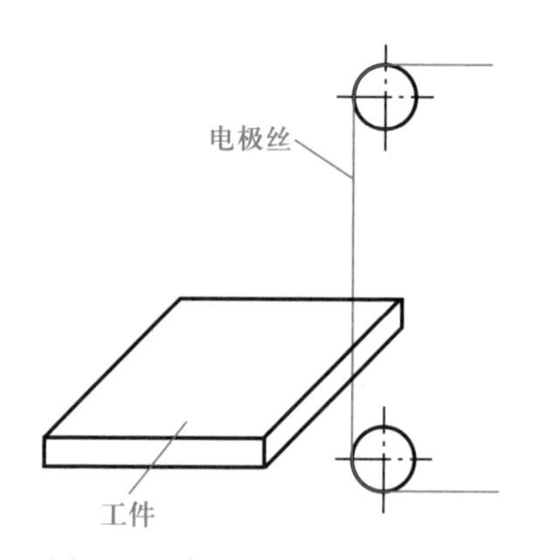

图 6.10　火花法调整电极丝位置

(3) 自动找中心

所谓自动找中心,就是让电极丝在工件孔的中心自动定位。此法是根据线电极与工件的短路信号,来确定电极丝的中心位置。数控功能较强的线切割机床常用这种方法。如图 6.11 所示,首先让线电极在 X 轴方向移动至与孔壁接触(使用半程移动指令 G82),则此时当前点 X 坐标为 X_1,接着线电极往反方向移动与孔壁接触,此时当前点 X 坐标为 X_2,然后系统自动计算 X 方向中点坐标 $X_0[X_0=(X_1+X_2)/2]$,并使线电极到达 X 方向中点 X_0;接着在 Y 轴方向进行上述过程,线电极到达 Y 方向中点坐标 $Y_0[Y_0=(Y_1+Y_2)/2]$。这样就可找到孔的中心位置,如图 6.11 所示。当精度达到所要求的允许值之后,就确定了孔的中心。

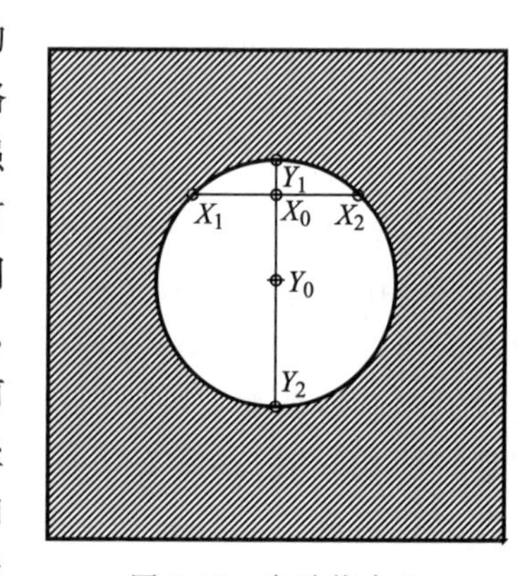

图 6.11　自动找中心

6.1.4　工艺参数的选择

1. 脉冲参数的选择

线切割加工一般都采用晶体管高频脉冲电源,用单个脉冲能量小、脉宽窄、频率高的脉冲参数进行正极性加工。加工时,可改变的脉冲参数主要有电流峰值、脉冲宽度、脉冲间隔、空载电压和放电电流。要求获得较好的表面粗糙度时,所选用的电参数要小;若要求获得较高的切割速度,脉冲参数要选大一些,但加工电流的增大受排屑条件及电极丝截面积的限制,过大的电流易引起断丝,快速走丝线切割加工脉冲参数的选择见表 6.1。慢速走丝线切割加工脉冲参数的选择见表 6.2。

表 6.1　快速走丝线切割加工脉冲参数的选择

应　　用	脉冲宽度 t_i/μs	电流峰值 I_e/A	脉冲间隔 t_0/μs	空载电压/V
快速切割或加大厚度工件 *Ra*＞2.5 μm	20~40	大于 12	为实现稳定加工,一般选择 $t_0/t_i=3\sim4$ 以上	一般为 70~90
半精加工 *Ra*＝1.25~2.5 μm	6~20	6~12		
精加工 *Ra*＜1.25 μm	2~6	4.8 以下		

表 6.2　慢速走丝线切割加工脉冲参数的选择

工件材料　WC

电极丝直径　φ0.2 mm

电极丝张力　0.2 A(1 200 g)

电极丝速度　6~10 mm/min

加工液电导率　10×10^4 Ω

加工液压力　第一次切割 12 kg/cm²

第二次切割 1~2 kg/cm²

加工液流量　上/下 5~6 L/min(第一次切割)

上/下 1~2 L/min(第二次切割)

工件厚度/mm		加工条件编号	偏移量编号	电压/V	电流/A	速度/(mm/min)
20	1st	C423	H175	32	7.0	2.0~2.6
	2nd	C722	H125	60	1.0	7.0~8.0
	3rd	C752	H115	65	0.5	9.0~10.0
	4th	C782	H110	60	0.3	9.0~10.0
30	1st	C433	H174	32	7.2	1.5~1.8
	2nd	C722	H124	60	1.0	6.0~7.0
	3rd	C752	H114	60	0.7	9.0~10.0
	4th	C782	H109	60	0.3	9.0~10.0
40	1st	C433	H178	34	7.5	1.2~1.5
	2nd	C723	H128	60	1.5	5.0~6.0
	3rd	C753	H113	65	1.1	9.0~10.0
	4th	C783	H108	30	0.7	9.0~10.0

续表

工件厚度/mm		加工条件编号	偏移量编号	电压/V	电流/A	速度/(mm/min)
50	1st	C453	H178	35	7.0	0.9~1.1
	2nd	C723	H128	58	1.5	4.0~5.0
	3rd	C753	H113	42	1.3	6.0~7.0
	4th	C783	H108	30	0.7	9.0~10.0
60	1st	C463	H179	35	7.0	0.8~0.9
	2nd	C724	H129	58	1.5	4.0~5.0
	3rd	C754	H114	42	1.3	6.0~7.0
	4th	C784	H109	30	0.7	9.0 ~10.0
70	1st	C473	H185	33	6.8	0.6~0.8
	2nd	C724	H135	55	1.5	3.5~4.5
	3rd	C754	H115	35	1.5	4.0~5.0
	4th	C784	H110	30	1.0	7.0~8.0
80	1st	C483	H185	33	6.5	0.5~0.6
	2nd	C725	H135	55	1.5	3.5~4.5
	3rd	C755	H115	35	1.5	4.0~5.0
	4th	C785	H110	30	1.0	7.0~8.0
90	1st	C493	H185	34	6.5	0.5~0.6
	2nd	C725	H135	52	1.5	3.0~4.0
	3rd	C755	H115	30	1.5	3.5~4.5
	4th	C785	H110	30	1.5	7.0~8.0
100	1st	C493	H185	34	6.3	0.4~0.5
	2nd	C725	H135	52	1.5	3.0~4.0
	3rd	C755	H115	30	1.5	3.0~4.0
	4th	C785	H110	30	1.0	7.0~8.0

2. 工艺尺寸的确定

线切割加工时，为了获得所要求的加工尺寸，电极丝和加工图形之间必须保持一定的距离，如图 6.12 所示。图中双点画线表示电极丝中心的轨迹，实线表示型孔或凸模轮廓。编程时首先要求出电极丝中心轨迹与加工图形之间的垂直距离 ΔR（间隙补偿距离），并将电极丝中心轨迹分割成单一的直线或圆弧段，求出各线段的交点坐标后，逐步进行编程。具体步骤如下：

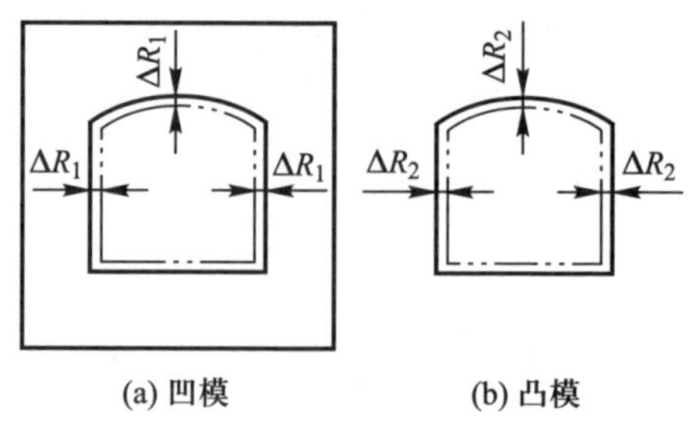

图 6.12　电极丝中心轨迹

（1）设置加工坐标系

根据工件的装夹情况和切割方向，确定加工坐标系。为简化计算，应尽量选取图形的对称轴线为坐标轴。

（2）补偿计算

按选定的电极丝半径 r，放电间隙 δ 和凸、凹模的单面配合间隙 $Z/2$，则加工凹模的补偿距离 $\Delta R_1=r+\delta$，如图 6.12a 所示。加工凸模的补偿距离 $\Delta R_2=r+\delta-Z/2$，如图 6.12b 所示。

（3）将电极丝中心轨迹分割成平滑的直线和单一的圆弧线，按型孔或凸模的平均尺寸计算出各线段交点的坐标值。

3. 工作液的选配

工作液对切割速度、表面粗糙度、加工精度等都有较大影响，加工时必须正确选配。常用的工作液主要有乳化液和去离子水。

1）慢速走丝线切割加工，目前普遍使用去离子水。为了提高切割速度，在加工时还要加进有利于提高切割速度的导电液，以增加工作液的电阻率。加工淬火钢，使电阻率在$2\times10^4\ \Omega\cdot cm$左右；加工硬质合金电阻率在 $30\times10^4\ \Omega\cdot cm$ 左右。

2）对于快速走丝线切割加工，目前最常用的是乳化液。乳化液是由乳化油和工作介质配制（浓度为 5%～10%）而成的。工作介质可用自来水，也可用蒸馏水、高纯水和磁化水。

任务二　数控电火花线切割加工编程

【任务描述】

根据数控电火花线切割机床程序编制的基本方法，选择合适的编程代码，完成数控电火花线切割机床的程序编制。

【任务目标】

掌握数控电火花切割机床的程序编制方法。

要使数控电火花线切割机床按照预定的要求，自动完成切割加工，就应把被加工零件的切割顺序、切割方向、切割尺寸等一系列加工信息，按数控系统要求的格式编制成加工程序，以实现加工。数控电火花线切割机床的编程，主要采用以下三种格式编写：3B 格式编制程序、ISO 代码编制程序、计算机自动编制程序。

6.2.1　3B 格式编制程序

目前，我国数控线切割机床常用 3B 程序格式编程，其格式见表 6.3。

表 6.3　无间隙补偿的程序格式（3B 型）

B	X	B	Y	B	J	G	Z
分隔符号	X 坐标值	分隔符号	Y 坐标值	分隔符号	计数长度	计数方向	加工指令

1. 分隔符号 B

因为 X,Y,J 均为数字，用分隔符号(B)将其隔开，以免混淆。

2. 坐标值(X, Y)

一般规定只输入坐标的绝对值，其单位为 μm，μm 以下应四舍五入。

对于圆弧，坐标原点移至圆心，X、Y 为圆弧起点的坐标值。

对于直线(斜线)，坐标原点移至直线起点，X、Y 为终点坐标值。允许将 X 和 Y 的值按相同的比例放大或缩小。

对于平行于 X 轴或 Y 轴的直线，即当 X 或 Y 为零时，X 或 Y 值均可不写，但分隔符号必须保留。

3. 计数方向 G

选取 X 方向进给总长度进行计数，称为计 X，用 GX 表示；选取 Y 方向进给总长度进行计数，称为计 Y，用 GY 表示。

(1) 加工直线 可如图 6.13 所示选取：

$|Ye|>|Xe|$ 时，取 GY；

$|Xe|>|Ye|$ 时，取 GX；

$|Xe|=|Ye|$ 时，取 GX 或 GY 均可。

(2) 对于圆弧，当圆弧终点坐标在如图 6.14 所示的各个区域时，若：

$|Xe|>|Ye|$ 时，取 GY；

$|Ye|>|Xe|$ 时，取 GX；

$|Xe|=|Ye|$ 时，取 GX 或 GY 均可。

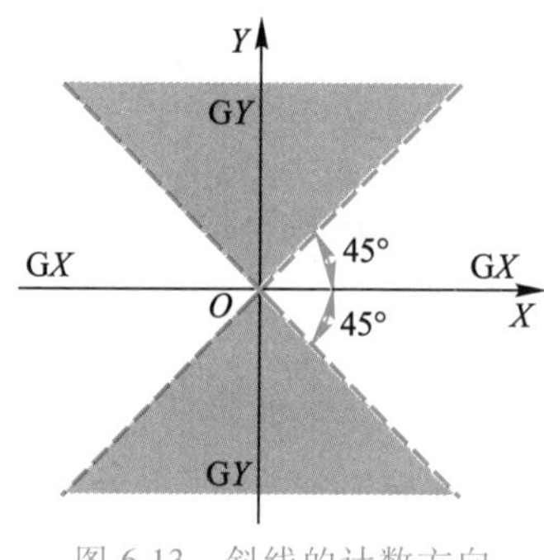

图 6.13 斜线的计数方向

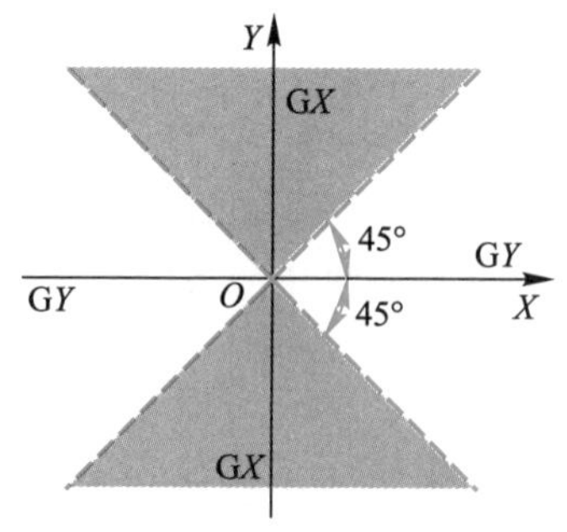

图 6.14 圆弧的计数方向

4. 计数长度 J

计数长度是指被加工图形在计数方向上的投影长度(即绝对值)的总和，以 μm 为单位。

例 1：加工如图 6.15 所示斜线 OA，其终点为 $A(Xe,Ye)$，且 $Ye>Xe$，试确定 G 和 J。

因为 $|Ye|>|Xe|$，OA 斜线与 X 轴夹角大于 45°时，计数方向取 GY，斜线 OA 在 Y 轴上的投影长度为 Ye，故 $J=Y$。

例 2：加工如图 6.16 所示圆弧，加工起点 A 在第四象限，终点 $B(Xe,Ye)$ 在第一象限，试确定 G 和 J。

因为加工终点靠近 Y 轴，$|Ye|>|Xe|$，计数方向取 GX；计数长度为各象限中的圆弧段在 X 轴上投影长度的总和，即 $J=J_{X1}+J_{X2}$。

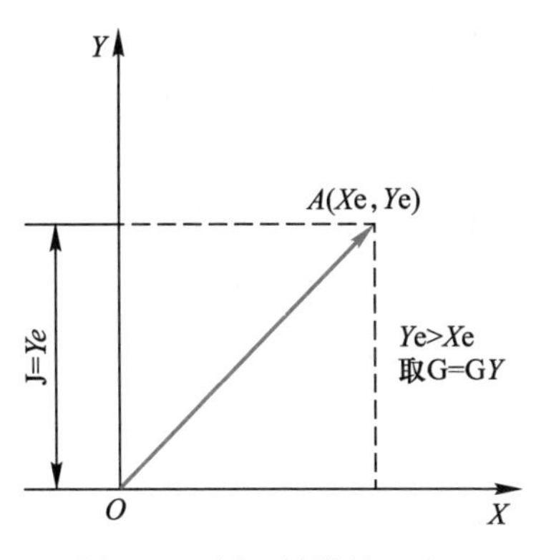

图 6.15　例 1 斜线的 G 和 J

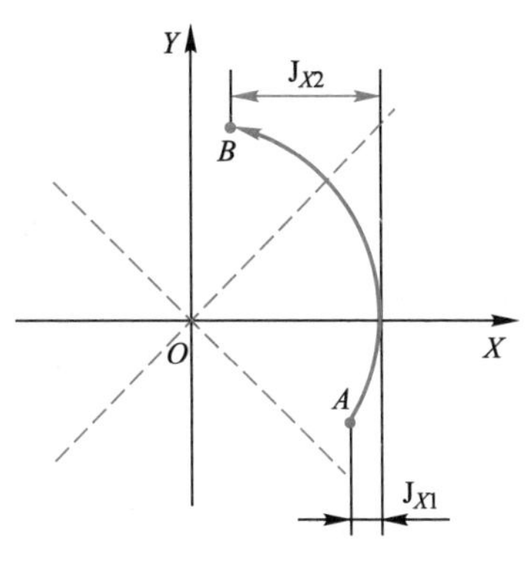

图 6.16　例 2 圆弧的 G 和 J

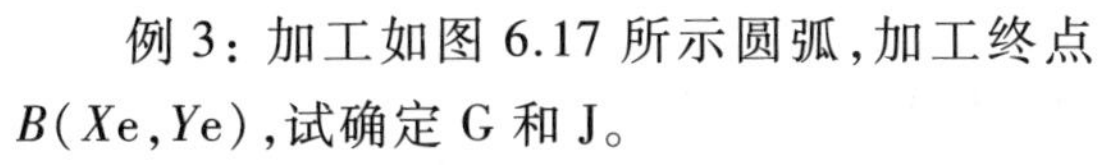

例 3：加工如图 6.17 所示圆弧，加工终点 $B(Xe,Ye)$，试确定 G 和 J。

因加工终点 B 靠近 X 轴，$|Xe|>|Ye|$，故计数方向取 GY，J 为各象限的圆弧段在 Y 轴上投影长度的总和，即 $J=J_{Y1}+J_{Y2}+J_{Y3}$。

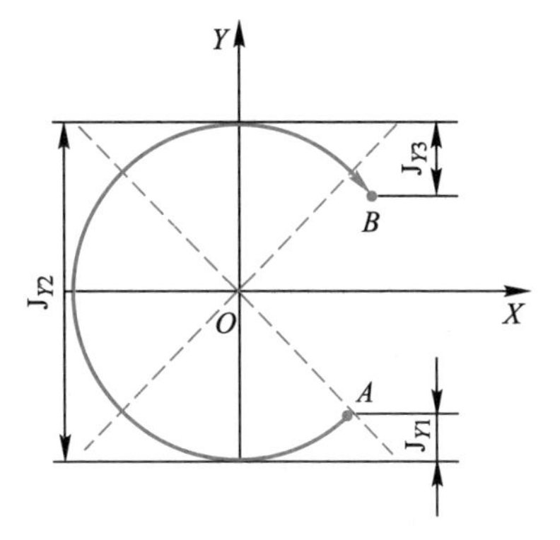

图 6.17　例 3 圆弧的 G 和 J

5. 加工指令 Z

加工指令 Z 是用来表达被加工图形的形状、所在象限和加工方向等信息的。控制系统根据这些指令，正确选择偏差公式，进行偏差计算，控制工作台的进给方向，从而实现机床的自动化加工。加工指令共 12 种，如图 6.18 所示。

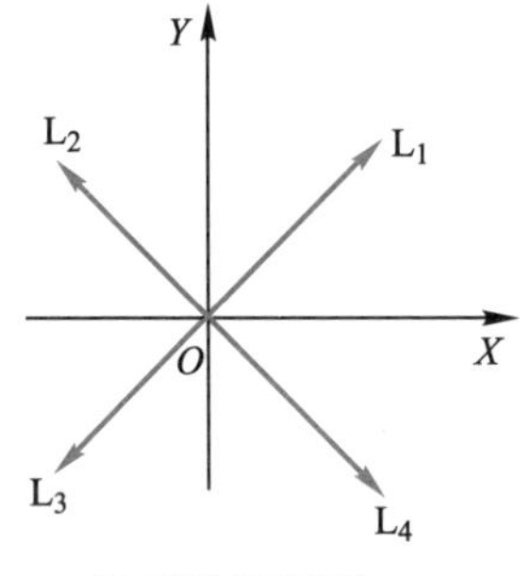

(a) 直线加工指令

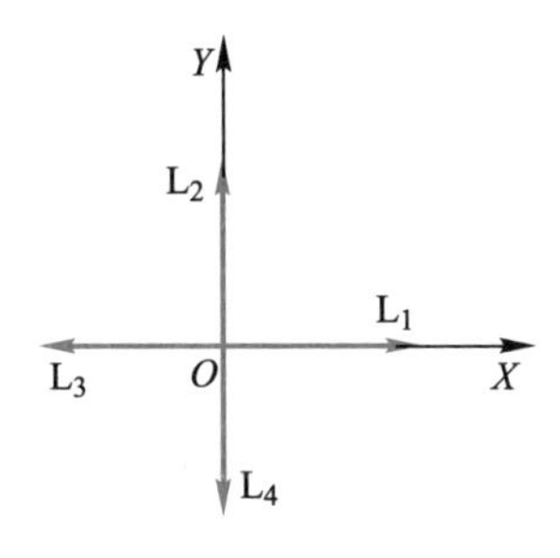

(b) 坐标轴上直线加工指令

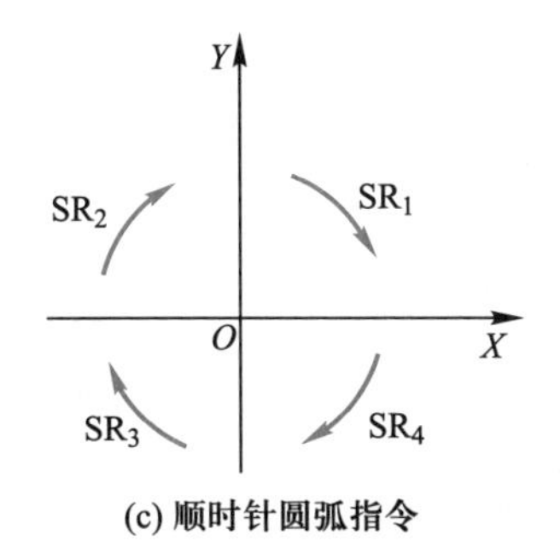

(c) 顺时针圆弧指令

Y
NR2　NR1
O　X
NR3　NR4

(d) 逆时针圆弧指令

图 6.18　加工指令

位于四个象限中的直线段称为斜线。加工斜线的加工指令分别用L_1,L_2,L_3,L_4表示,如图 6.18a 所示。与坐标轴相重合的直线,根据进给方向,其加工指令可按图 6.18b 选取。

加工圆弧时,若被加工圆弧的加工起点分别在坐标系的四个象限中,并按顺时针插补,如图 6.18c 所示,加工指令分别用SR_1,SR_2,SR_3,SR_4表示;按逆时针方向插补时,分别用NR_1,NR_2,NR_3,NR_4表示,如图 6.18d 所示。如加工起点刚好在坐标轴上,其指令可选相邻两象限中的任何一个。

6. 应用举例

例 1: 加工如图 6.19 所示斜线 OA,终点 A 的坐标为 $Xe=17$ mm,$Ye=5$ mm,写出加工程序。

其程序为:

B17000 B5000 B017000GxL_1

例 2: 加工如图 6.20 所示直线,其长度为 21.5 mm,写出其程序。

相应的程序为:

BBB021500GyL_2

例 3: 加工如图 6.21 所示圆弧,加工起点的坐标为A(-5,0),试编制程序。

其程序为:

B5000 BB010000GySR_2

例 4: 加工如图 6.22 所示的 1/4 圆弧,加工起点A(0.707,0.707),终点为B(-0.707,0.707),试编制程序。

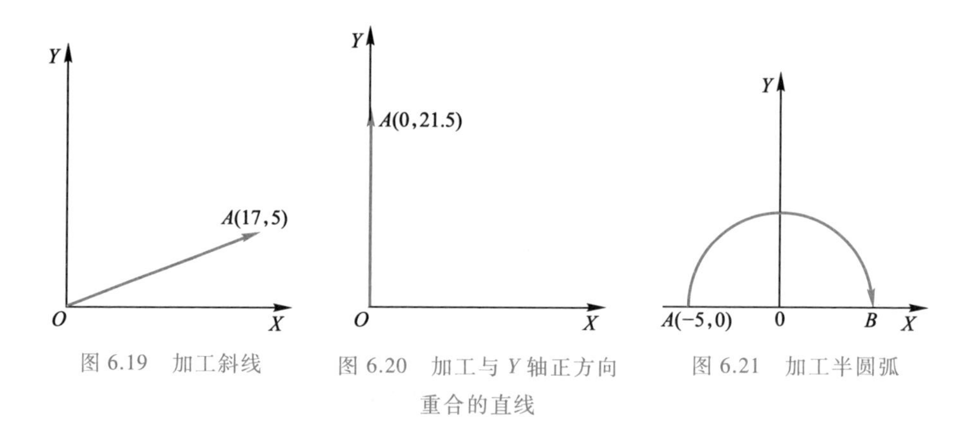

图 6.19 加工斜线

图 6.20 加工与 Y 轴正方向重合的直线

图 6.21 加工半圆弧

相应的程序为:

B707 B707 B001414GxNR_1

由于终点恰好在 45°线上,故也可取 Gy,则

B707 B707 B000586GyNR_1

例 5: 加工如图 6.23 所示圆弧,加工起点为 A(-2,9),终点为B(9,-2),编制加工程序。

圆弧半径: $R=9\ 220$ μm

计数长度: $J_{YAC}=9\ 000$ μm

$J_{YCD}=9\ 220\ \mu m$

$J_{YDB}=R-2\ 000\mu m\ =7\ 200\ \mu m$

则 $J_Y=J_{YAC}+J_{YCD}+J_{YDB}=(9\ 000+9\ 220+7\ 220)\mu m\ =25\ 440\ \mu m$

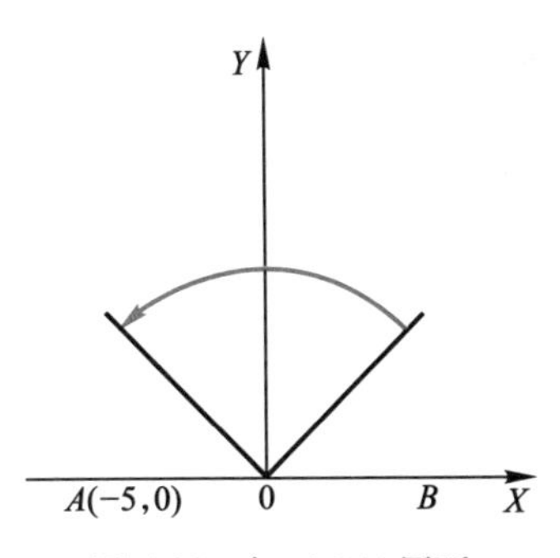

图 6.22　加工 1/4 圆弧

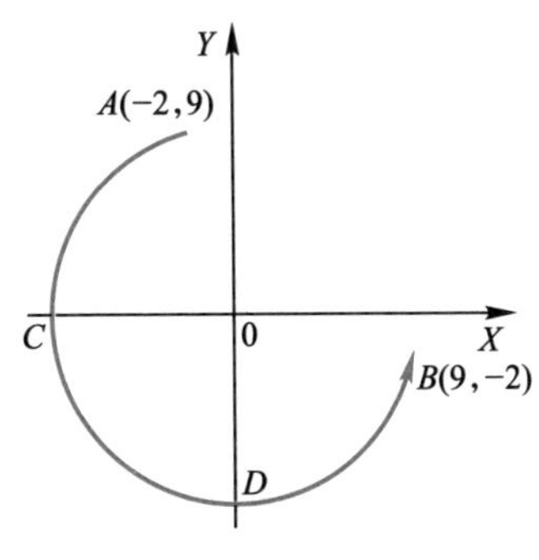

图 6.23　加工圆弧段

其程序为：

B2000 B9000 B025440GyNR_2

6.2.2　ISO 代码数控程序编制

我国快速走丝数控电火花切割机床常用的 ISO 代码指令，与国际上使用的标准基本一致。常用指令有运动指令、坐标方式指令、坐标系指令、补偿指令、M 代码、镜像指令、锥度指令和其他指令等。

1. 运动指令

(1) G00 快速定位指令

在线切割机床不放电的情况下，使指定的某轴以快速移动到指定位置。

编程格式：G00 X～ Y～

例如，G00 X60000 Y80000，如图 6.24 所示。

(2) G01 直线插补指令

编程格式：G01 X～ Y～(U～ V～)

用于线切割机床在各个坐标平面内加工任意斜率的直线轮廓和用直线逼近曲线轮廓。

例如：G92 X40000 Y20000

G01 X80000 Y60000，如图 6.25 所示。

(3) G02，G03 圆弧插补指令

G02——顺时针加工圆弧的插补指令。

G03——逆时针加工圆弧的插补指令。

编程格式：G02 X～ Y～ I～ J～或 G03 X～ Y～ I～ J～

其中：X，Y——表示圆弧终点坐标。

I，J——表示圆心坐标，是圆心相对圆弧起点的增量值，I 是 X 方向坐标增量值，J 是 Y 方向坐标增量值，应用例如图 6.26 所示：加工程序为

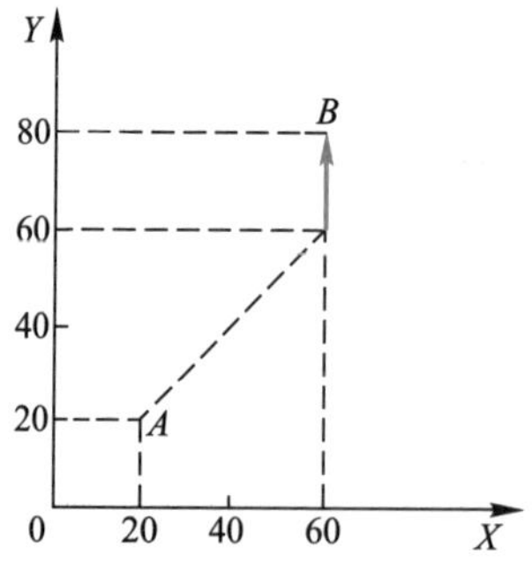

图 6.24　快速定位

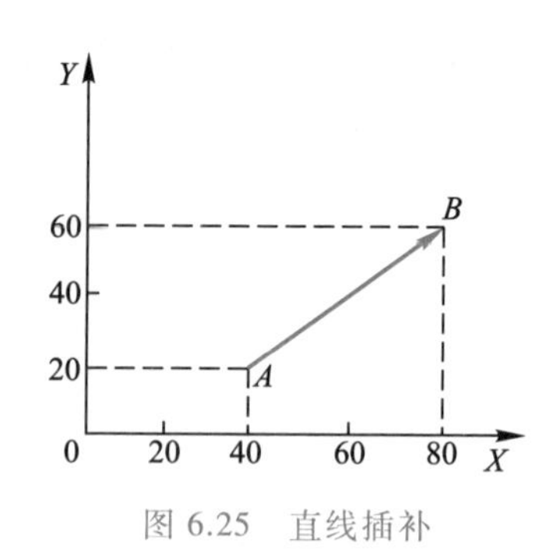

图 6.25　直线插补

```
G92 X10000 Y10000
G02 X30000 Y30000 I20000 J0
G03 X45000 Y15000 I15000 J0
```

2. 坐标方式指令

G90 为绝对坐标指令。该指令表示程序段中的编程尺寸是按绝对坐标给定的。

G91 为增量坐标指令。该指令表示程序段中的编程尺寸是按增量坐标给定的,即坐标值均以前一个坐标作为起点来计算下一点的位置值。

3. 坐标系指令(见表 6.4)

表 6.4　坐标系指令

G92	加工坐标系设置指令	G57	加工坐标系 4
G54	加工坐标系 1	G58	加工坐标系 5
G55	加工坐标系 2	G59	加工坐标系 6
G56	加工坐标系 3		

其中 G92 为常用加工坐标系设置指令。

编程格式:G92 X～Y～

例如,加工如图 6.27 所示零件(电极丝直径与放电间隙忽略不计)。

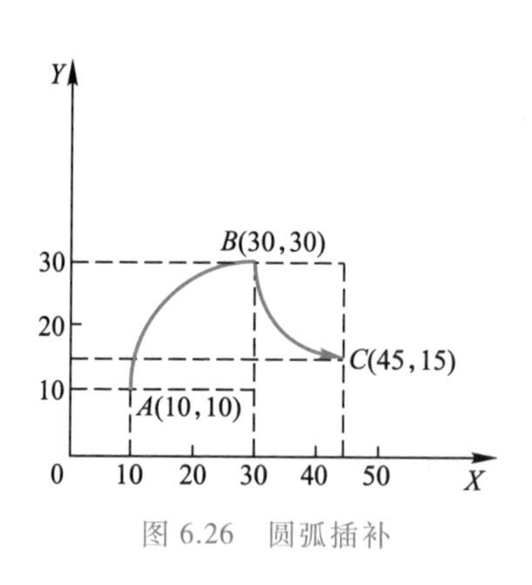

图 6.26　圆弧插补

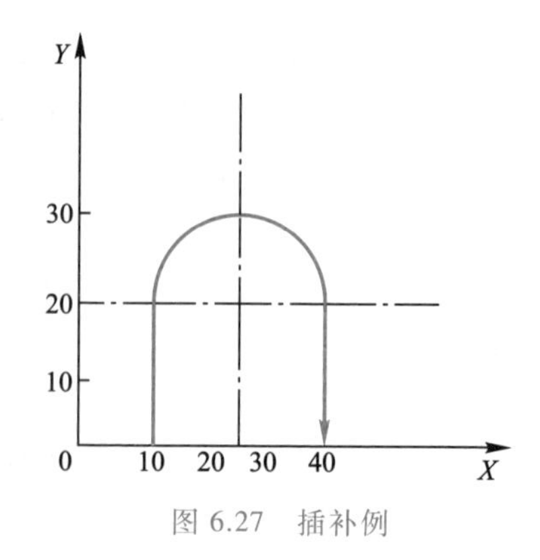

图 6.27　插补例

(1) 用 G90 编程

```
P1                     //程序名
N01 G92 X0 Y0          //确定加工程序起点,设置加工坐标系
N02 G01 X10000 Y0
N03 G01 X10000 Y20000
N04 G02 X40000 Y20000 I15000 J0
N05 G01 X40000 Y0
N06 G01 X0 Y0
N07 M02                //程序结束
```

(2) 用 G91 编程

```
P2 (程序名)
N01 G92 X0 Y0
N02 G91                //表示以后的坐标值均为增量坐标
N03 G01 X10000 Y0
N04 G01 X0 Y20000
N05 G02 X30000 Y0 I15000 J0
N06 G01 X0 Y-20000
N07 G01 X-40000 Y0
N08 M02
```

4. 补偿指令(见表 6.5)

表 6.5　补偿指令

G40	取消间隙补偿
G41	左偏间隙补偿,D 表示偏移量
G42	右偏间隙补偿,D 表示偏移量

G40、G41、G42 为间隙补偿指令。

编程格式:G41 D~

其中:D——表示偏移量(补偿距离),确定方法与半径补偿方法相同,如图6.28a 和图 6.29a 所示。一般数控线切割机床偏移量 ΔR 在 0~0.5 mm 之间。

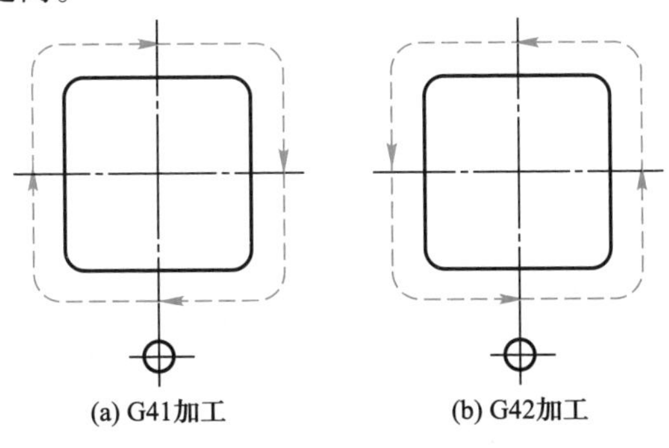

图 6.28　凸模加工间隙补偿指令的确定

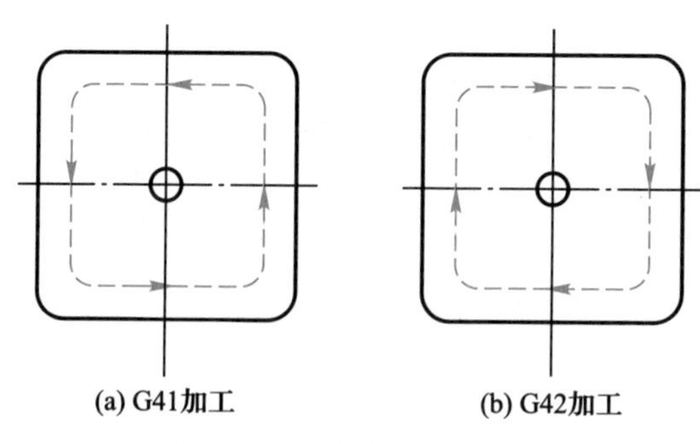

图 6.29　凹模加工间隙补偿指令的确定

编程格式：G42 D~

其中：D——表示偏移量(补偿距离)，确定方法与半径补偿方法相同，如图6.28b和图 6.29b 所示。一般数控线切割机床偏移量 ΔR 在 0~0.5 mm 之间。

编程格式：G40（单列一行）

5. M 代码

M 为系统辅助功能指令，常用 M 功能指令见表 6.6。

表 6.6　M　代　码

M00	程序暂停
M02	程序结束
M05	接触感知解除
M96	主程序调用子程序
M97	主程序调用子程序结束

调用子程序编程格式：M96 程序名(程序名后加“.”)

6. 镜像指令

常用镜像功能指令见表 6.7，详情参见机床说明书。

表 6.7　镜 像 指 令

G05	*X* 轴镜像	G09	*X* 轴镜像，*X*，*Y* 轴交换
G06	*Y* 轴镜像	G10	*Y* 轴镜像，*X*，*Y* 轴交换
G07	*X*，*Y* 轴交换	G11	*Y* 轴镜像，*X* 轴镜像，*X*，*Y* 轴交换
G08	*X* 轴镜像，*Y* 轴镜像	G12	消除镜像

7. 锥度指令

常用锥度功能指令见表 6.8，详情参见机床说明书。

表 6.8　锥度指令

G50	消除锥度	G51	锥度左偏，*A* 为角度值	G52	锥度右偏，*A* 为角度值

8. 坐标指令

常用坐标指令见表 6.9，详情参见机床说明书。

表 6.9　坐标指令

W	下导轮到工作台面高度	H	工件厚度	S	工作台面到上导轮高度

任务二　数控电火花线切割计算机自动编程

【任务描述】

利用 CAD/CAM 软件，进行数控电火花切割机床程序的自动编制。

【任务目标】

掌握数控电火花线切割的自动编程方法。

随着 CAD/CAM 技术的不断发展，数控电火花线切割机床 CAD/CAM 自动编程系统是 CAD/CAM 一体化系统，即可进行快速走丝线切割编程，也可编制慢速走丝线切割加工程序，下面以 TCAM 系统为例，介绍线切割自动编程的方法。

TCAM 系统的进入：在 CNC 主画面下按 F8 键，进入线切割自动编程系统 SCAM，其屏幕显示如图 6.30 所示。

图 6.30　SCAM 系统屏幕显示

6.3.1　CAD 绘图功能

在 SCAM 主菜单画面下按 F1 功能键，即进入 CAD 绘图功能，系统提供较方便

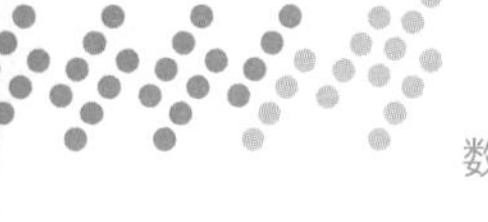

的绘图以及编辑功能，同时具有齿轮、阿基米德螺线绘制功能，也可通过 DXF/DWG 接口直接读入 DXF/DWG 文件，并可把该零件图转换成加工路径状态（指定穿丝点，切入点，切割方向等），如图 6.31 所示。

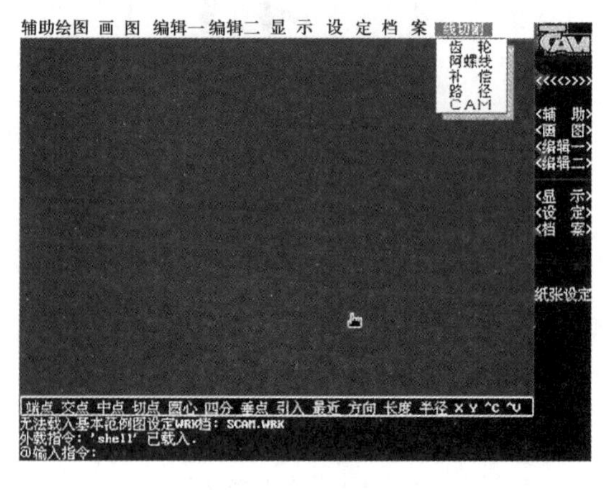

图 6.31 CAD 屏幕

在 CAD 下拉菜单中，选取〈线切割〉功能即会出现包括（补偿）（路径）等。

1. 补偿

即对线切割轨迹进行丝径和放电间隙补偿。

当生成 3B 格式的代码时，须对切割的轨迹进行补偿；当生成 ISO 格式的代码时，可以用 G41/G42 来进行补偿，也可在此进行补偿。

选取〈线切割〉下的〈补偿〉项，在屏幕的底部会出现如下的提示：

“补偿值 =”

这时要求输入补偿值，按回车键后，屏幕出现提示：

“请选择图形”

这时，用鼠标在屏幕上定两点形成一个窗口，要进行补偿的图形全部框起来。接着屏幕又出现提示：

“补偿方向点”

这时只要用鼠标在所要切割图形的外部或内部选取一点即可，当切割凸模时补偿方向点应在图形的外部，切割凹模时补偿方向点应在图形的内部。

2. 路径

对切割图形进行路径指定。

选取〈线切割〉下的〈路径〉项，在屏幕的底部会出现如下的提示：

“请用鼠标或键盘指定穿丝点：”

要求输入一个切割的始点，即穿丝点，可以从键盘上输入点的坐标。输入起始点后，屏幕下接着出现：

“请用鼠标或键盘指定切入点：”

这时要求输入从穿丝点开始切割到达图形上的一点，可键盘输入或鼠标定取，输入完后在屏幕底部出现：

“请用鼠标或键盘指定切割方向”

切割方向点要定在切入边上。

6.3.2　CAM 系统参数

在 SCAM 主菜单画面下按 F2 键即进入 CAM 画面，如图 6.32 所示。

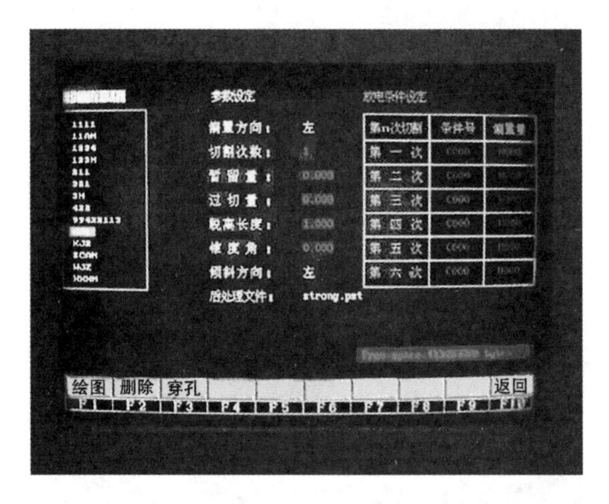

图 6.32　CAM 画面

CAM 画面的参数分成三栏：图形文件选择、基本参数设定、放电条件设定。

1. 图形文件选择

图形文件栏显示当前目录下所有的图形文件名。可以通过↑、↓光标键选择要生成加工程序的图形文件，然后按回车键即可，这时光标自动移到参数设定栏。

2. 基本参数设定

偏置方向——指补偿方向，有左补偿和右补偿。通过↑、↓键移动光标，用空格键进行改变。

切割次数——指要切割的次数，选择 1~6 之间的数字输入即可，快速走丝线切割一般为 1 次，慢速走丝线切割可进行多次切割，根据零件尺寸精度和表面粗糙度的要求选择 1~4 次。

暂停量——慢速走丝线切割在进行凸模切割且需多次切割时为防止工件脱落，需要留一定量不切（一般为 2~5 mm），待大部分轮廓精加工后，执行 M00 指令机床暂停，采用 502 胶水将已切割分离部分粘固，最后切割暂停量。

过切量——为避免工件表面留下一凸痕，在最后一次加工时应该过切。

脱离长度——多次切割时，为了改变加工条件和补偿值，需要离开轨迹一段距离，这段距离称之为脱离长度。

锥度角——进行锥度切割时，丝的倾斜方向。

后处理文件——通过不同的后处理文件生成不同控制系统所能接收的 NC 代码。后处理文件是一个 ASII 文件，扩展名为 PST。

3. 放电条件设定

用←、→键把光标移到放电条件设定栏。对加工条件和偏置量进行设定，加工条件的设定范围为 C000~C999，偏置量的设定范围为 H000~H999。

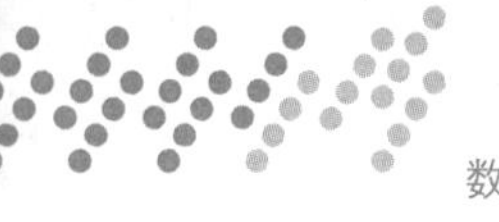

6.3.3 CAM 的三个 F 功能

CAM 主画面有如下三个 F 功能：

1. F1 绘图

当选择图形文件、设定参数完成后，按 F1 即进入生成 NC 代码画面，如图 6.33 所示。

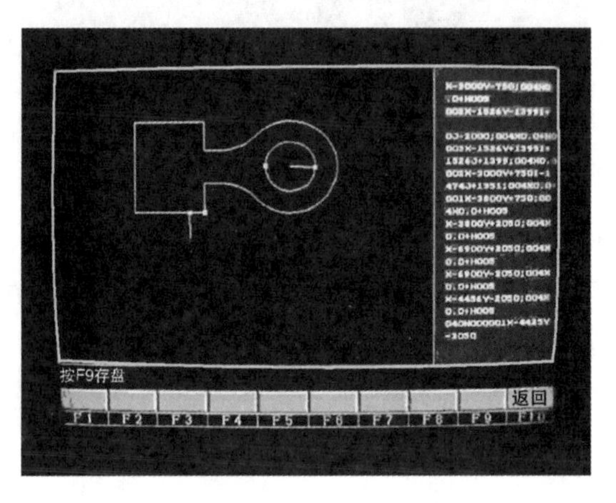

图 6.33　生成 NC 代码画面

在此画面图形显示区中，◎表示穿丝孔的位置，X 表示切入点，□表示切割方向。

此时屏幕上功能键的含义如下：

F1 反向——即改变切割方向，若当前为顺时针方向，按 F1 后变为逆时针方向。

F2 均布——即把一个图形按给定的角度和个数分布在圆周上。

按下 F2 后，出现提示输入“旋转角度”。

旋转角度以度为单位，它是与 X 轴正向的夹角，逆时针方向为正，顺时针方向为负，输完旋转角度后，按回车键出现画面，这时提示输入“旋转个数”。

输完旋转个数后，按回车键均布图形。

F3 ISO——即生成 ISO 格式的 NC 代码

F4 3B——即生成 3B 格式的 NC 代码

F9——存盘

F10——返回到上一 CAM 画面

2. F2 删除

指删除扩展名为 DXF 的图形文件。

3. F3 穿孔

当需要用穿孔纸带存储程序时，F3 把生成的 3B 格式代码送到穿孔机进行穿孔输出。

任务四　数控电火花线切割典型零件加工编程

【任务描述】

制定合适的工艺路线,完成数控电火花线切割机床典型零件的编程。

【任务目标】

完成如图 6.34 所示的凸凹模零件的加工程序编制。

编制加工如图 6.34 所示凸凹模(图示尺寸是根据刃口尺寸公差及凸凹模配合间隙计算出的平均尺寸)的数控线切割程序。电极丝直径为 ϕ0.1 mm 的钼丝,单面放电间隙为 0.01 mm。

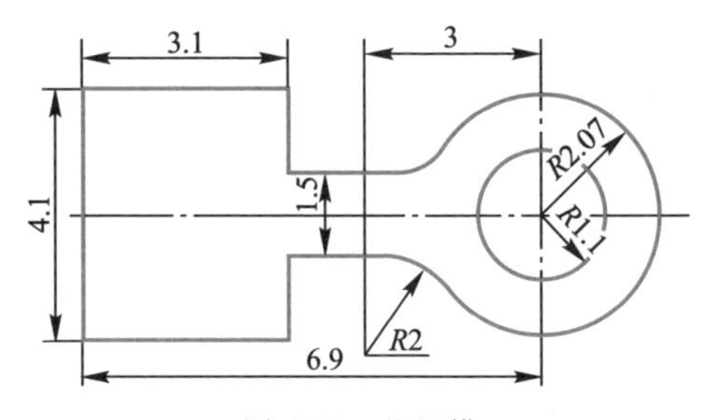

图 6.34　凸凹模

下面主要就工艺计算和程序编制进行讲述。

1. 确定计算坐标系

由于图形上、下对称,孔的圆心在图形对称轴上,圆心为坐标原点(如图 6.35 所示)。因为图形对称于 X 轴,所以只需求出 X 轴上半部(或下半部)钼丝中心轨迹上各段的交点坐标值,从而使计算过程简化。

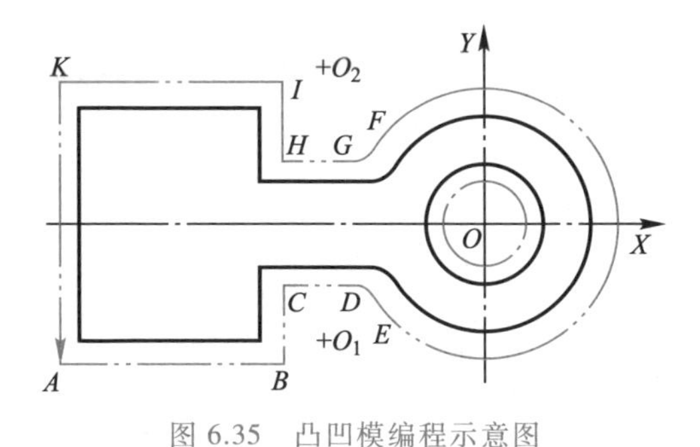

图 6.35　凸凹模编程示意图

2. 确定补偿距离

补偿距离为:

$$\Delta R = (0.1/2 + 0.01)\ \text{mm} = 0.06\ \text{mm}$$

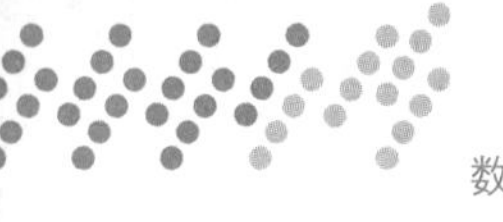

钼丝中心轨迹，如图 6.35 所示中粗点画线所示。

3. 计算交点坐标

将电极丝中心点轨迹划分成单一的直线或圆弧段。

求 E 点的坐标值：因两圆弧的切点必定在两圆弧的连心线 OO_1 上。直线 OO_1 的方程为 $Y=(2.75/3)X$。故可求得 E 点的坐标值 X,Y 为：

$$X=-1.570\ \text{mm}, Y=-1.493\ \text{mm}$$

其余各点坐标可直接从图形中求得到，见表 6.10。切割型孔时电极丝中心至圆心 O 的距离（半径）为

$$R=(1.1-0.06)\ \text{mm}=1.04\ \text{mm}$$

表 6.10　凸凹模轨迹图形各段交点及圆心坐标

交点	X	Y	交点	X	Y	圆心	X	Y
B	-3.74	-2.11	G	-3	0.81	O_1	-3	-2.75
C	-3.74	-0.81	H	-3	0.81	O_2	-3	-2.75
D	-3	-0.81	I	-3.74	2.11			
E	-1.57	-1.439 3	K	-6.96	2.11			

4. 编写程序单

切割凸凹模时，不仅要切割外表面，而且还要切割内表面，因此要在凸凹模型孔的中心 O 处钻穿丝孔。先切割型孔，然后再按 $B\to C\to D\to E\to F\to G\to H\to I\to K\to A\to B$ 的顺序切割。

1）凸凹横线切割程序见表 6.11。

表 6.11　凸凹模线切割程序

序号	B	X	B	Y	B	J	G	Z	说明
1	B		B		B	001040	Gx	L3	穿丝切割
2	B	1040	B		B	004160	Gy	SR2	
3	B		B		B	001040	Gx	L1	
4								D	拆卸钼丝
5	B		B		B	013000	Gy	L4	空走
6	B		B		B	003740	Gx	L3	空走
7								D	重新装上钼丝
8	B		B		B	012190	Gy	L2	切入并加工 BC 段
9	B		B		B	000740	Gx	L1	
10	B		B	1940	B	000629	Gy	SR1	
11	B	1570	B	1439	B	005641	Gy	NR3	
12	B	1430	B	1311	B	001430	Gx	SR4	
13	B		B		B	000740	Gx	L3	
14	B		B		B	001300	Gy	L2	
15	B		B		B	003220	Gx	L3	

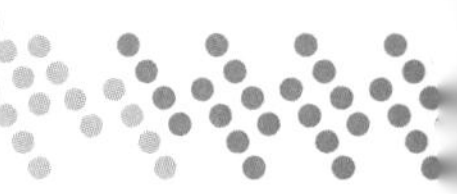

续表

序号	B	X	B	Y	B	J	G	Z	说明
16	B		B		B	004220	Gy	L4	
17	B		B		B	003220	Gx	L1	
18	B		B		B	008000	Gy	L4	退出
19								D	加工结束

2）ISO 格式切割程序单如下：

```
H000=+00000000 H001=+00000060;
H005=+00000000;T84 T86 G54 G90 G92 X+0 Y+0 U+0 V+0;
C007;
G01 X+100 Y+0;G04 X0.0+H005;
G41 H000;
C007;
G41 H000;
G01 X+1100 Y+0;G04 X0.0+H005;
G41H001;
G03 X-1100 Y+0I-1100 J+0;G04 X0.0+H005;
X+1100 Y+0 I+1100 J+0;G04 X0.0+H005;
G40 H000 G01 X+100 Y+0;
M00;                                        //取废料
C007;
G01 X+0 Y+0;G04 X0.0+H005;
T85 T87;
M00;                                        //拆丝
M05 G00 X-3000;                             //空走
M05 G00 Y-2750;
M00;                                        //穿丝
H000=+00000000 H001=+00000060;
H005=+00000000;T84 T86 G54 G90 G92 X-2500 Y-2000 U+0 V+0;
C007;
G01 X-2801 Y-2012;G04 X0.0+H005;
G41 H000;
C007;
G41 H000;
G01 X-3800 Y-2050;G04 X0.0+H005;
G41 H001;
X-3800 Y-750;G04 X0.0+H005;
```

```
X-3000 Y-750;G04 X0.0+H005;
G02 X-1526 Y-1399 I+0 J-2000;G04 X0.0+H005;
G03 X-1526 Y+1399 I+1526 J+1399;G04 X0.0+H005;
G02 X-3000 Y+750 I-1474 J+1351;G04 X0.0+H005;
G01 X-3800 Y+750;G04 X0.0+H005;
X-3800 Y+2050;G04 X0.0+H005;
X-6900 Y+2050;G04 X0.0+H005;
X-6900 Y-2050;G04 X0.0+H005;
X-3800 Y-2050;G04 X0.0+H005;
G40 H000 G01 X-2801 Y-2012;
M00;
C007;
G01 X-2500 Y-2000;G04 X0.0+H005;
T85 T87 M02;                                      //程序结束
(:: The Cuting length= 37.062 133 mm );           //切割总长
```

本章提示

由于电火花线切割的加工原理与切削加工原理不同,因而数控电火花线切割的加工程序编制有其独特之处。虽然程序编制主要涉及二轴坐标,但编程时要充分考虑线切割加工的工艺问题(电参数、切割路线、工件装夹等),工艺参数的选择需在生产实践中不断积累经验。

思考题与习题

一、填空题

1. 线切割加工中常用的电极丝有________,________,________。其中________和________应用于快速走丝线切割中,而________应用于慢速走丝线切割。

2. 线切割加工时,工件的装夹方式有________装夹,________装夹,________装夹,________装夹。

二、判断题

1. (　)脉冲宽度及脉冲能量越大,则放电间隙越小。

2. (　)目前线切割加工时应用较普遍的工作液是煤油。

三、选择题

1. 电火花线切割加工的特点有________。

A.不必考虑电极损耗;

B. 不能加工精密细小,形状复杂的工件;

C. 不需要制造电极;

D. 不能加工盲孔类和阶梯形面类工件

2. 电火花线切割加工的对象有________。

A. 任何硬度,高熔点包括经热处理的钢和合金;

B. 成形刀,样板;

C. 阶梯孔,阶梯轴;

D. 塑料模中的型腔

3. 对于线切割加工,下列说法正确的有________。

A. 线切割加工圆弧时,其运动轨迹是折线;

B. 线切割加工斜线时,其运动轨迹是斜线;

C. 加工斜线时,取加工的终点为编程坐标系的原点;

D. 加工圆弧时,取圆心为编程坐标系的原点

4. 线切割加工数控程序编制时,下列计数方向的说法正确的有________。

A. 斜线终点坐标(Xe, Ye)当 $|Ye|>|Xe|$ 时,计数方向取 Gy ;

B. 斜线终点坐标(Xe,Ye)当 $|Xe|>|Ye|$ 时,计数方向取 Gy;

C. 圆弧终点坐标(Xe, Ye)当 $|Xe|>|Ye|$ 时,计数方向取 Gy;

D. 圆弧终点坐标(Xe, Ye)当 $|Xe|<|Ye|$ 时,计数方向取 Gy

5. 线切割加工编程时,计数长度应________。

A. 以 μm 为单位;　　　　B. 以 mm 为单位;

C. 写足四为数;　　　　D. 写足五为数;

E. 写足六位数

6. 加工斜线 OA,设起点 O 在切割坐标原点,终点 A 的坐标为 $Xe=17$ mm,$Ye=$ 5 mm,其加工程序为________。

A. B17B5B17GxL_1;

B. B17000B5000B017000 GxL_1;

C. B17000B5000B017000 GyL_1;

D. B17000B5000B005000 GyL_1;

E. B17B5B017000 GxL_1

7. 加工半圆 AB,切割方向从 A 到 B,起点坐标 $A(-5,0)$,终点坐标 $B(5,0)$,其加工程序为________。

A. B5000BB010000 GxSR_2;

B. B5000BB10000 GySR_2;

C. B5000BB01000 GySR_2;

D. BB5000B01000 GySR_2;

E. B5BB010000 GySR_2

四、程序题

1. 若要加工如图 6.36 所示斜线段,终点 A 的坐标为 $Xe=14$ mm, $Ye=5$ mm,分别用 3B 和 ISO 格式编制其线切割程序。

2. 加工如图 6.37 所示与正 Y 轴重合的直线线段,长度为 22.4 mm。分别用 3B 和 ISO 格式编制其线切割程序。

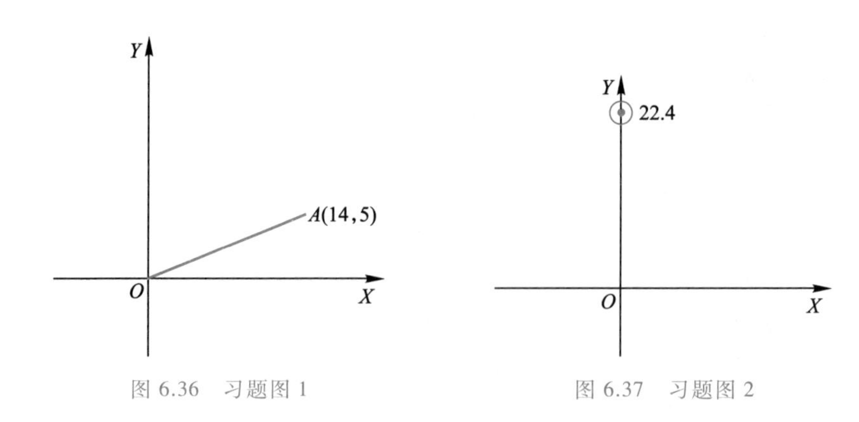

图 6.36　习题图 1　　　图 6.37　习题图 2

3. 加工如图 6.38 所示圆弧，A 为此逆圆弧的起点，B 为终点。分别用 3B 和 ISO 格式编制线切割程序。

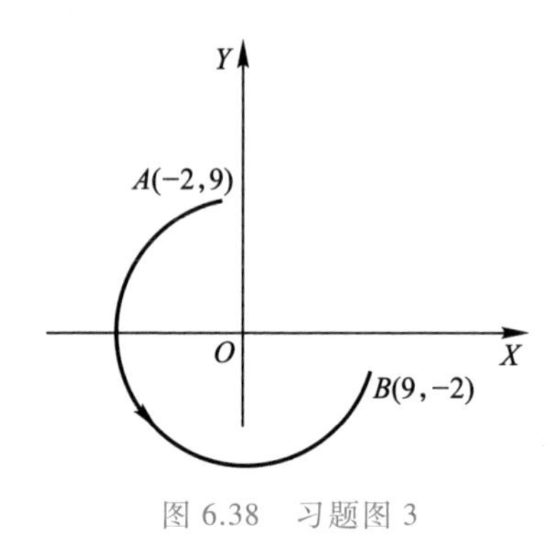

图 6.38　习题图 3

4. 利用 ISO 格式编制如图 6.39 所示凹模的线切割程序，电极丝为 ϕ0.2 mm 的钼丝，单边放电间隙为0.01 mm。

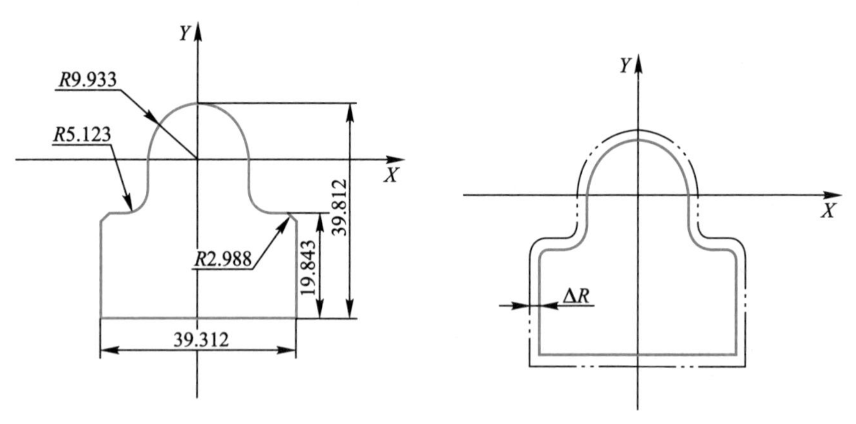

图 6.39　习题图 4

第7章 CAD/CAM软件应用

【学习指南】

首先，学习 CAD/CAM 技术特点、CAD/CAM 软件分类、CAD/CAM 技术的发展趋势，然后通过一种典型 CAD/CAM 软件 UG 来熟悉用于数控编程的 CAD 和 CAM 的常用功能模块。在此基础上，通过二维轮廓、三维曲面、多轴加工编程的典型案例由浅入深的学习 CAD/CAM 的编程方法。最后通过对高速加工工艺的学习，掌握应用高速加工工艺编程的方法。重点是掌握 CAD/CAM 软件的使用方法。

【内容概要】

CAD/CAM（计算机辅助设计及制造）与 PDM（产品数据管理）构成了一个现代制造型企业计算机应用的主干。对于制造行业，设计、制造水平和产品的质量、成本及生产周期息息相关。人工设计、单件生产这种传统的设计与制造方式已无法适应工业发展的要求。采用 CAD/CAM 的技术已成为整个制造行业当前和将来技术发展的重点。

CAD 技术的首要任务是为产品设计和生产对象提供方便、高效的数字化表示和表现（digital representation and presentation）的工具。数字化表示是指用数字形式为计算机所创建的设计对象生成内部描述，像二维图、三维线框、曲面、实体和特征模型；而数字化表现是指在计算机屏幕上生成真实感图形、创建虚拟现实环境进行漫游、多通道人机交互以及多媒体技术等。

CAD 的概念不仅仅是体现在辅助制图（图形实现）方面，它更主要地起到了设计助手的作用，帮助广大工程技术人员从繁杂的查手册、计算中解脱出来。极大地提高了设计效率和准确性，从而缩短产品开发周期、提高产品质量、降低生产成本，增强行业竞争能力。

CAM 与 CAD 密不可分，甚至比 CAD 应用得更为广泛。几乎每一个现代制造企业都离不开大量的数控设备。随着对产品质量要求的不断提高，要高效地制造高精度的产品，CAM 技术不可或缺。设计系统只有配合数控加工才能充分显示其巨大的优越性。另一方面，数控技术只有依靠设计系统产生的模型才能发挥其效率。所以，在实际应用中，二者很自然地紧密结合起来，形成 CAD/CAM 系统，在这个系统中设计和制造的各个阶段可利用公共数据库中的数据，即通过公共数据库将设计和制造过程紧密地联系为一个整体。数控自动编程系统利用设计的结果和产生的模型,形成数控加工机床所需的信息。CAD/CAM 大大缩短了产品的制造周期,显著地提高产品质量,产生了巨大的经济效益。

CAD/CAM 技术已经是一个相当成熟的技术。波音 777 新一代大型客机以四年半的周期研制成功,采用的新结构、新发动机、新的电传操纵等都是一步到位,立刻投入批量生产。飞机出厂后直接交付客户使用,故障返修率几乎为零。媒介宣传中称之为"无纸设计",而波音公司本身认为,这主要应归功于 CAD/CAM 设计制造一体化。

任务一　了解 CAD/CAM 技术特点

【任务描述】

了解 CAD/CAM 在产品开发的集成、相关性、并行协作方面的相关特点。

【任务目标】

熟悉 CAD/CAM 技术特点的应用领域。

针对企业从设计到制造整个过程的 CAD/CAM 软件解决方案,一般都具备以下技术特点:

1. 产品开发的集成

一个完全集成的 CAD/CAM 软件,能辅助工程师从概念设计到功能工程分析到制造的整个产品开发过程,如图 7.1 所示。

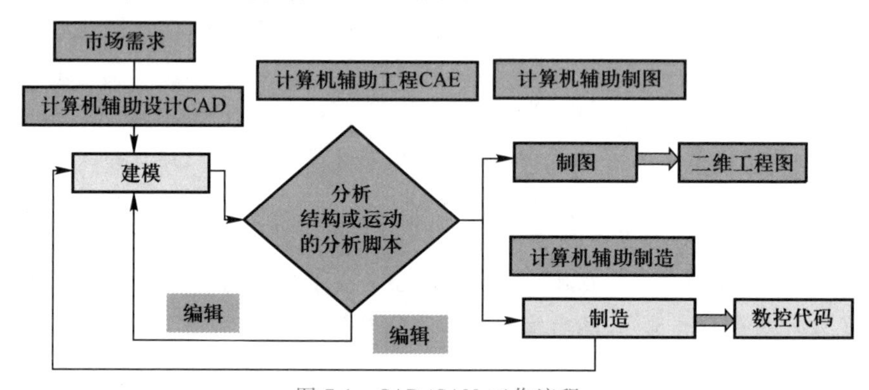

图 7.1　CAD/CAM 工作流程

2. 相关性

通过应用主模型方法,使从设计到制造所有应用相关联,如图 7.2 所示。

3. 并行协作

通过使用主模型,产品数据管理 PDM ,产品可视化(PV)以及运用 Internet 技术,支持扩展企业范围的并行协作,如图 7.3 所示。

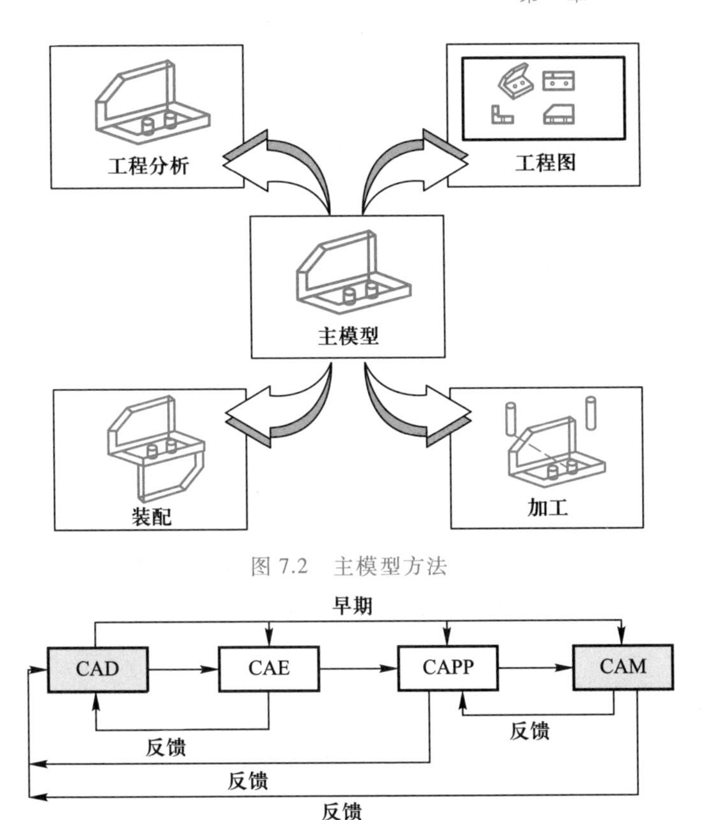

图 7.2　主模型方法

图 7.3　并行协作

任务二　了解 CAD/CAM 软件分类

【任务描述】

了解 CAD/CAM 软件分类，熟悉常用 CAD/CAM 软件的构成。

【任务目标】

熟悉常用 CAD/CAM 软件的功能特点。

CAD/CAM 技术经过几十年的发展，先后走过大型机、小型机、工作站和微机时代，每个时代都有当时流行的 CAD/CAM 软件。现在，工作站和微机平台 CAD/CAM 软件已经占据主导地位，并且出现了一批比较优秀、比较流行的商品化软件。

1. 高档 CAD/CAM 软件

高档 CAM 软件的代表有 Unigraphics，I-DEAS /Pro/Engineer，CATIA 等。这类软件的特点是优越的参数化设计、变量化设计及特征造型技术与传统的实体和曲面造型功能结合在一起，加工方式完备，计算准确，实用性强，可以从简单的 2 轴加工到以 5 轴联动方式来加工极为复杂的工件表面，并可以对数控加工过程进行自动控制和优化，同时提供了二次开发工具，允许用户扩展 UG 的功能。是航空、汽车、造船行业的首选 CAD/CAM 软件。

2. 中档 CAD/CAM 软件

CIMATRON 是中档 CAD/CAM 软件的代表。这类软件实用性强,提供了比较灵活的用户界面,优良的三维造型、工程绘图,全面的数控加工,各种通用、专用数据接口以及集成化的产品数据管理。

3. 相对独立的 CAM 软件

相对独立的 CAM 系统有 Mastercam,Surfcam 等。这类软件主要通过中性文件从其他 CAD 系统获取产品几何模型。系统主要有交互工艺参数输入模块、刀具轨迹生成模块、刀具轨迹编辑模块、三维加工动态仿真模块和后置处理模块。主要应用在中小企业的模具行业。

4. 国内 CAD/CAM 软件

国内 CAD/CAM 软件的代表有 CAXA-ME,金银花系统等。这类软件是面向机械制造业自主开发的中文界面、三维复杂型面 CAD/CAM 软件,具备机械产品设计、工艺规划设计和数控加工程序自动生成等功能。这些软件价格便宜,主要面向中小企业,符合我国国情和标准,所以受到了广泛的欢迎,赢得了越来越大的市场份额。

任务二 了解 CAD/CAM 技术的发展趋势

【任务描述】

了解 CAD/CAM 软件在集成化、网络化、智能化方面的发展趋势。

【任务目标】

熟悉 CAD/CAM 软件应用领域的发展。

1. 集成化

集成化是 CAD/CAM 技术发展的一个最为显著的趋势。它是指把 CAD,CAE,CAPP,CAM 以至 PPC(生产计划与控制)等各种功能不同的软件有机地结合起来,用统一的执行控制程序来组织各种信息的提取、交换、共享和处理,保证系统内部信息流的畅通并协调各个系统有效地运行。国内外大量的经验表明,CAD 系统的效益往往不是从其本身,而是通过 CAM 和 PPC 系统体现出来;反过来,CAM 系统如果没有 CAD 系统的支持,花巨资引进的设备往往很难得到有效的利用;PPC 系统如果没有 CAD 和 CAM 的支持,既得不到完整、及时和准确的数据作为计划的依据,订出的计划也较难贯彻执行,所谓的生产计划和控制将得不到实际效益。因此,人们着手将 CAD,CAE,CAPP,CAM 和 PPC 等系统有机地、统一地集成在一起,从而消除"自动化孤岛",取得最佳的效益。

2. 网络化

21 世纪网络将全球化,制造业也将全球化,从获取需求信息,到产品分析设计、选购原辅材料和零部件、进行加工制造,直至营销,整个生产过程都将全球化。CAD/CAM 系统的网络化能使设计人员对产品方案在费用、流动时间和功能进行并行处理,它是一种

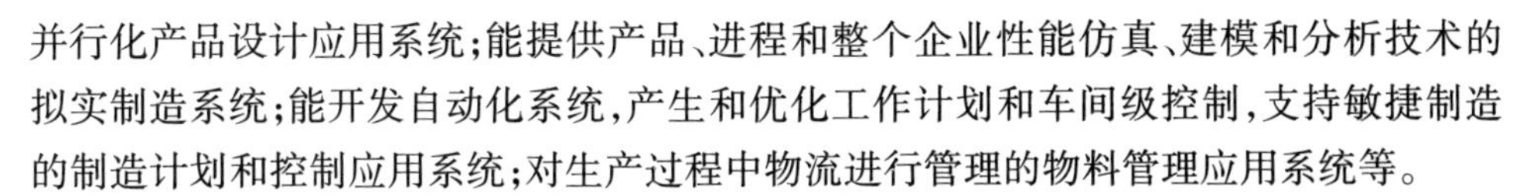
并行化产品设计应用系统；能提供产品、进程和整个企业性能仿真、建模和分析技术的拟实制造系统；能开发自动化系统，产生和优化工作计划和车间级控制，支持敏捷制造的制造计划和控制应用系统；对生产过程中物流进行管理的物料管理应用系统等。

3. 智能化

人工智能在 CAD 中的应用主要集中在知识工程的引入，发展专家 CAD 系统。专家系统具有逻辑推理和决策判断能力。它将许多实例和有关专业范围内的经验、准则结合在一起，给设计者更全面，更可靠的指导。应用这些实例和启发准则，根据设计的目标不断缩小探索的范围，使问题得到解决。

任务四　熟悉一种典型 CAD/CAM 软件的功能模块

【任务描述】

熟悉一种典型 CAD/CAM 软件 UG 的 CAD 模块功能和 CAM 模块功能。

【任务目标】

熟悉 UG 的 CAD 模块功能和 CAM 模块功能。

在当前流行的 CAD/CAM 软件中，UG 是比较流行的、比较优秀的软件，本文以 UG 为主介绍 CAD/CAM 软件的典型应用。

UG 是 Unigraphics Solutions 公司的产品。为用户提供一个较完善的企业级 CAD/CAE/CAM/PDM 集成系统。在 UG 中，先进的参数化和变量化技术与传统的实体、线框和曲面功能结合在一起，这一结合被实践证明是强有力的。

7.4.1　UG 的 CAD 功能

UG/Hybrid Modeler 复合建模模块无缝地集成基于约束的特征建模和传统的几何（实体、曲面和线框）建模到单一的建模环境内，在设计过程中提供更多的灵活性，用户可以选择最自然地支持设计意图的方法。

UG/Hybrid Modeler 比参数化 CAD 建模模块有许多明显优点：在设计过程中有更多的灵活性；允许参数按需添加，不必强制模型全部约束，在设计过程中有完全的自由度，设计改变可以很方便地进行；允许传统的产品设计过程按需有效地与基于特征的建模组合。

用 UG 复合建模模块建立的模型是完全与构造的几何体相关，能够有效地使用保存的产品模型数据，用户可以保护它在传统数据中的投资，在新的产品开发中，允许重访早期的设计决定，提升已存储设计知识的价值，而无须再返工下游的信息。

1. 实体建模（Solid Modeling）

UG/Solid Modeling 是所有其他几何建模产品的基础。

2. 实体操作

1）利用实体素：块，圆柱，圆锥，球；

2）布尔操作：求和，求差，求交；

3）显式的面编辑命令：移动，旋转，删除，偏置，代替几何体；

4）从拉伸和旋转草图外形生成实体；

5）为高级的相关定位的基准平面和基准轴。

3. 片体和实体集成

1）缝合片体到实体；

2）分割和修剪实体允许转换片体形状到实体；

3）从实体表面抽取片体。

4. 特征编辑

1）编辑和删除特征，参数化编辑和重定位；

2）特征抑制，特征重排序，特征插入。

5. 特征建模（Feature Modeling）

特征建模设计可以用工程特征术语定义，而不是低水平的 CAD 几何体。特征被参数化定义为基于尺寸和位置的尺寸驱动编辑，如图 7.4 所示。主要特征：

1）面向工程的成形特征——键槽，孔，凸垫，凸台，腔——捕捉设计意图和增加生产率；

2）特征引用阵列——矩形和圆形阵列——在阵列中，所有特征是与主特征相关的。

6. 倒圆和倒角

1）固定和可变的半径倒圆；

2）能够倒角任一边缘；

3）设计的陡峭边缘倒圆不适合完全的倒圆半径，但仍然需要倒圆。

7. 高级建模操作

1）轮廓可以被扫描，拉伸或旋转形成实体；

2）高级的挖空体命令在几秒钟内使实体变成薄壁设计。如果需要，内壁拓扑将不同于外壁；

3）对共同的设计元素的用户定义特征 User Defined Features。

8. 自由形状建模（Free Form Modeling）

UG/Free Form Modeling 用于设计高级的自由形状外形，或直接在实体上，或作为一独立的片体，除了它们不必闭合空间体积外，其他的类似于实体，如图 7.5 所示。

图 7.4　特征建模

图 7.5　自由形状建模

片体建模完全与实体建模集成并允许自由形状独立建立之后作用到实体设计。许多自由形状建模操作可以直接产生或修改实体。自由形状片体和实体与它们定义的几何体相关,允许重访早期设计决策及自动更新下游工作。

(1) 自由形状构造

功能强大的构造方法组:直纹,扫描,过曲线,网格曲面,点,偏置曲面;自由形状可以定义以光顺通过多于外形;定义外形尖形拐角并可以包含不同数量的曲线,外形可以由线框,实体边缘,或也可以是草图,结果是参数化的自由形状;二次锥曲面与圆角;固定与可变半径圆角曲面。

(2) 操纵自由形状

可以编辑定义的参数;数学参数(如公差)及构造几何体可以重定义;通过下列任一方式直接操纵自由形状:控制多边形、改变曲面阶数、曲面上点和边缘。

7.4.2 UG 的 CAM 功能

一般认为 UG Ⅱ 是业界中比较有代表性的数控软件。UG/CAM 提供了一整套从钻孔、线切割到 5 轴铣削的单一加工解决方案。在加工过程中的模型、加工工艺、优化和刀具管理上,都可以与主模型设计相连接,始终保持最高的生产效率。把 UG 扩展的客户化定制的能力和过程捕捉的能力相结合,您就可以一次性地得到正确的加工方案。

UG-CAM 由 5 个模块组成,即交互工艺参数输入模块、刀具轨迹生成模块、刀具轨迹编辑模块、三维加工动态仿真模块和后置处理模块。

1. 交互工艺参数输入模块

通过人机交互的方式,用对话框和过程向导的形式输入刀具、夹具、编程原点、毛坯和零件等的工艺参数。

2. 刀具轨迹生成模块(UG/Toolpath Generator)

UG-CAM 最具特点的是其功能强大的刀具轨迹生成方法。包括车削、铣削、线切割等完善的加工方法。其中铣削主要有以下功能:

1) Point to Point:完成各种孔加工。

2) Panar Mill:平面铣削。包括单向行切,双向行切,环切以及轮廓加工等。

3) Fixed Contour:固定多轴投影加工。用投影方法控制刀具在单张曲面上或多张曲面上的移动,控制刀具移动的可以是已生成的刀具轨迹,一系列点或一组曲线。

4) Variable Contour:可变轴投影加工。

5) Parameter line:等参数线加工。可对单张曲面或多张曲面连续加工。

6) Zig-Zag Surface:裁剪面加工。

7) Rough to Depth:粗加工。将毛坯粗加工到指定深度。

8) Cavity Mill:多级深度型腔加工。特别适用于凸模和凹模的粗加工。

9) Sequential Surface:曲面交加工。按照零件面、导动面和检查面的思路对刀具的移动提供最大程度的控制。

3. 刀具轨迹编辑器模块(UG/Graphical Tool Path Editor)

刀具轨迹编辑器可用于观察刀具的运动轨迹,并提供延伸、缩短或修改刀具轨迹的功能。同时,能够通过控制图形的和文本的信息去编辑刀轨。因此,当要求对生成的刀具轨迹进行修改,或当要求显示刀具轨迹和使用动画功能显示时,都需要刀具轨迹编辑器。动画功能可选择显示刀具轨迹的特定段或整个刀具轨迹。附加的特征能够用图形方式修剪局部刀具轨迹,以避免刀具与定位件、压板等的干涉,并检查过切情况。

刀具轨迹编辑器主要特点：显示对生成刀具轨迹的修改或修正;可进行对整个刀具轨迹或部分刀具轨迹的刀轨动画;可控制刀具轨迹动画速度和方向;允许选择的刀具轨迹在线性或圆形方向延伸;能够通过已定义的边界来修剪刀具轨迹;提供运动范围,并执行在曲面轮廓铣削加工中的过切检查。

4. 三维加工动态仿真模块(UG/Verify)

UG/Verify 交互地仿真检验和显示 NC 刀具轨迹,它是一个无须利用机床,成本低,高效率的测试 NC 加工应用的方法。UG/Verify 使用 UG/CAM 定义的 BLANK 作为初始的毛坯形状,显示 NC 刀轨的材料移去过程,检验错误,如刀具和零件碰撞、曲面切削过切等。最后在屏幕上建立一个加工完成零件的着色模型,用户可以把仿真切削后的零件与 CAD 的零件模型比较,因而可以容易地看到,什么地方出现了不正确的加工情况。

5. 后置处理模块(UG/Postprocessing)

UG/Postprocessing 包括一个通用的后置处理器(GPM),使用户能够方便地建立用户定制的后置处理。通过使用加工数据文件生成器(MDFG),一系列交互选项提示用户选择定义特定机床和控制器特性的参数,包括：控制器和机床特征、线性和圆弧插补、标准循环、卧式或立式车床和加工中心等等。这些易于使用的对话框允许为各种钻床、多轴铣床、车床以及电火花线切割机床生成后置处理器。后置处理器的执行可以直接通过 Unigraphics 或通过操作系统来完成。

任务五 应用 CAD/CAM 软件编写曲面零件加工程序

【任务描述】

应用 CAD/CAM 对一个三维曲面零件编程和对一个二维轮廓零件编程。

【任务目标】

掌握使用 MASTERCAM 编程的方法。

7.5.1 UG 的应用

曲面 CAD 建模操作过程

这里用冲压模具的凸模为例,介绍 CAD/CAM 的应用过程。

1. 新建文件

File-new

输入 camsample

2. 进入造型模块

Application-modeling，如图 7.6 所示。

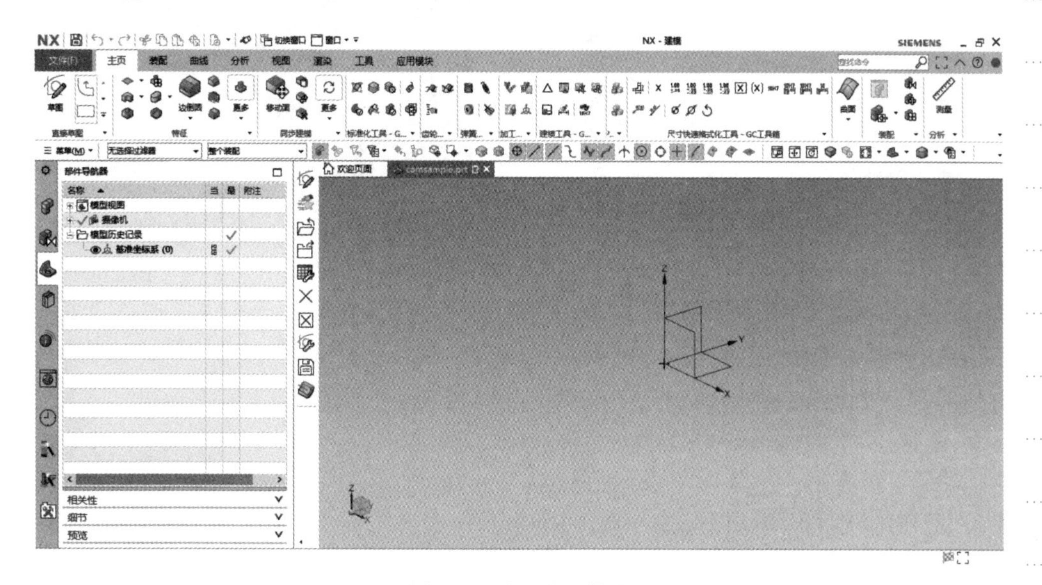

图 7.6　进入造型模块

3. 底部造型

insert-form feature-block

输入 150 150 30

选择 ok，如图 7.7 所示。

4. 凸台特征造型

insert-form feature-pad

选择 rectangular

选择 block 的顶面

选择 block 与 x 轴同向的边

输入 80 80 50 0 10

选择 pallale at distance

选择 block 与 x 轴同向的边

选择 pad 与 x 轴同向的中心线

输入 75

选择 ok

选择 pallale at distance

选择 block 与 y 轴同向的边

选择 pad 与 y 轴同向的中心线

输入 75

选择 ok，如图 7.8 所示。

图 7.7　底部造型

图 7.8　凸台特征造型

5. 半球体造型

insert-form feature-sphere

选择 diameter，center

输入 40

选择 pad 与 y 轴同向的边接近中点的位置

选择 ok

选择 ok

选择 pad 与 y 轴同向的另一侧边接近中点的位置

选择 ok

选择 ok 如图 7.9 所示。

6. 半圆柱体造型

insert-form feature-cylinder

选择 diameter，height

选择 Yc axis

输入 40,110

输入 75 20 30

选择 ok 如图 7.10 所示。

图 7.9　半球体造型

图 7.10　半圆柱体造型

7. 倒顶部圆角

insert-feature opration-edge blend

输入 default radius 15

选择 pad 需倒圆角的各条边

选择 ok 如图 7.11 所示。

8. 倒底部圆角

insert-feature opration-edge blend

输入 default radius 8

选择 pad 底边,block,clydiner 的各条边

选择 ok 如图 7.12 所示。

图 7.11　倒顶部圆角

图 7.12　倒底部圆角

9. 毛坯造型

insert-form feature-block

输入 150 150 85

选择 ok。

10. 进入 CAM 模块

Application-manufacture

选择 CAM session configure mill contour

CAM setup mill contour

选择 initialize 如图 7.13 所示。

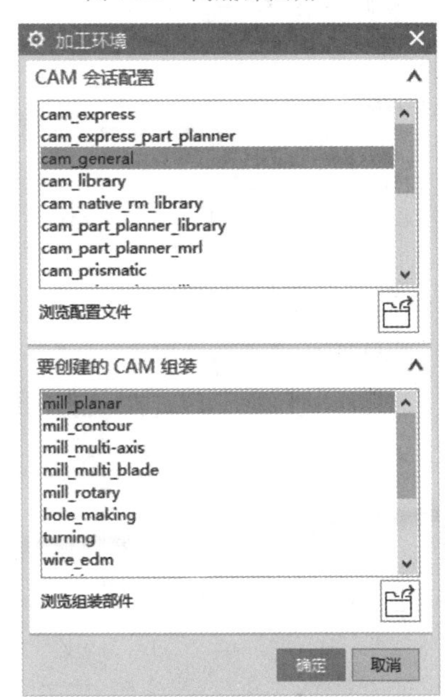

图 7.13　进入 CAM 模块

11. 指定加工几何体，毛坯

insert-geometry

选择 MILL_GEOM

选择 select

选择 零件实体

选择 blank

选择 select

选择 第 9 步生成的 block

选择 ok 如图 7.14 所示。

工件

几何体

指定部件

指定毛坯

指定检查

图 7.14　指定加工几何体,毛坯

12. 隐藏毛坯

edit-blank-blank

选择 第 9 步生成的 block

选择 ok。

13. 创建刀具

insert-tool

输入 name m20

选择 apply

输入 diameter 20

选择 ok

输入 name m5

选择 ok

输入 diameter 10

输入 lower-radius 5 如图 7.15 所示。

14. 粗加工

insert-operation

选择并输入图示内容

选择 ok

输入 depth per cut 3

选择 generate

选择 ok 如图 7.16 所示。

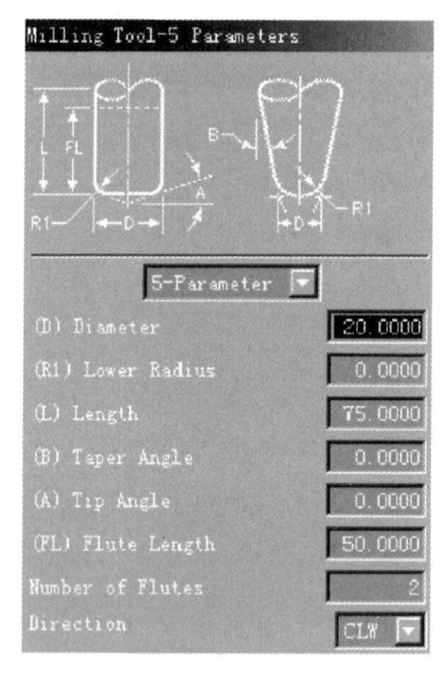

图 7.15　创建刀具

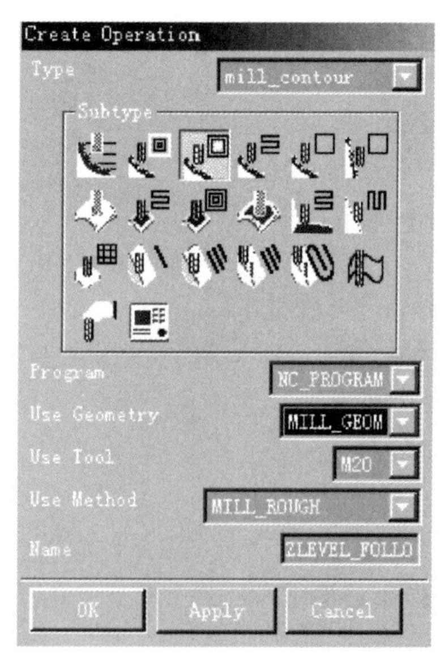

图 7.16　粗加工

15. 半精加工

insert-operation

选择并输入图示内容

选择 ok

输入 depth per cut 1

选择 cut lever
选择 block 的上边
选择 ok
选择 generate
选择 ok 如图 7.17 所示。

16. 精加工 1

insert-operation
选择并输入图示内容
选择 ok
选择 cut area
选择 select
选择 所有要加工的表面
选择 ok
选择 area milling
选择 step over scallop
输入 0.01
选择 ok
选择 cutting
选择 remove edge traces
选择 ok
选择 generate
选择 ok 如图 7.18 所示。

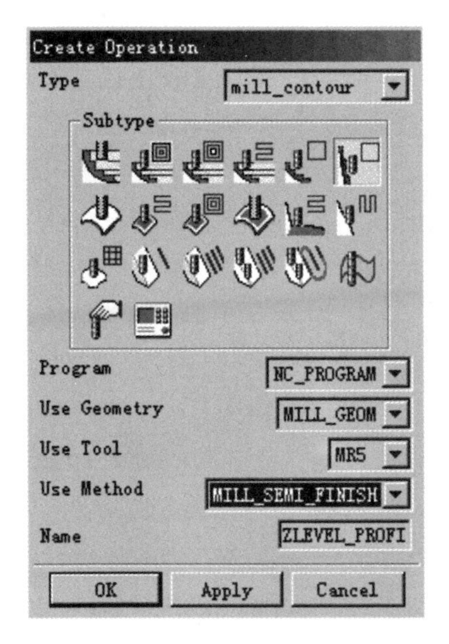

图 7.17　半精加工

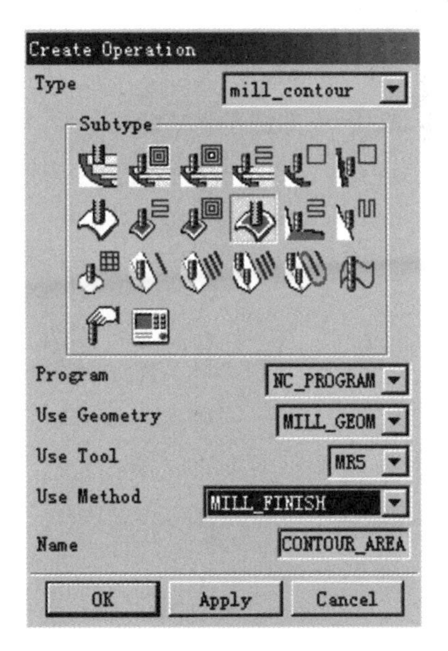

图 7.18　精加工 1

17. 精加工 2

insert-operation

选择并输入图示内容

选择 ok

选择 cut area

选择 select

选择 所有要加工的表面

选择 ok

选择 area milling

选择 steep containment

选择 directional steep

输入 35

选择 cut angle

选择 user defined

输入 90

选择 step over scallop

输入 0.01

选择 ok

选择 generate

选择 ok 如图 7.19 所示。

图 7.19 精加工 2

18. 选择所有生成的刀具路径，单击右键，选择 verify

选择 dynamic

选择 play forward

选择 compare

选择 ok 如图 7.20 所示。

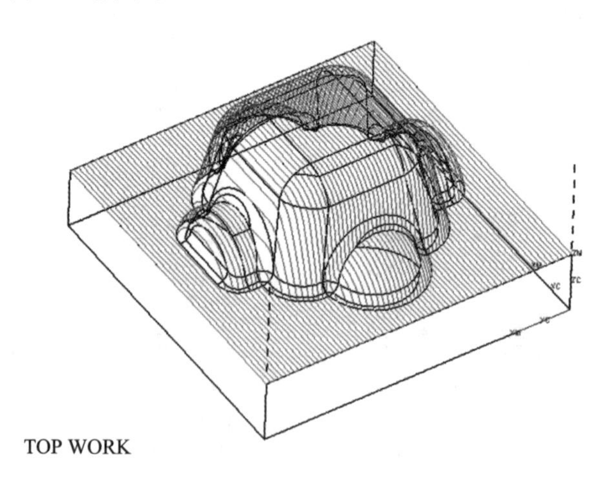

图 7.20 刀具路径

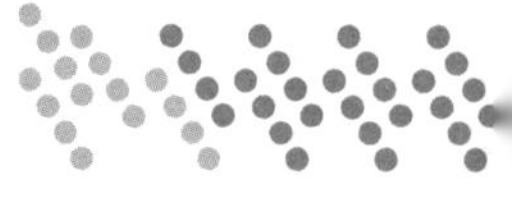

7.5.2　MASTERCAM 的应用

1. Mastercam 系统特性概述

Mastercam 是美国专业从事计算机数控程序设计专业化的公司 CNC Software INC 研制出来的一套计算机辅助制造系统软件。它将 CAD 和 CAM 这两大功能综合在一起,是目前在我国十分流行的 CAD/CAM 系统软件。它有以下特点:

1) Mastercam 除了可产生 NC 程序外,本身也具有 CAD 功能(2D,3D,图形设计,尺寸标注,动态旋转以及图形阴影处理等功能)可直接在系统上制图并转换成 NC 加工程序,也可将用其他绘图软件绘好的图形,经由一些标准的或特定的转换文件如 DXF 文件(Drawing Exchange File),CADL 文件(CADkey Advanced Design Language)及 IGES 文件(Initial Graphic Exchange Specification)等转换到 Mastercam 中,再生成数控加工程序。

2) Mastercam 是一套以图形驱动的软件,应用广泛,操作方便,而且它能同时提供适合目前国际上通用的各种数控系统的后置处理程序文件。以便将刀具路径文件(NCI)转换成相应的 CNC 控制器上所使用数控加工程序(NC 代码)。如 FANUC,MELADS,AGIE,HITACHI 等数控系统。

3) Mastercam 能预先依据使用者定义的刀具、进给率、转速等,模拟刀具路径和计算加工时间,也可从 NC 加工程序(NC 代码)转换成刀具路径图。

4) Mastercam 系统设有刀具库及材料库,能根据被加工件材料及刀具规格尺寸自动确定进给率、转速等加工参数。

5) 提供 RS-232C 接口通讯功能及 DNC 功能。

2. 系统界面

Mastercam 系统在 Windows 下完成安装后,被自动设置在 Start\Programs\Mastercam 菜单中,因此,在 Mastercam 菜单用鼠标选取 Mill7 图标(假定使用的是 Mastercam Version 7.0),即自动进入 Mastercam 系统的主界面,如图 7.21 所示,主界面分为四个功能区:主功能表区、第二功能表区、绘图(图形显示)区和信息输入/输出区。

曲面 CAM 编程操作过程

图 7.21　系统界面

（1）系统界面主功能表简要说明

1）A 分析：显示屏幕上的点、线、面及尺寸标注等资料；

2）C 绘图：绘制点、线、弧、Spline 曲线、矩形和曲面等；

3）F 文件：存取、浏览几何图形、屏幕显示、打印、传输、转换以及删除文件等；

4）M 修整：可用倒圆角、修整、打断和连接等功能去修改屏幕上的几何图形；

5）D 删除：用于删除屏幕或系统图形文件中的图形元素；

6）S 屏幕：用来设置 Mastercam 系统及其显示的状态；

7）T 刀具路径：用轮廓、型腔和孔等指令产生 NC 刀具路径；

8）N 公用管理：修改和处理刀具路径；

9）E 离开系统：退出 Mastercam 系统，回到 Windows；

10）上层功能表：回到前一页目录；

11）主功能：返回主功能表（最上层目录）。

（2）第二功能表简要说明

1）标示变数：用来设定标注尺寸的参数；

2）Z（工作深度）：用来设定绘图平面的工作深度。当绘图平面设定为 3D 时，设定的工作深度被忽略不计；

3）颜色：设定系统目前所使用的绘图颜色；

4）图层：设定系统目前所使用的图层；

5）限定层：指定使用的图层，关掉非指定的图层的使用权。当设定为 OFF 时，全部的图层均可使用。

6）刀具平面：设定一个刀具面；

7）构图面：用来定义目前所要使用的绘图平面；

8）视角：定义目前显示于屏幕上的视图角度。

3. 系统流程图

Mastercam 系统流程图如图 7.22 所示。

4. Mastercam 软件典型应用实例

（1）平面类零件加工实例

1）绘制外轮廓（如图 7.23 所示）

选择：绘图

选择：矩形

选择：中心点

输入：0，0

输入：120

输入：120

从鼠标右键快捷菜单中选择：适度化

回主功能表。

2）绘制凸台（如图 7.23 所示）

选择：绘图

选择：矩形

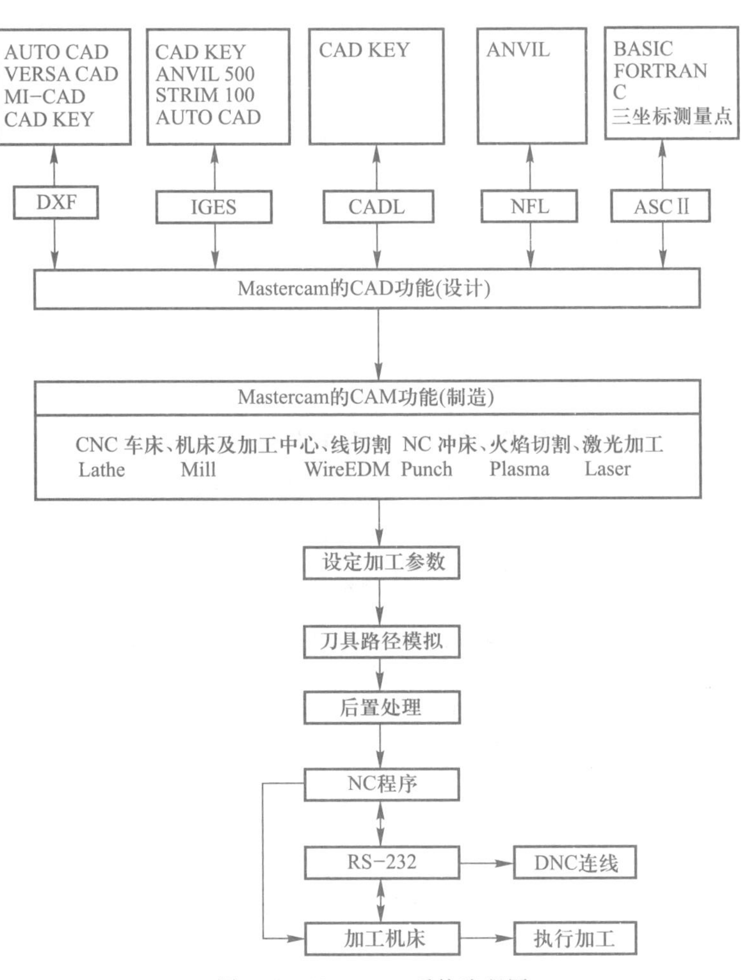

图 7.22 Mastercam 系统流程图

选择：中心点
输入：0,0
输入：30
输入：20
回主功能表。
3）绘制槽轮廓（如图 7.23 所示）
选择：绘图
选择：圆弧
选择：点半径圆
选择：中心点
输入：0,0
输入：50
回主功能表。

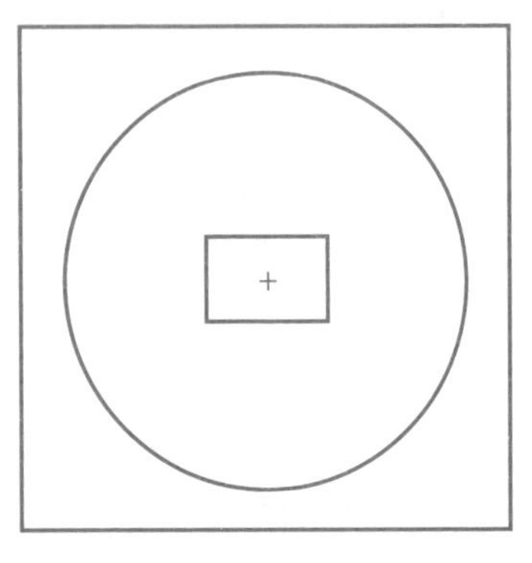

图 7.23 零件形状

4）生成刀具路径

选择：刀具路径

选择：挖槽加工

输入：文件名

选择：保存

选择：串连

从图上选择:R40 圆

从图上选择:30×20 矩形

选择：执行

出现如图 7.24 所示的：挖槽工艺参数对话框

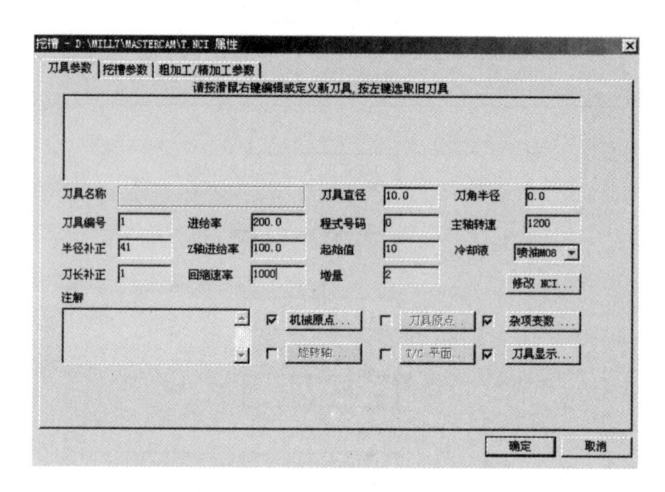

图 7.24　挖槽工艺参数对话框

输入：刀具直径 10;程式号码 0001;起始值 10;增量 2;冷却液 M08;进给率 200;Z 轴进给率 100;回缩速率 1 000;

选择标签：挖槽参数

输入：G00 下刀位置 5;最后切深度 -20

选择：分层铣削

输入：MAX ROUGH(每层切深 0,0)4

选择：OK

选择标签：粗加工/精加工参数

选择：双向切削

输入：刀具直径百分比 45

选择：确定

生成刀具路径如图 7.25 所示。

5）生成数控加工程序。

选择：操作管理

选择：后处理(如图 7.26 所示)。

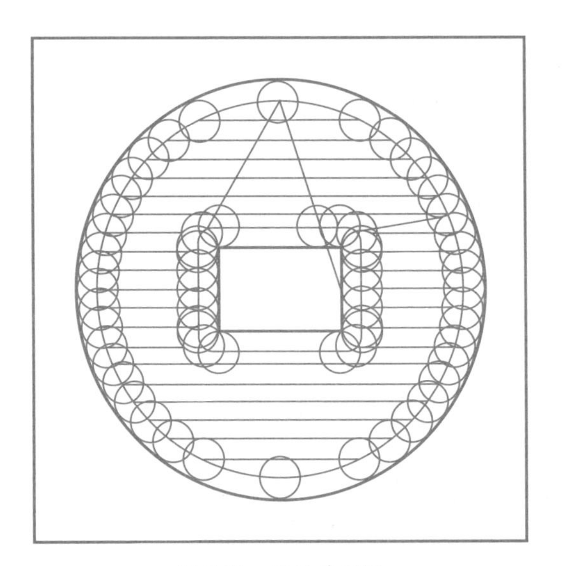

图 7.25　刀具路径图

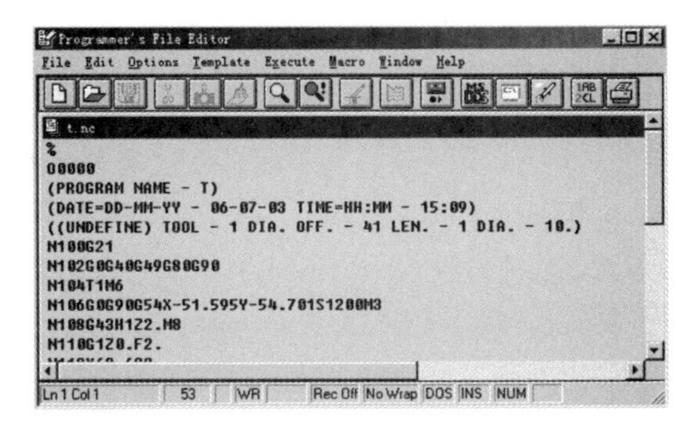

图 7.26　数控加工程序

(2) 曲面类零件加工实例

1) 绘制半球面截面(如图 7.27 所示)

选择：绘图

选择：圆弧

选择：极坐标

选择：中心点

输入：0,0

输入：25

输入：-90

输入：90

从鼠标右键快捷菜单中选择:适度化

回主功能表。

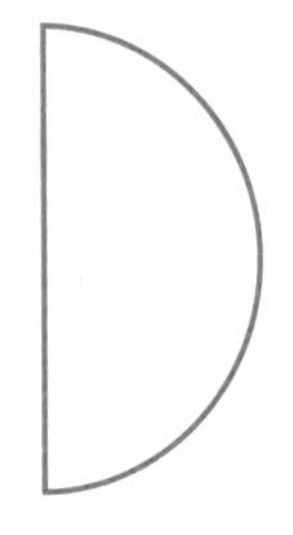

图 7.27　半球面截面

2) 绘制旋转轴(如图 7.27 所示)

选择：绘图

选择：线
选择：任意线段
从图上选择圆弧的两端点。
3）绘制圆弧面
选择：绘图
选择：曲面
选择：旋转曲面
从图上选择圆弧
选择：执行
从图上选择旋转轴，注意图上箭头沿 Z 向
输入：起始角度 0
输入：终止角度 180。
4）绘制牵引面截面（如图 7.28 所示）
选择：构图面
选择：前视图
选择：视角
选择：前视图
选择：绘图
选择：线
选择：连续线段
输入：-15,0
输入：-15,15
输入：15,15
输入：15,0
回主功能表
选择：修整
选择：倒圆角
选择：半径值
输入：10
从图上选择圆角的两个直边。

图 7.28 牵引面截面

5）绘制牵引面（如图 7.29 所示）
选择：绘图
选择：曲面
选择：牵引曲面
从图上选择截面线
选择：执行
输入：指定长度 40
选择：执行。

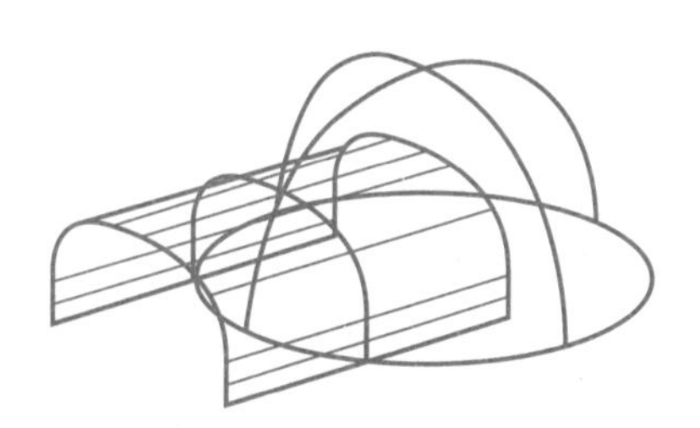
图 7.29 绘制完成曲面图

6）修整曲面（如图 7.30 所示）

选择：修整

选择：修剪延伸

选择：曲面

选择：修整至曲面

选择：从图上选择圆弧面

选择：执行

从图上选择牵引曲面

选择：执行

选择：执行

从图上选择要保留的部分。

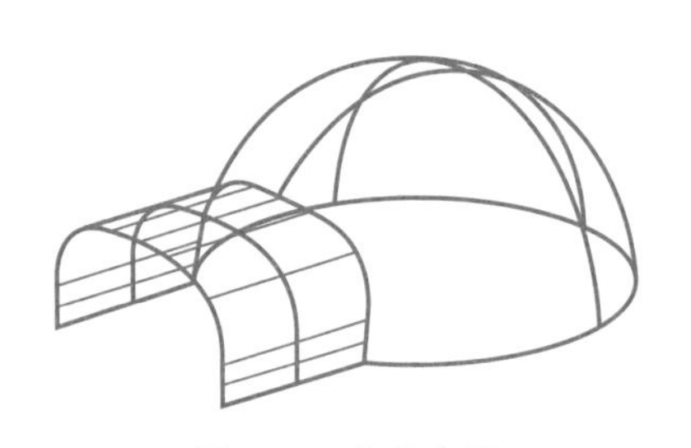

图 7.30　修整曲面

7）生成刀具路径

选择：刀具路径

选择：曲面加工

选择：精加工

选择：外形加工

选择：保存

选择：所有的

选择：曲面

选择：执行

输入：刀具直径 10；程式号码 0；起始值 100；增量 2；冷却液 M08；进给率 100；Z 轴进给率 50；回缩速率 1 000（如图 7.31 所示）

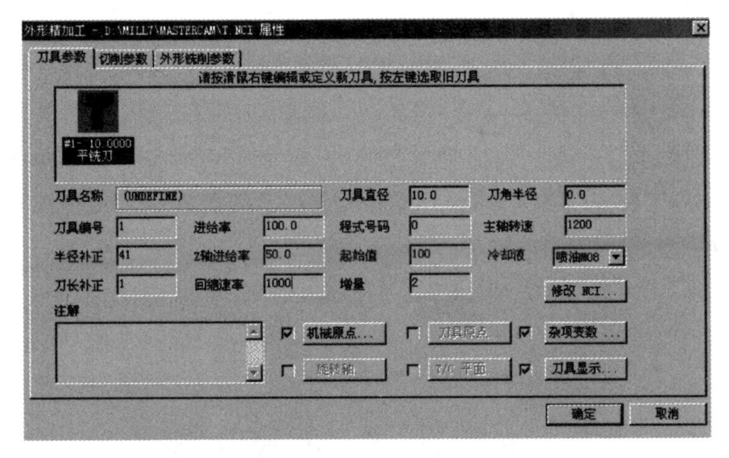

图 7.31　曲面加工工艺参数设置对话框

选择：确定，出现如图 7.32 所示路径。

8）生成数控加工程序

选择：操作管理

选择：后处理。

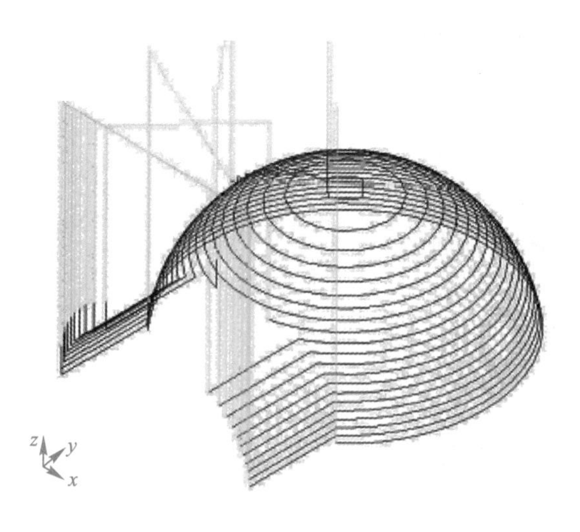

图 7.32　曲面加工刀具路径

任务六　应用 CAD/CAM 软件进行多轴加工编程

【任务描述】

在了解多轴数控加工技术的基础上,应用 CAD/CAM 软件对一个零件进行四轴联动编程、五轴定向编程和五轴联动编程。

【任务目标】

熟悉多轴加工程序编制的基本方法。

7.6.1　多轴数控加工技术简介

多轴数控加工是指在三轴加工的基础上,增加了一到两个可编程的旋转轴的加工,有四轴加工和五轴加工两类。如图 7.33 所示的是增加了 A 轴和 C 轴的五轴加工。如图 7.34 所示的是增加了 A 轴和 B 轴的五轴加工。

图 7.33　增加了 A 轴和 C 轴的五轴加工

多轴数控加工的特点：

1. 加工效率高

通过旋转轴的运动，可以让刀具以合理的角度对工件进行切削加工，从而可以缩短工艺路线，减少工件装夹次数，减少电加工区域，缩短工件抛光时间。如图 7.35 所示的斜面加工，在五轴数控加工中，可以用铣刀侧刃一次铣削完成，而在三轴加工中需要多次铣削加工才能完成，并且表面质量比较差。

图 7.34　增加了 A 轴和 B 轴的五轴加工

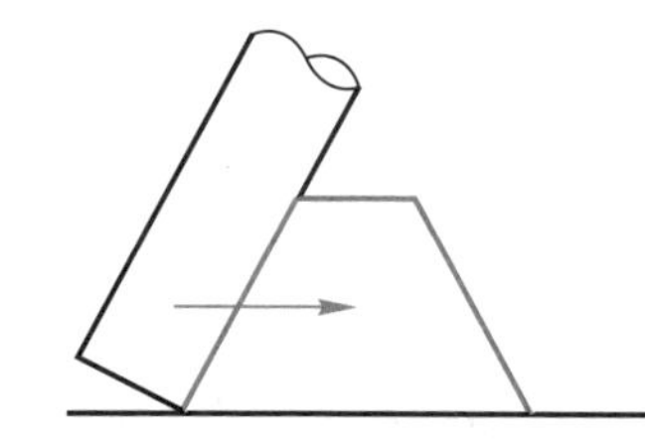

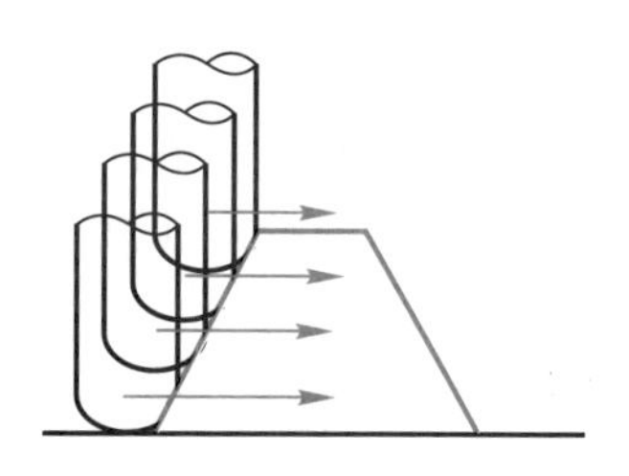

图 7.35　斜面加工

2. 改善刀具切削条件

三轴加工中经常遇到刀具球心位置对工件进行加工的情况，由于球刀球心切削速度接近 0，切削条件很差。多轴加工中通过刀具轴相对工件表面倾斜一个角度，避免球头铣刀的球心位置对工件进行切削加工，如图 7.36 所示。

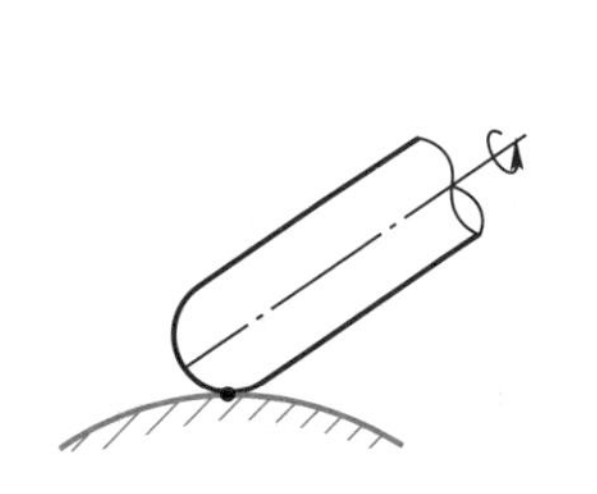

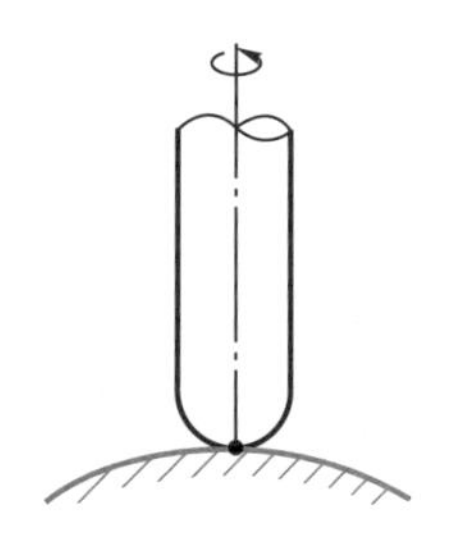

图 7.36　球刀对工件切削

3. 刀具可达性好

对于侧面有凹面的零件，三轴加工方法有些部位会加工不到，而用五轴加工方法，可以通过刀具轴的摆动，到达加工部位，如图 7.37 所示。

图 7.37　零件侧面有凹面的加工

4. 避免过切

多轴加工通过刀具轴摆动，可以在保持切削点接触的同时，避免刀具其他部分与工件发生干涉，有效避免过切，如图 7.38 所示。

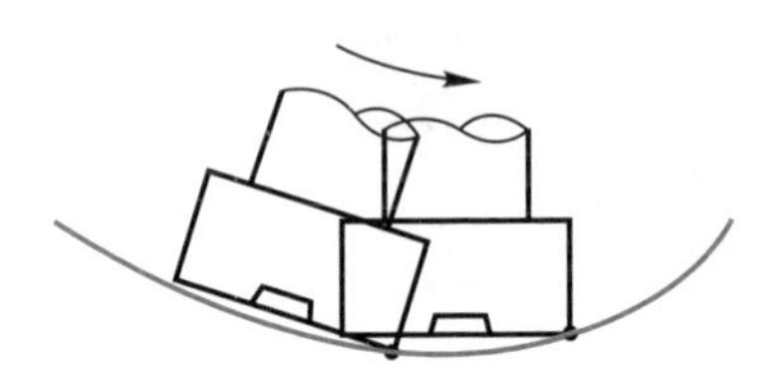
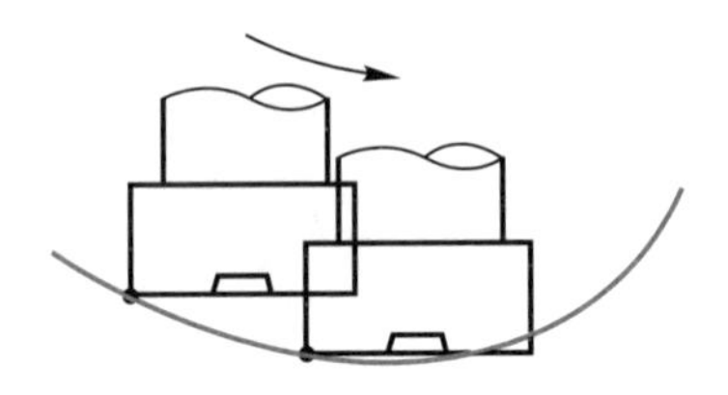

图 7.38　凹形曲面的加工

5. 清角彻底

对于两个曲面之间的夹角，用三轴加工方法使用球刀加工是不能加工出尖角的，用五轴加工方法，通过刀具轴的偏摆，可以用立铣刀完成清角的加工，如图 7.39 所示。

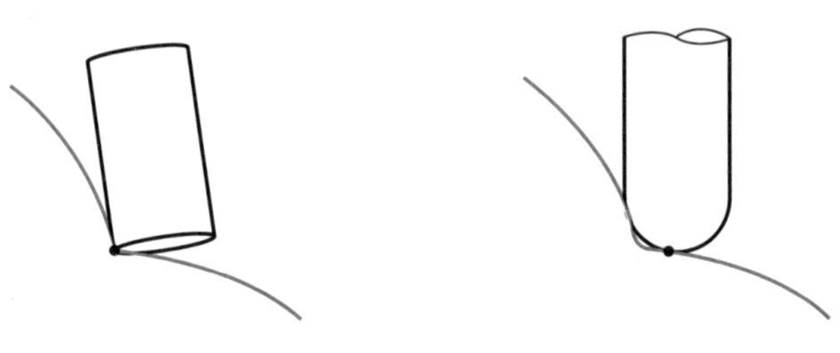

图 7.39　曲面零件的清角

7.6.2　多轴数控加工编程应用

下面以如图 7.40 所示零件为例，介绍多轴数控加工编程方法。零件毛坯为 $\phi100\times48$ 圆柱体。各面的加工方法为：*A* 面和 *B* 面采用四轴定向加工方法，*C* 面采用四轴联动加工方法，*D* 面、*E* 面采用五轴定向加工方法，*F* 面采用五轴联动加工方法。

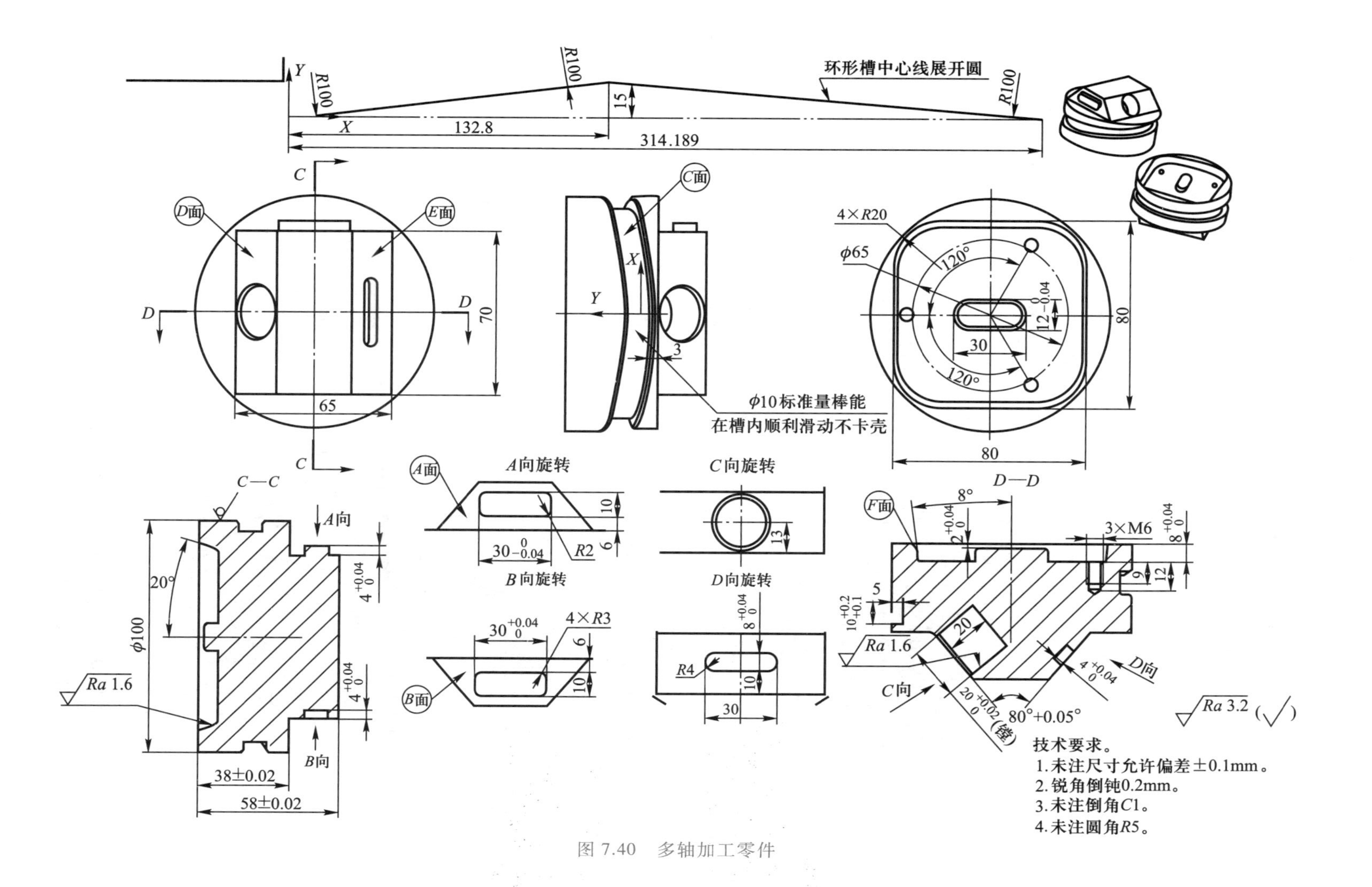
环形槽中心线展开圆
R100
132.8
314.189
15
D面
E面
C面
70
65
φ10标准量棒能
在槽内顺利滑动不卡壳
4×R20
φ65
120°
30
80
A向旋转
C向旋转
B向旋转
D向旋转
R2
4×R3
R4
C—C
D—D
A向
B向
C向
D向
F面
3×M6
20°
φ100
Ra 1.6
38±0.02
58±0.02
80°+0.05°
Ra 3.2 (√)
技术要求。
1.未注尺寸允许偏差±0.1mm。
2.锐角倒钝0.2mm。
3.未注倒角C1。
4.未注圆角R5。

图 7.40　多轴加工零件

首先按图 7.40 绘制三维模型，完成后的三维模型，如图 7.41 所示。

1. 四轴定向加工编程

首先编制如图 7.40 所示 *A* 面的加工程序。*A* 面是一个平面，它的法向垂直于机床坐标系 *Z* 轴方向。适合采用四轴定向加工编程。

编程过程如下：

进入加工模块，选择 mill_multi-axis 作为 CAM 设置，如图 7.42 所示。

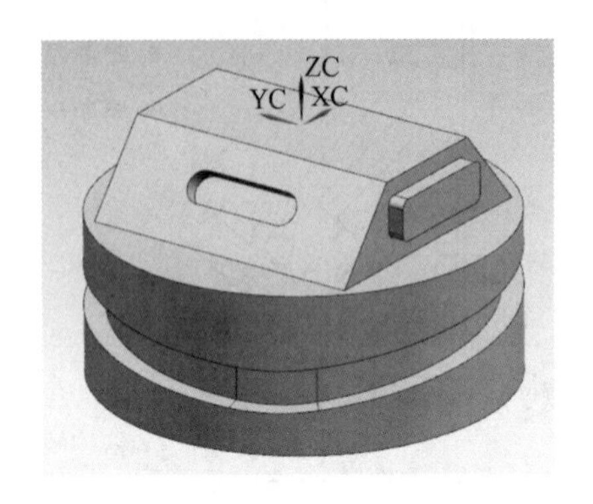

图 7.41　三维模型

图 7.42　CAM 设置

将机床坐标系设置在工件顶面中心，如图 7.43 所示。

设置工件毛坯为 ϕ100 mm×48 mm 圆柱体，选择零件实体作为 part 几何体。

创建刀具 ϕ6 的立铣刀，命名为 D6。

调整坐标系 MCS 和工件几何体 WORKPIECE 父子关系为：WORKPIECE 为父几何体，MCS 为子几何体，如图 7.44 所示。

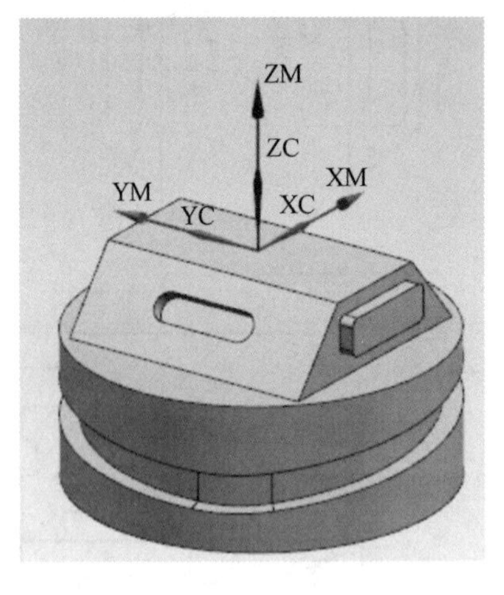

图 7.43　加工坐标系设置

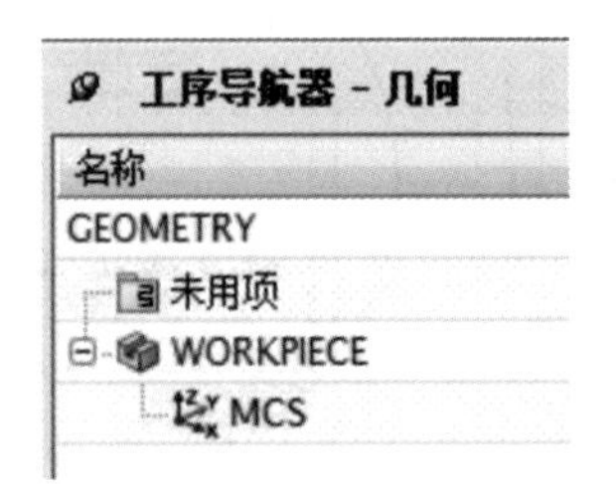

图 7.44　几何体父子关系

选择工序类型 mill_planar，子类型：面铣，以坐标系 MCS、立铣刀 D6 为父组创建工序，如图 7.45 所示。

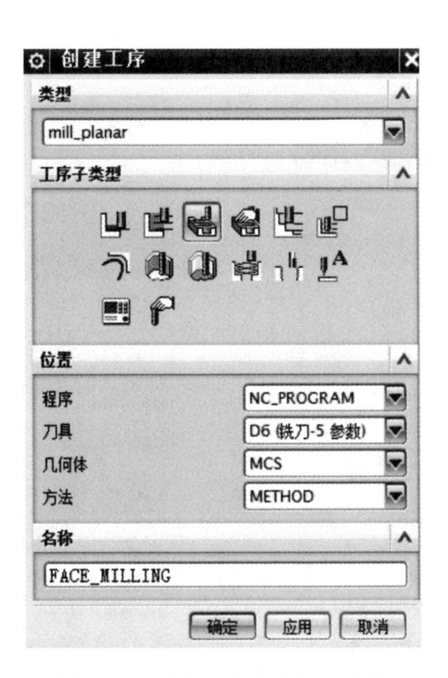

图 7.45　创建 4 轴定向加工工序

在面铣对话框中，选择 *A* 面作为面边界，选择刀轴为垂直于第一个面，生成刀具路径，如图 7.46 所示。

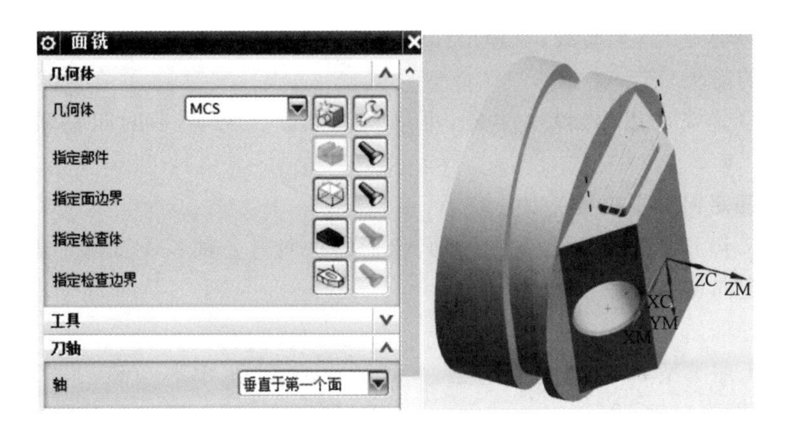

图 7.46　创建 4 轴定向加工刀具路径

练习：参考前述四轴定向编程方法，完成图 7.40 所示零件 *B* 面的编程。

2. 四轴联动加工编程

如图 7.40 所示的 *C* 面是一个螺旋槽，槽围绕 *X* 轴呈螺旋状。适合采用四轴联动加工编程。

编程过程如下：

选择工序类型 mill_multi-axis，子类型：可变轮廓铣，以坐标系 MCS、立铣刀 D6 为父组创建工序，如图 7.47 所示。

在可变轮廓铣对话框中，如图 7.48 所示，选择螺旋槽底面作为切削区域。

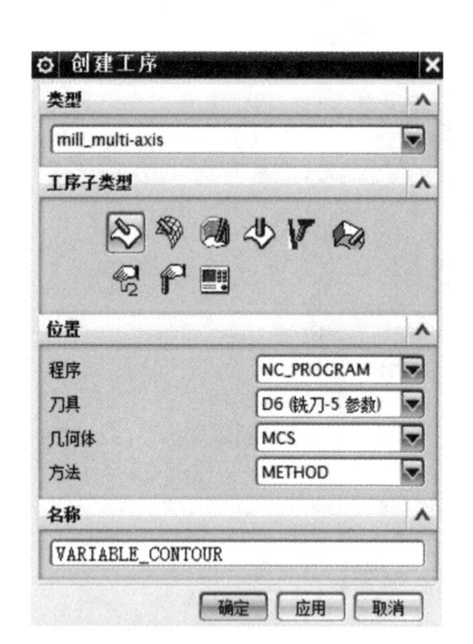

图 7.47　创建 4 轴联动工序

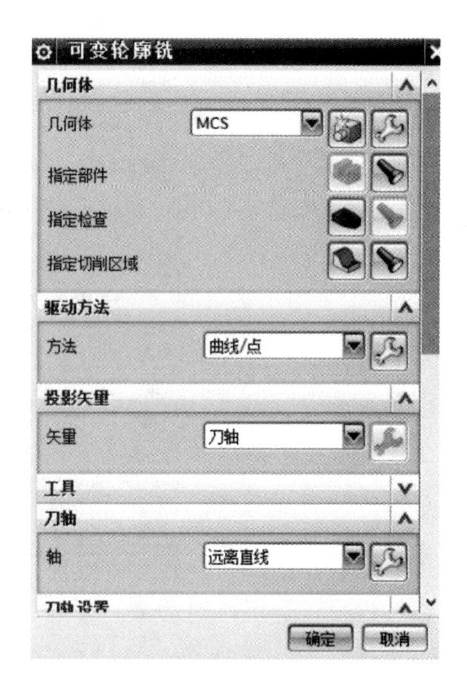

图 7.48　可变轮廓铣对话框

选择驱动方法为：曲线/点，在弹出曲线驱动方法对话框后，在三维模型中选择螺旋槽中心线作为驱动线，选择时要注意按走刀路线顺序依次选择。

选择刀轴为：远离直线，在弹出远离直线的对话框后，在三维模型中选择工件轴线方向的箭头。

以上设置完成以后，点击生成，可以获得如图 7.49 所示的四轴联动的刀具路径。

3. 五轴定向加工编程

如图 7.40 所示的 *D* 面是一个平面，该面的法向与 *Z* 轴和 *X* 轴都不垂直。适合采用五轴定向加工编程。

编程过程如下：

选择工序类型 mill_planar，子类型：面铣，以坐标系 MCS、立铣刀 D6 为父组创建工序，如图 7.50 所示。

在面铣对话框中，选择 *A* 面作为面边界，选择刀轴为垂直于第一个面，生成刀具路径，如图 7.51 所示。

练习：参考前述五轴定向编程方法，完成图 7.40 所示零件 *E* 面的编程。

4. 五轴联动加工编程

如图 7.40 所示的 *F* 面是一个曲面，与底面连接处是清角，无法用三轴加工方法来加工，必须采用五轴联动加工编程。

编程过程如下：

将机床坐标系设置在工件底面中心，如图 7.52 所示。

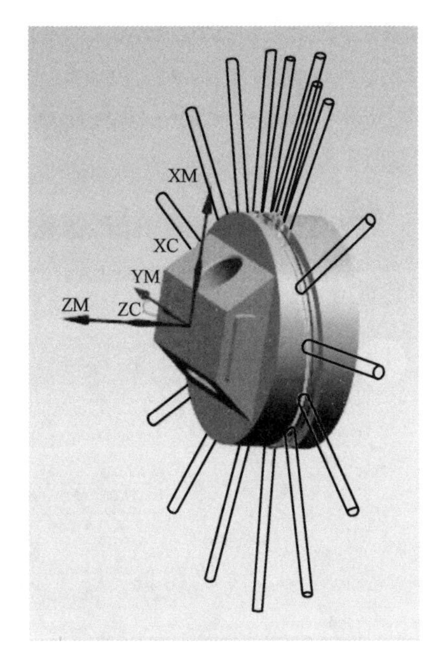

图 7.49 四轴联动刀具路径

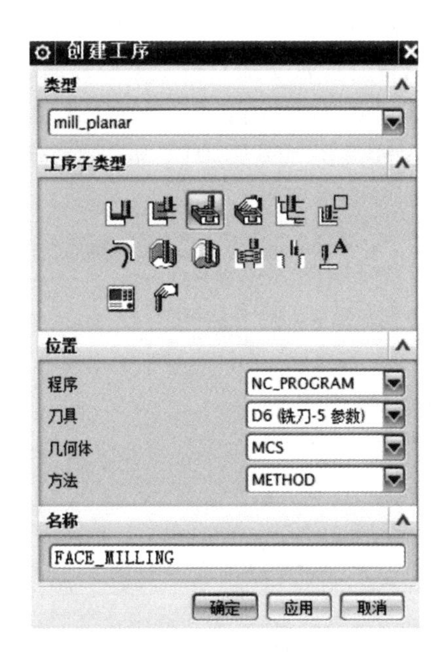

图 7.50 创建五轴定向加工工序

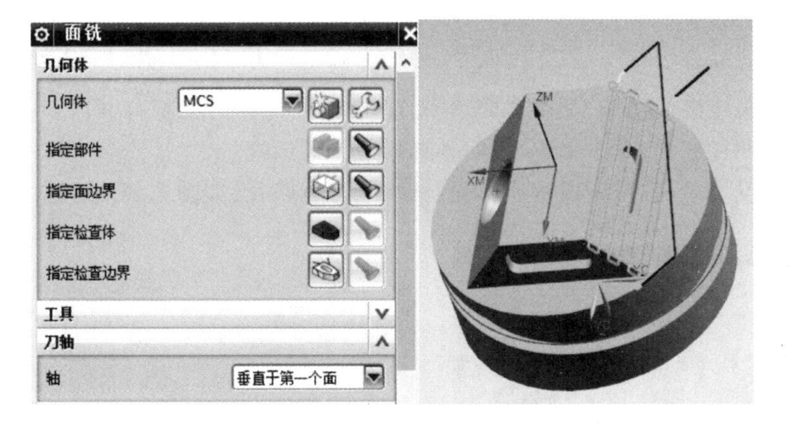

图 7.51 五轴定向加工对话框及刀路

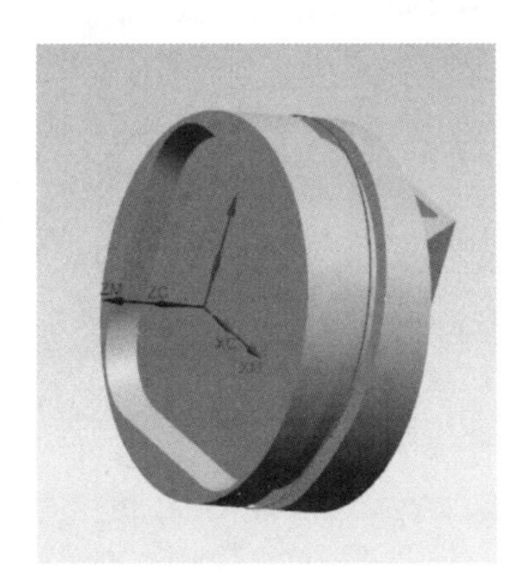

图 7.52 机床坐标系设定

机床坐标系与工件几何体以及顶面坐标系之间的父子关系,如图 7.53 所示。

创建刀具 $\phi12$ 的立铣刀 D12。

打开创建工序对话框,选择工序类型 mill_multi-axis,子类型:外形轮廓铣,以坐标系 MCS_1、立铣刀 D12 为父组创建工序,如图 7.54 所示。

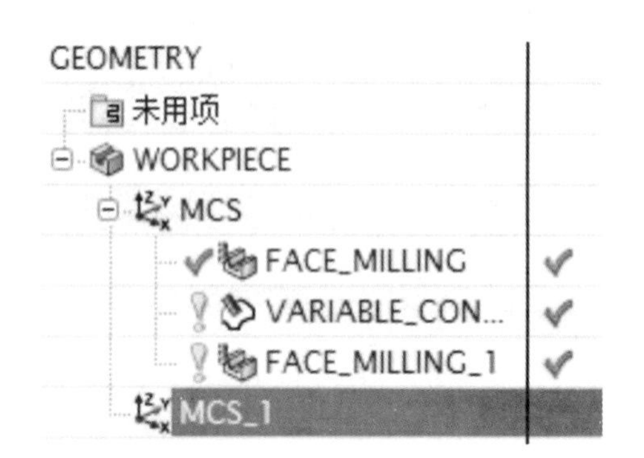

图 7.53　机床坐标系几何视图

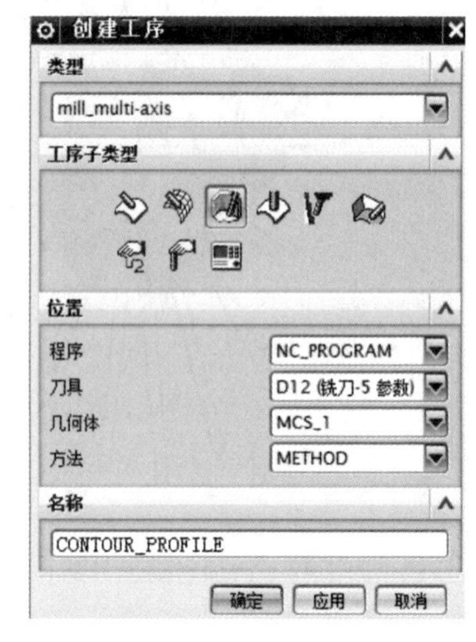

图 7.54　创建工序对话框

选择指定底面功能,如图 7.55 所示,在底面几何体对话框打开以后,在三维模型中选择凹槽底面,点击确定,返回外形轮廓铣对话框。

完成设置后,点击生成按钮,得五轴加工刀具路径,如图 7.56 所示。

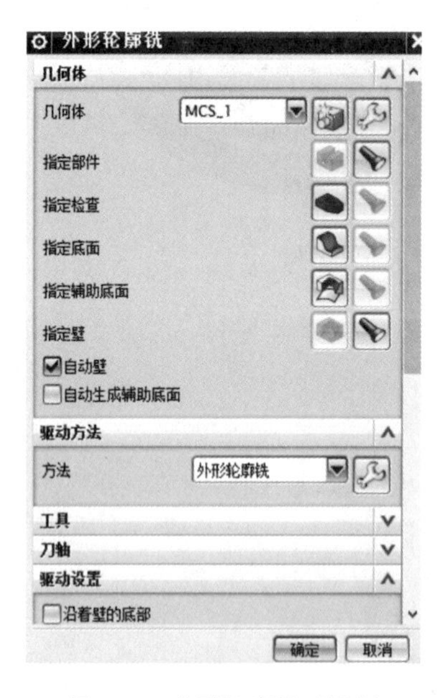

图 7.55　外形轮廓铣对话框

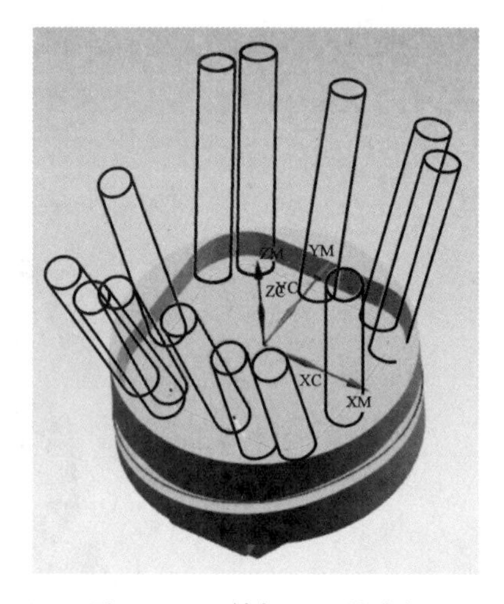

图 7.56　五轴加工刀具路径

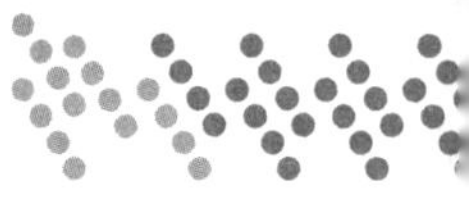

任务七 掌握高速加工技术

【任务描述】

了解高速加工工艺特点，理解高速加工数控编程特点，能在 CAD/CAM 软件中应用高速加工策略。

【任务目标】

熟悉高速加工编程的基本方法。

7.7.1 高速加工技术简介

高速加工技术是近年来发展起来的一种集高效、优质和低耗于一身的先进制造技术。同以往的切削加工完全不同，它比常规切削具有更高的切削速度和进给速度，它所涉及的因素很多，如高速切削机床系统、高速切削控制系统以及高速切削工艺系统等。

高速切削加工与常规切削加工相比，具有以下特点：

1) 加工效率高　可以有效地对高硬度材料进行加工，省去中间热处理，简化了生产的工序，使绝大多数的工序都可以集中在高速加工中心上完成。加工效率大幅度提高，大大缩短了零件的加工周期。

2) 加工的零件表面质量高　由于高速加工机床的主轴转速可高达 20 000 r/min 甚至高达 100 000 r/min，进给速度也得到了同步提高，因此零件加工时，可以有条件在保证生产效率的前提下减少加工行距以获得低的表面粗糙度，减少了如磨削、钳工抛光加工等表面光整加工工序。

3) 切削温度低　在高速切削加工中，有 95%以上的切削热量被切屑带走，使工件上的温度大大降低，刀具上的温度也相应降低。

4) 切削力小　高速切削的径向切削分力大幅度减小，降低 30%左右，切削变得较为轻松。并有利于薄壁零件的切削加工。

7.7.2 高速加工数控编程特点

高速加工技术广泛的应用，对编程技术的要求越来越高，价格昂贵的高速加工设备对数控加工程序提出更高的安全性、有效性要求。高速加工进给速度是常规加工的5~10倍或更高，任何编程过程的失误(如过切、干扰、碰撞等)都会造成非常严重的事故，这需要编程人员必须注意加强对过切、碰撞的检测。另外，要求刀具路径的光滑平稳，避免影响零件加工质量和机床主轴等部件的寿命，保证刀具在切削过程中载荷的均匀性，减少刀具崩刃现象。只有这样才能科学地编出最优和最实际的高速铣削数控加工程序，充分发挥高速铣削加工的特长。从而实现零件在高速铣削加工中优质、高产和低耗。

高速加工编程主要与数控加工系统,加工材料,所用刀具等因素有关。在编制数控加工程序时,应遵循以下原则:

1）高速加工程序中的直角转弯会造成机床惯性冲击过大,这对于机床的主轴是不利的,严重的可能导致惯性过切。程序员在进行数控编程时,在程序段中可加入一些圆弧过渡段,尽可能减少进给速度的急剧变化,保证刀具运动轨迹的光滑与平稳。

2）由于高速加工中,刀具的运动速度很高,而高速加工中采用的刀具通常直径比较小,这就要求在加工过程中保持固定的刀具载荷,避免刀具过载。因此加工余量尽可能控制均匀,尽量减少铣削负荷的变化。因为刀具载荷的均匀与否会直接影响刀具和机床主轴寿命等,在刀具载荷过大的情况下还会导致断刀。

7.7.3　高速加工的编程策略

刀具选择、切削用量以及合适的加工参数可以根据具体情况设置外,加工方法的选择就成为高速加工数控编程的关键。如何选择合适的加工方法来较为合理有效地进行高速加工的数控编程。

1. 工艺方案

高速加工的粗加工所应采取的工艺方案是:高切削速度、高进给率和小切削深度的组合,尽可能地保持刀具负荷的稳定,减少任何切削方向的突然变化,从而减少切削速度的降低,并且尽量采取顺铣的加工方式,顺铣方式具有较高的刀具寿命和表面质量。增加了刀路运动的光滑性、平衡性,避免刀路突然转向、频繁地切入切出所造成的冲击。

2. 等高加工方式

分层等高加工,如图7.57所示,它是高速加工常用的一种加工方式,相对于常规数控编程中的随形铣削方式,如图7.58所示,能有效控制切削载荷均匀性,在不抬刀的情况下生成连续光滑的刀具路径,能保持刀具与工件的持续接触,避免频繁抬刀、进刀对零件表面质量的影响及机械设备不必要的耗损。

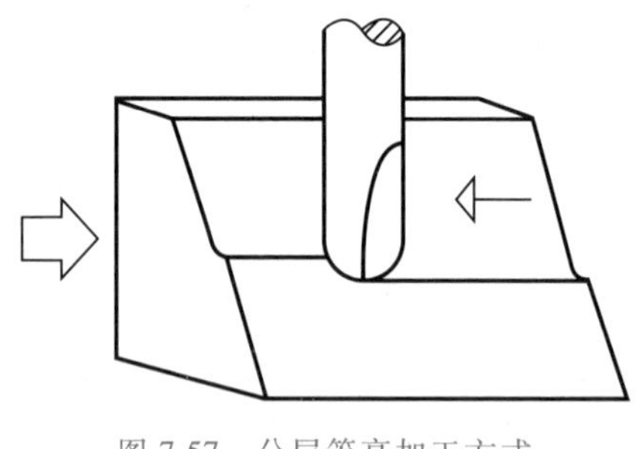

图7.57　分层等高加工方式

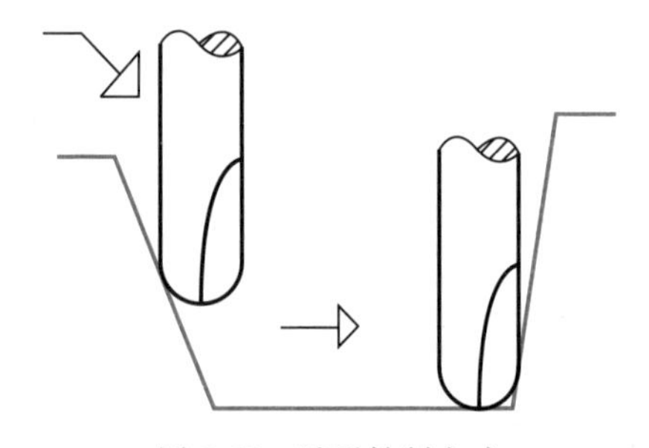

图7.58　随形铣削方式

3. 采用光滑的进刀方式

在高速铣削过程中,由于走刀速度比较快,进、退刀方式就显得尤为重要,它不仅影响零件的表面光洁度和加工质量,而且又保护了主轴和刀具,延长了刀具寿命。针对高速加工时应尽量采用轮廓的切向进、退刀方式以保证刀路轨迹的平滑。

在对曲面进行加工时,刀具可以是之字形或 Z 字形垂直进、退刀,和斜向或螺旋式进刀等。如图 7.59 所示的是螺旋式进刀切入工件。

4. 采用光滑的转弯走刀

在常规数控加工编程中,经常会出现如图 7.60 所示的刀具路径,在刀具路径尖角转弯处会产生速度矢量方向的突然改变,会造成刀具载荷的急剧变化和温度的升高。采用光滑的转弯走刀,如图 7.61 所示的刀具路径,可以防止速度矢量方向的突然改变,使矢量方向在刀具路径转弯处逐渐变化,对保证高速加工的平稳与效率同样重要。

图 7.59　螺旋式进刀切入工件　　图 7.60　尖角的转弯走刀的刀具路径

5. 采用摆线式加工

摆线式加工 ,如图 7.62 所示,是用刀具沿一滚动圆的运动来逐次对零件表面进行高速的切削。采用该种方法可以有效地进行零件上窄槽和封闭型腔开粗的高速切削,避免整个刀具埋入工件全刀宽切削,并且其产生的刀具路径始终是光滑的、平稳的,对刀具具有很好的保护作用。

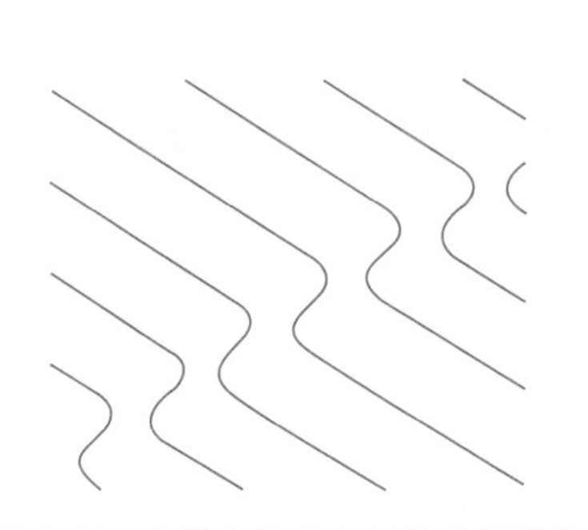

图 7.61　光滑的转弯走刀的刀具路径

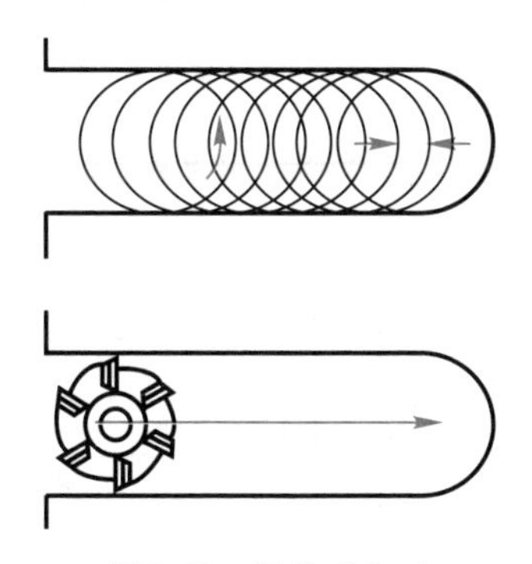

图 7.62　摆线式加工

本章提示

CAD/CAM 技术具有效益高、知识密集、更新速度快以及综合性强等特点,它是科技领域中的前沿课题之一。数控加工技术是CAD/CAM技术中的重要组成部分之一,读者若希望在学习数控加工技术的基础上,具有更大的技术发展空间,应认真阅读本章内容。

思考题与习题

一、判断题

1. (　) CAD/CAM技术先进,可以完全依赖这个工具解决编程问题。

2. (　)学好CAM,即学会了数控编程。

二、选择题

1. 属于相对独立的CAM软件的是________。

A. UG;　　B. CIMITRON;

C. MATERCAM;　　D. CAXA

2. UG的建模方法采用________。

A. 参数化建模;　　B. 复合建模;

C. 变量化建模;　　D. 实体建模

三、简答题

1. 简述CAD/CAM技术特点。

2. 常见CAD/CAM软件分为哪些类型?

3. 简述CAD/CAM技术发展趋势。

4. 使用一种你熟悉的CAD/CAM软件,对如图7.63,图7.64,图7.65所示零件进行造型及数控编程。

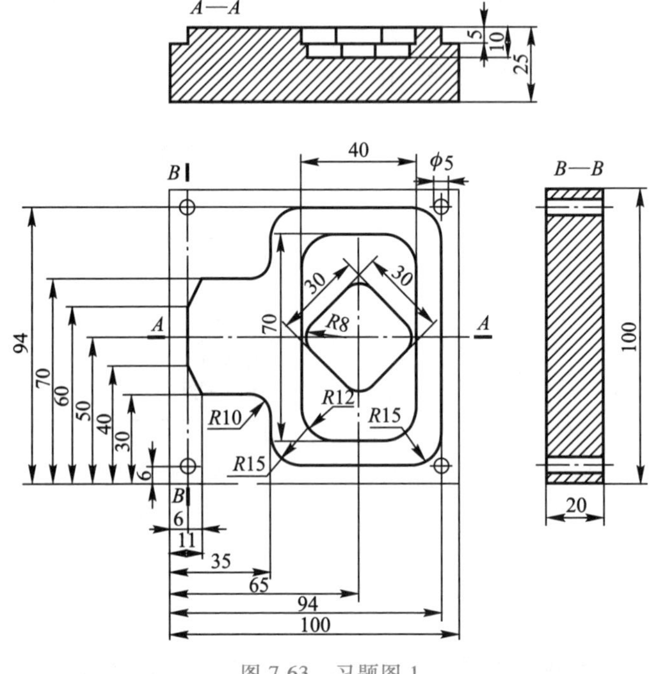

图7.63　习题图1

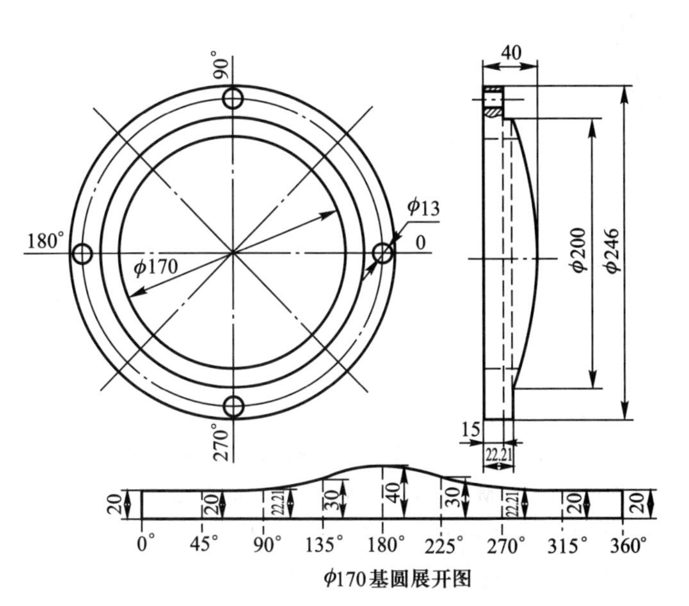

图 7.64　习题图 2

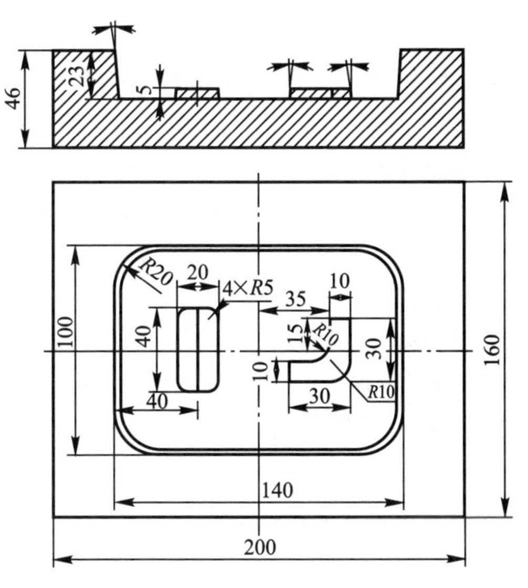

图 7.65　习题图 3

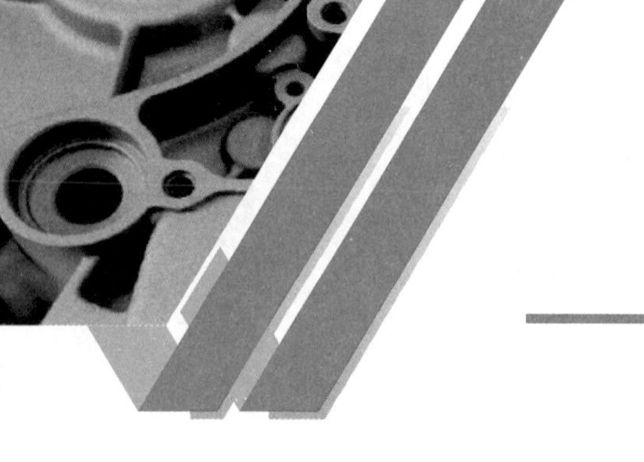

参考文献

[1] 张士印,孔建.数控车床加工应用教程.[M]北京:清华大学出版社,2011.
[2] 李柱.数控加工工艺及实施.[M]北京:机械工业出版社,2011.
[3] 叶俊.数控切削加工.[M]北京:机械工业出版社,2011.
[4] S.K.Sinha.FANUC 数控宏程序编程技术一本通.[M]北京:科学出版社,2011.
[5] 肖军民.UG 数控加工自动编程经典实例.[M]北京:机械工业出版社,2011.
[6] 卢万强.数控加工技术.2 版.[M]北京:北京理工大学出版社,2011.
[7] 胡家富.FANUC 系列数控机床操作案例.[M]上海:上海科学技术出版社,2012.
[8] 潘文斌.轻松掌握 UG NX8 中文版数控加工编程技术.[M]北京:机械工业出版社,2012.
[9] 张丽华.数控铣削自动编程.[M]北京:机械工业出版社,2012.
[10] 林岩.数控加工工艺与编程.[M]北京:化学工业出版社,2013.
[11] 樊雄.数控加工技术.[M]北京:化学工业出版社,2013.
[12] 徐刚.数控加工工艺与编程技术.[M]北京:电子工业出版社,2013.
[13] 王爱玲.现代数控机床.2 版.[M]北京:国防工业出版社,2014.
[14] 姜洪峰.零件的数控车床加工.[M]北京:化学工业出版社,2014.
[15] 周保牛,黄俊桂.数控编程与加工技术.2 版.[M]北京:机械工业出版社,2014.